“十四五”高等职业教育公共课程规划教材

现代信息技术基础

陶　洁　刘继清　黄金花◎主　编
杨志勇　李　熙　卢　锐◎副主编

中国铁道出版社有限公司
CHINA RAILWAY PUBLISHING HOUSE CO., LTD.

内容简介

本书遵照《高等职业教育专科信息技术课程标准（2021 年版）》编写，通过活页式教材与数字出版辅助的形式，将教、学、想、练联系在一起，让学生在学的同时检验自身能力水平。

全书共分为 7 章，包括信息技术应用基础、网络应用、使用办公软件——WPS Office、数据处理与数据分析、Python 程序设计基础、新媒体技术与应用、新一代信息技术。

本书突出职教特色，将理论与实际结合，通过大量案例分析与实操练习，深入浅出地介绍现代信息技术基础知识，适合作为高职高专院校信息技术基础课程教材，还可以作为广大计算机爱好者的自学参考用书。

图书在版编目（CIP）数据

现代信息技术基础/陶洁，刘继清，黄金花主编．—北京：中国铁道出版社有限公司，2022.9

“十四五”高等职业教育公共课程规划教材

ISBN 978-7-113-29543-1

Ⅰ.①现…　Ⅱ.①陶…　②刘…　③黄…　Ⅲ.①电子计算机-高等职业教育-教材　Ⅳ.①TP3

中国版本图书馆CIP数据核字（2022）第145313号

书　　名：现代信息技术基础
作　　者：陶　洁　刘继清　黄金花

策　　划：徐海英　　　　**编辑部电话**：（010）63551006
责任编辑：王春霞
封面设计：刘　颖
责任校对：苗　丹
责任印制：樊启鹏

出版发行：中国铁道出版社有限公司（100054，北京市西城区右安门西街 8 号）
网　　址：http://www.tdpress.com/51eds/
印　　刷：中煤（北京）印务有限公司
版　　次：2022 年 9 月第 1 版　2022 年 9 月第 1 次印刷
开　　本：850 mm×1 168 mm　1/16　**印张**：16.25　**字数**：400 千
书　　号：ISBN 978-7-113-29543-1
定　　价：59.80 元

前　言

国务院印发的《“十四五”数字经济发展规划》中强调数字经济是继农业经济、工业经济之后的主要经济形态。数字经济成为重组全球要素资源、重塑全球经济结构、改变全球竞争格局的关键力量。数字基础设施是新型基础设施的核心内容，涵盖了以5G、物联网、大数据、人工智能、卫星互联网等为代表的新一代信息技术演化生成的信息基础设施，以及应用新一代信息技术对传统基础设施进行数字化、智能化改造形成的融合基础设施。新一代信息技术将为经济社会数字化转型和供给侧结构性改革提供关键支撑和创新动能。

高等职业教育“信息技术基础”课程是职业院校工科专业的公共基础课。通过学习“信息技术基础”课程，有助于学生构建前沿意识、信息意识，提高国家数字化建设储备人才的信息素质与创新能力，为学生的职业发展奠定坚实的基础。

本书系教材编写团队承担的全国高等院校计算机基础教育研究会2021年度“‘新基建’视角下高职院校工科专业信息技术公共基础课程建设研究”课题（课题编号：2021-AFCEC-093）、中国职业技术教育学会第五届理事会科研规划项目2020年度立项课题（课题编号：2020B1141）、2020年度湖北省中华职业教育社调研课题（课题编号：HBZJ2020110）、2020年度教育厅哲学社会科学研究专项任务项目（思想政治理论课）（课题编号：20Z099）和2022年度湖北省党的建设研究课题项目（课题编号：2022X27）主要研究成果之一。本书编写严格遵照《高等职业教育专科信息技术课程标准（2021年版）》，按照知识简介（是什么）、任务描述与分析（做什么）、任务实现（如何做）、能力拓展（接下来做什么）、任务考核（做得如何）的流程和逻辑编排，通过活页式教材与数字出版辅助的形式，将教、学、想、练联系在一起，让学生在学的同时检验自身能力水平。

全书共分为7章，包括信息技术应用基础、网络应用、使用办公软件——WPS Office、数据处理与数据分析、Python程序设计基础、新媒体技术与应用、新一代信息技术。

本书由陶洁、刘继清、黄金花担任主编，杨志勇、李熙、卢锐担任副主编。

本书在编写过程中参阅了部分教材和教学资料，在此特向所有作者表示感谢。

由于编者水平和经验有限，加之编写时间仓促，书中难免有不妥和疏漏之处，敬请广大读者提出宝贵意见和建议，以便再版时修订和完善。

编　者

2022年5月

目录

第一章 信息技术应用基础

信息是用来描述世界的内容，是人们通过音频、消息、通信技术传输和处理的对象，并用以认识和改造世界。信息技术（Information Technology，IT）是管理和处理信息所采用的各种技术的总称。信息技术通常也被称为“信息和通信技术”，主要包括传感技术、计算机与智能技术、通信技术和控制技术，其应用包括计算机硬件和软件、网络和通信、应用软件开发工具等。计算机技术的应用和发展在信息社会中具有重要意义，帮助人们降低了劳动强度，提高了工作效率，促进了社会的发展，改善了人们的生活，是未来世界经济发展的必要工具之一。

学习目标

- 认识信息技术的应用与发展。
- 了解信息系统的工作机制。
- 了解信息技术设备的组成。
- 了解信息检索的基本方法。
- 熟悉常用软件的用途和使用技巧。
- 了解一般的计算机硬件和软件的维护方法。

1.1 信息技术介绍

1.1.1 信息技术概述

1. 什么是信息技术

自从人类诞生以来，人类的生活就离不开信息的交流。从语言和文字到造纸和印刷，到电报和电话，再到区块链和人工智能等新一代信息技术，人类的信息技术在不断变化。信息技术大致可以分为五个环节：创建信息→传递信息→处理信息→存储信息→显示信息。

（1）创建信息。

简单来说，信息就是用来描述世界的东西。信息会有不同的载体，比如眼睛能看到文字、图片、视频；耳朵能听到声音；头脑在思考。有了这些信息，我们就可以对其进行管理。

（2）传递信息。

当需要把信息传递给别人时，需要使用不同的媒介，不同的媒介有不同的传输速度和距离。比如声音是通过空气振动传到对方耳朵里的，速度快但是距离短；给远方的朋友寄信时，文字是通过信纸传到对方手上的，速度慢但是距离长；用微信给别人发消息，是通过网络传到对方手机上的，距离远但速度快。

（3）处理信息。

收到信息后，需要进行处理。比如有人问你 1+1 是什么，你听到这个问题后大脑会开始计算，或者思考为什么要问这个问题，大脑即在处理信息。同样，当把 1+1 输入到计算机中，计算机也会对输入的信息进行处理，给出一个答案。本质上，计算机是用来代替人脑处理信息的机器。

（4）存储信息。

接收到的无数的信息只有存储在大脑的海马体中，才能反复使用它们，计算机也是如此。在计算机中编辑的工作文件，需要存储在硬盘中，今后才能打开继续使用。硬盘、光盘、U 盘是信息社会重要的存储介质。

（5）显示信息。

在手机和计算机出现之前，纸张是用来展示信息的最重要的介质，而现如今，屏幕也成为了人们生活中不可或缺的一部分。

所有涉及信息上述五个环节的技术都叫作信息技术。信息需求是信息社会网络环境中人们的基本需求之一。对整个社会来说，信息和物质、能量一样重要。对于个人来说，信息就像食物和空气一样不可或缺。快速有效地发现、检索、评价和利用所需信息，是提高群体和个人的竞争力、创造力，解决各种问题的必由之路。

2. 信息技术的发展历程

信息技术发展史实际上只是人类科技发展史中的一部分，人类科技发展的过程，就是对能量和信息技术掌控的过程，人类通过科技在不断减少自身能量消耗的基础上去改造世界。

信息技术的发展历程分为以下五个阶段：

第一个阶段是语言的使用，语言已经成为人类交流思想、传播信息不可或缺的工具；第二个阶段是文字的出现和使用，在信息的保存和传播上有了很大的突破，大大超越了时间和地域的限制；第三个阶段是印刷术的发明和使用，使书报成为信息存储和传播的重要媒介；第四个阶段是电话、广播、电视的使用，使人类进入利用电磁波传播信息的时代；第五次是计算机与互联网的使用，即网际网络的出现。计算机的出现，极大地提升了人类对于信息处理的能力，但仅限于独自完成交给它的计算任务；人类的社会活动离不开信息的交流互动，万维网的发明使得人类在现实世界之外，又建造了一个虚拟世界。

科技发展至今并没有停止，反而变得越来越快，计算机也在不断向人类熟知的领域发起挑战。在未来，以物联网和人工智能为代表的信息技术，将会在更多领域得到应用。

3. 计算机的发展历程

计算机的发展历程包括硬件和软件方面的发展。

（1）硬件方面的发展。计算机的硬件大致可以分为四代：

第一代（电子管计算机）：1946 年，世界上第一台电子数字积分计算机（ENIAC）在美国宾夕法尼亚大学莫尔学院诞生。1949 年，第一台存储程序计算机（EDSAC）在剑桥大学投入运行。ENIAC 和 EDSAC 均属于第一代电子管计算机。第一代计算机的逻辑元件采用电子管，采用机器语言编程，主存用延迟线或者是磁鼓存储信息。容量极小，体积庞大，成本高，运算速度较低。

第二代（晶体管计算机）：1947 年，晶体管出现，1954 年，美国贝尔实验室制成第一台晶体管计算机（TRADIC），使计算机体积大大缩小。第二代计算机的主要逻辑元件采用晶体管，采用高级语言编程，主存用磁心存储器。速度提高了几十倍达到了几十万次每秒。到此有了操作系统的雏形。

第三代（集成电路计算机）：20 世纪 60 年代初期，美国的基尔比和诺伊斯发明了集成电路，引发了电路设计革命。1962 年 1 月，IBM 公司采用双极型集成电路，生产了 IBM 360 系列计算机。第三代计算机用集成电路作为逻辑元件，采用高级语言编程，主存采用了半导体存储器，开始有了分时操作系统。

第四代（大规模超大规模集成电路计算机）：1971 年发布的 Intel 4004 是微处理器的开端，也是大规模超大规模集成电路发展的一大成果。第四代计算机以大规模超大规模集成电路作为逻辑元件和存储器，采用高级语言编程，有了微处理器，并且并行、流水线、高速缓冲区和虚拟存储器等概念也被应用到这一代计算机中。从第一代到第四代，计算机的体系结构都是相同的，都是由控制器、存储器、运算器、输入/输出设备组成，称冯・诺依曼体系结构。

这种势头方兴未艾，目前还处于研制阶段的采用光器件的光子计算机和生物计算机，本质上已经超越了“电子计算机”的含义，生物计算机存储能力巨大，处理速度极快，能量消耗极微，总体具有模拟人脑的能力，被称为未来型计算机。

（2）计算机软件的发展。

第一代软件（1946—1953 年）：第一代软件是用机器语言编写的，机器语言是内置在计算机电路中的指令，由 0 和 1 组成。

第二代软件（1954—1964 年）：当硬件变得更强大时，就需要更强大的软件工具，以便更有效地使用计算机。汇编语言的出现解决了这个问题，但是程序员还是必须记住很多汇编指令。

第三代软件（1965—1970 年）：在这个时期，由于用集成电路取代了晶体管，处理器的运算速度得到了大幅度的提高，处理器在等待运算器准备下一个作业时，造成了资源的浪费，因此需要一个更有效的方式来控制计算机中的各个硬件协调工作，操作系统的概念由此被引入。

第四代软件（1971—1989 年）：20 世纪 70 年代出现了结构化程序设计技术，Pascal 语言和 Modula-2 语言都是采用结构化程序设计规则制定的，BASIC 这种为第三代计算机设计的语言也被升级为具有结构化的版本，此外，还出现了灵活且功能强大的 C 语言。

第五代软件（1990 年至今）。第五代软件中有三个著名事件：在计算机软件业具有主导地位的 Microsoft 公司的崛起、面向对象的程序设计方法的出现以及万维网（World Wide Web）的普及。与互联网一同发展的，还有一种与商业化软件相反、推动着软件行业发展的重要力量——开源软件。

开源是指免费提供可用于修改和重新分发的软件源代码，任何人都能对它进行查看、修改和分发。通过 Git 进行版本控制的软件源代码托管服务平台 GitHub 成为了目前世界上最大的代码存放网站和开源社区之一，也是所有程序员最大的宝库之一。

如果把计算机看作一个人，他就像人类一样在不断地进化。从最初只能完成基本加减法的单细胞生物，一步一步变化为能完成各种任务的复杂生物。从个人独立工作，变为团队作战，再将团队扩展到全球范围。但是它的进化还远没有结束，之前所有的进化都需要依靠人类协助来完成，它还缺少了人类眼中最为重要的智能，从而完成自我进化。对大众来说，人工智能似乎是最近几年才听到的一个新名词，实际上它的发展历史是和计算机发展同步推进的。艾伦·图灵设计的“图灵游戏”，被当作判断机器是否具有智能的经典测试。

信息技术的发展到此并没有停止，反而走得越来越快。从互联网出现的第一天起，人类就在现实世界之外建立起了一个全新的虚拟世界。最近，元宇宙的概念非常火。虽然目前对于元宇宙还没有一个明确的定义，但大部分人都将它设想为一个不同于现实世界的平行宇宙。它会是一个去中心化的、有许多公司和个人在里面自我经营的空间，里面拥有全新的资产和经济运行模式，个人在其中可以拥有区别于现实的全新身份。

1.1.2 【任务 1】了解信息技术的应用和发展

任务描述与分析

情境描述	当今世界，信息技术的发展日新月异，正加速着人类生产生活的变革，推动着各行业、各领域的深刻变革。新一轮重大信息技术创新将不断满足人民美好生活需要，推动信息产业价值链升级，提高经济社会发展质量和效益。认识信息技术应用与发展，对大学生了解社会、服务社会具有极大益处。
技术分析	本次任务需要掌握以下技能： 使用搜索引擎搜索、学习信息技术的应用与发展实例。
任务分解	分析上面的工作情境，我们需要完成以下任务： （1）使用搜索引擎输入搜索关键字。 （2）找到一个信息技术推动行业发展的实例。 （3）通过分析实例，学习思维导图。 （4）通过上网搜索，资料文件的学习，完成我国在“十四五”规划纲要中新一代信息技术产业应用的案例。
知识准备	信息技术是第三次工业革命的核心技术与重要引擎。作为通用性技术，信息技术对其他产业与整体经济增长具有明显的辐射作用，对于国家安全与军事实力同样至关重要，因此也被认为是综合国力的重要标志。站在细分领域的角度，集成电路、软件和 IT 服务、通信分别承担着信息的计算、加工处理和传输功能，这三类技术也成为各企业和各国竞争发展的重要高地。

学习笔记

任务实现

通过上网搜索，列举一个信息技术推动行业发展的实例，并画出相关产业链思维导图。

操作步骤

步骤 1：使用搜索引擎输入搜索关键字，如图 1-1 所示。

图 1-1　在搜索引擎中输入关键字

步骤 2：查看搜索引擎返回文档，单击超链接，如图 1-2 所示。

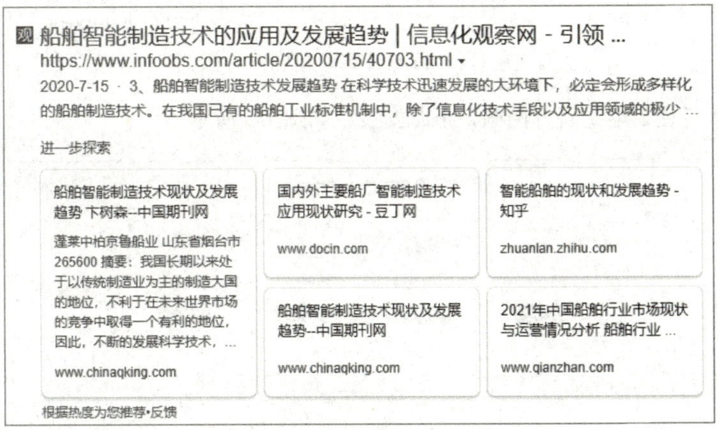

图 1-2　查看搜索引擎返回文档

步骤 3： 文章分析了船舶智能制造技术的应用及发展，如图 1-3 所示。

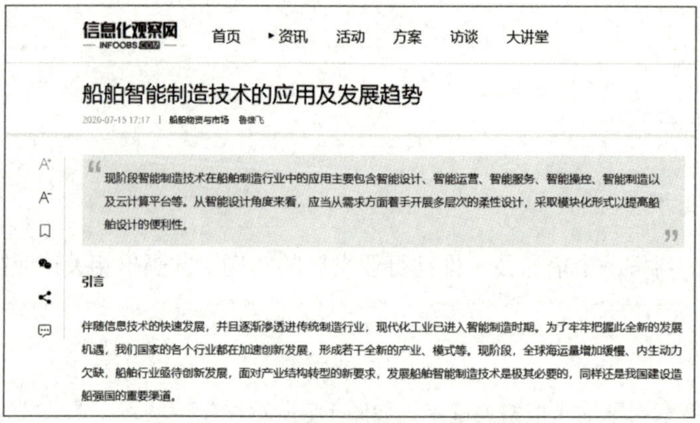

图 1-3　在搜索引擎中打开目标链接

步骤 4： 思维导图是个非常好用的工具，目前市面上可供选择的相关软件还是比较多的。下面以有道云笔记做思维导图为案例介绍，如图 1-4 所示。

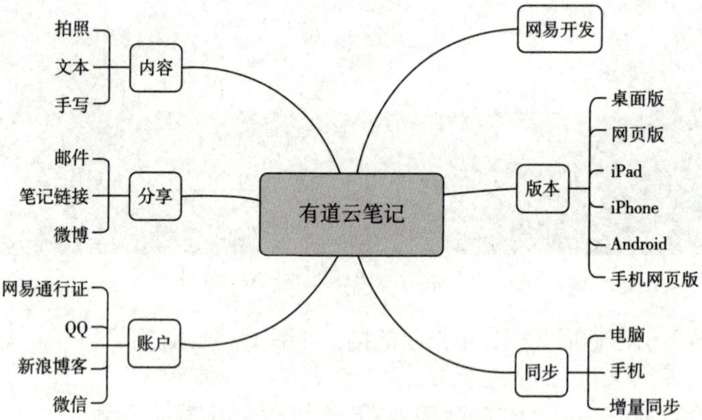

图 1-4　有道云笔记做思维导图

步骤 5： 进入有道云笔记官方网站，下载安装，如图 1-5 所示。

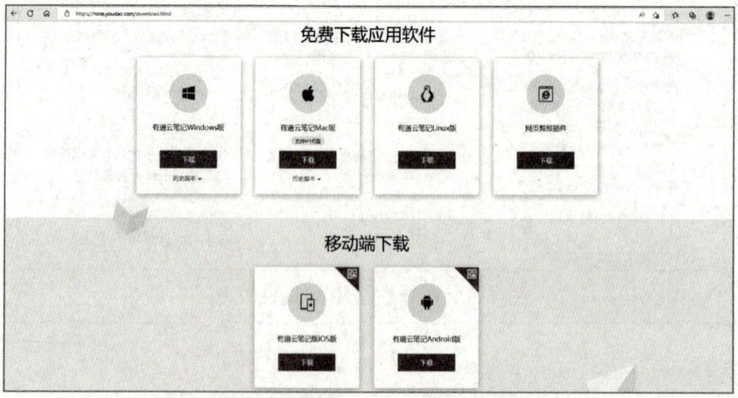

图 1-5　有道云笔记的官方网站

步骤 6：双击有道云笔记安装程序，进入安装步骤。安装完成后，打开有道云笔记。

步骤 7：打开有道云笔记，左侧功能界面如图 1-6 所示，新建“思维导图”。

图 1-6 有道云笔记的左侧功能界面

步骤 8：根据文章内容，通过学习总结，自主完成“信息技术推动航海技术发展”思维导图，如图 1-7 所示。

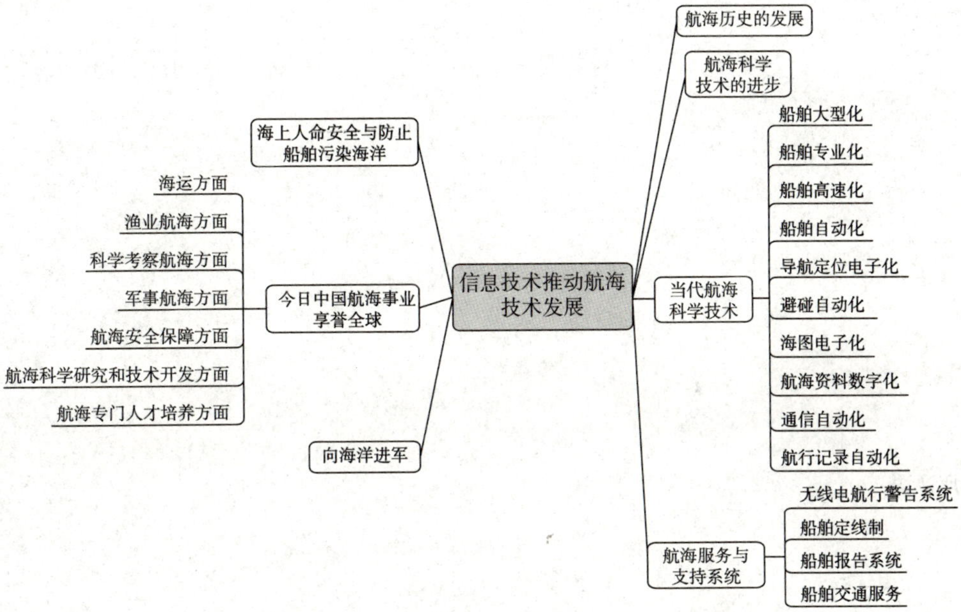

图 1-7 完成“信息技术推动航海技术发展”思维导图

学习笔记

任务考评

【任务 1】了解信息技术应用和发展考评记录

学生姓名		班级		任务评分	
实训地点		学号		完成日期	
任务实现步骤	序号	考核内容		标准分	评分
	1	使用搜索引擎输入搜索关键字		20	
	2	找到一个信息技术推动行业发展（如航海、航空、航天）的实例		20	
	3	通过分析实例，画出相关产业链思维导图		20	
	4	通过上网搜索资料文件，完成我国在“十四五”规划纲要中新一代信息技术产业应用的思维导图		30	
	5	保存文档		10	
教师评语					

1.2 信息系统组成与工作机制

1.2.1 信息系统组成

信息系统是以处理信息流为目的的人机一体化系统，其基本功能为对信息的输入、存储、处理、输出和控制，是一门尚处在不断发展完善的多元目的的新兴学科，是服务于生产和管理的，它就像人的神经系统一样，可渗透到组织中的每一个部门当中。信息系统是企业提升核心竞争力的重要和有力的武器，它能够充分利用数据资源为企业经营管理服务；它能够利用信息和模型辅助企业决策，从而预测和控制企业行为。

1. 信息系统的功能

信息系统的五个基本功能：输入、存储、处理、输出和控制。

2. 信息系统的发展

第一阶段：大型机时代。早于1965年以前，主要服务于大型企业的商业业务，大多称为会计电算化系统，软件和硬件为一体化运行和管理，典型代表是IBM的Mainframe主机，至今仍有很多大型银行系统在使用。

第二阶段：PC时代。始于1965年，随着微处理器、个人计算机的出现，类似VisiCalc这样小巧、单机版的信息系统、处理工具容易安装到PC中，数据计算和信息存储得到飞跃式的发展，但这个阶段的信息系统仍然是孤岛。

第三阶段：应用系统阶段。20世纪80年代后，出现了应用广泛的C/S（客户端/服务器端）结构的信息系统，即在PC上打开系统的客户端程序登录后，在客户端对系统进行操作处理，处理完的数据结果再返回到服务器端进行保存，这样的操作习惯和使用模式至今也没有大的改变。

第四阶段：企业级计算阶段。随着企业对于信息系统的依赖度加深，信息系统的运算和管理需求庞大，又因PC的计算资源和共享能力不足，C/S结构的信息系统逐渐发展成为B/S（浏览器/服务器端）结构，把复杂的计算和应用逻辑都交给服务器端处理，信息系统中的业务逻辑和数据信息因为业务运作的连贯性而进行了集成，形成了很多关于企业级集成的解决方案。

第五阶段：云计算阶段。当前正处于云计算阶段，互联网资源以及各类信息系统产生的数据进入大爆发时期，对于海量数据访问问题，云计算成为必然之选。云计算可以允许在任何地方使用任何终端设备来访问信息系统，并能够提供高度协调和集成的架构方案，将更多的业务处理和决策转向组织运营的最末端，将信息生产者的权利赋予用户，而且使他们作为信息的消费者。

3. 信息系统的类型

从信息系统的发展和系统特点来看，可分为数据处理系统、管理信息系统、决策支持系统、专家系统和虚拟办公室五种类型。

4. 信息系统的生命周期

信息系统的生命周期分为四个阶段，即产生阶段、开发阶段、运行阶段和消亡阶段。

（1）信息系统的产生阶段，也是信息系统的概念阶段（即根据企业经营管理的需要，提出建设信息系统的初步想法）或者是信息系统的需求分析阶段（对企业信息系统的需求进行深入的调研和分析，并形成需求分析报告）。

（2）信息系统的开发阶段是信息系统生命周期中最重要和最关键的阶段。包含总体规划、系统分析、系统设计、系统实施和系统验收共五个阶段。信息系统设计是开发阶段的重要内容，其主要任务是从信息系统的总体目标出发，根据系统逻辑功能的要求，并结合经济、技术条件、运行环境和进度等要求，确定系统的总体架构和系统各组成部分的技术方案，合理选择计算机、通信及存储的软、硬件设备，制订系统的实施计划。

（3）当信息系统通过验收，正式移交给用户以后，信息系统就进入了运行阶段。一般来说，一个性能良好的系统，运行过程中会较少出现故障，即使出现故障，也较容易排除，而那些性能较差的系统，运行过程中会故障不断甚至可能会出现致命性故障，有时故障会导致系统瘫痪。因此，长时间的运行是检验系统质量的试金石。

（4）信息系统不可避免地会遇到系统更新改造、功能扩展，甚至废弃重建等情况，对此，在信息系统建设的初期就应该注意系统消亡条件和时机，以及由此而花费的成本。

5. 信息系统的结构

信息系统结构分物理和逻辑两个方面。

（1）信息系统的物理结构。按系统硬件在结构上的拓扑一般分为集中式和分布式两大类：典型的集中式结构是将软件、数据与主要外围设备集中在一套计算机系统中；分布式结构是指将不同地点的计算机硬件、软件和数据资源等联系起来，实现异地资源共享。

（2）信息系统的逻辑结构。主要指其功能和概念的框架。如从管理功能角度来看，其逻辑结构应包含供应、生产、销售、人事、财务等功能，这些负责各种功能的子系统不仅可以共用系统数据库中的数据，还能通过接口实现子系统之间的联系。

6. 企业资源计划系统

企业资源计划（Enterprise Resource Planning）系统即 ERP 系统，从系统化的供应链管理角度，依托信息技术为企业合理调配资源，是现代企业集信息技术和先进管理思想于一体的运行模式，是将企业的物流、资金流、信息流进行全面一体化管理的管理信息系统，包括以下主要功能：供应链管理（SCM）、销售与市场、分销、客户服务、财务管理、制造管理、库存管理、工厂与设备维护、人力资源、报表、制造执行系统、工作流服务和企业信息系统等。

1.2.2 【任务 2】通过 ERP 系统认识信息系统组成与工作机制

任务描述与分析

情境描述	信息系统是一门新兴的科学，其主要任务是最大限度地利用现代计算机及网络通信技术加强企业的信息管理，通过对企业拥有的人力、物力、财力、设备、技术等资源的调查了解，建立正确的数据，加工处理并编制成各种信息资料及时提供给管理人员，以便进行正确的决策，不断提高企业的管理水平和经济效益。小胡负责公司的信息系统设计，需要先进行需求分析，即厘清客户订购、职工工资、管理人员、货物运输、生产部门、财务部门和销售部门等的关系。

技术分析	本次任务需要掌握以下技能： 通过信息管理系统对信息进行采集、加工、管理，能更有效地对企业资源、财力等方面进行规划和加工。
任务分解	分析上面的工作情境，我们需要完成以下任务： （1）对客户订购、职工工资、管理人员、货物运输、生产部门、财务部门、销售部门等关系进行分析，准备好组织架构体系思维导图，并录入 ERP 系统。 （2）设计物料档案体系思维导图，并录入 ERP 系统。 （3）设计往来单位体系思维导图，并录入 ERP 系统。 （4）设计生产体系关系思维导图，并录入 ERP 系统。 （5）单据打印格式以及流程设置，并录入 ERP 系统。 （6）保存文档。
知识准备	信息系统是快节奏供应链的基础，许多企业通过互联网在线采购、销售、发布线上商业广告和随时接收手机端客户反馈。通过核心业务流程的数字化，企业都在努力变得更富有竞争力和效率，互联网可以极大地降低生产、采购成本，并在全球范围内销售产品，从而刺激全球化发展。如今信息系统已是进行商业活动的基础，当前企业正应用信息系统实现六大主要目标：卓越运营，新产品、新服务和新商业模式，与客户和供应商建立紧密的关系，改善决策，竞争优势及永续经营。

学习笔记

任务实现

操作步骤

步骤 1：不同的企业有不同的组织架构体系，如图 1-8 所示。

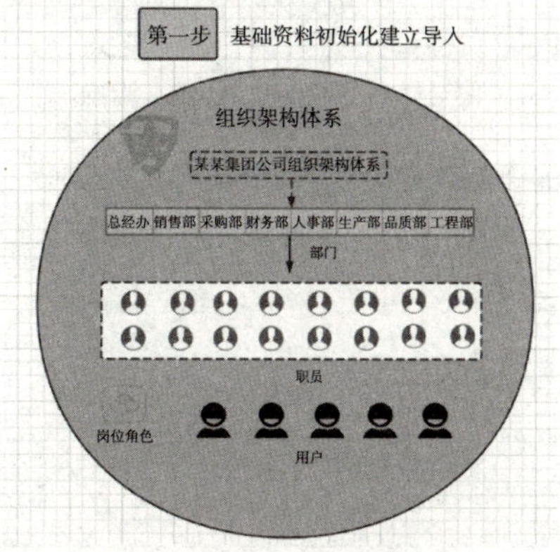

图 1-8　企业组织架构体系

步骤 2： 市面上有不少免费的通用型 ERP 软件，适用于中小微型企事业单位实施信息化管理。下面以 MicroERP（蓝本）系统为例，介绍 ERP 系统的基本功能。可通过搜索引擎搜索 MicroERP（中小微企业资源管理系统）下载安装，如图 1-9、图 1-10 所示。

图 1-9　MicroERP 系统应用图标

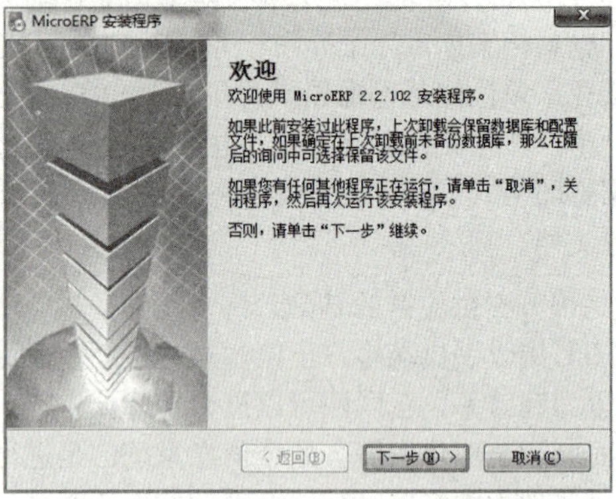

图 1-10　MicroERP 系统安装界面

步骤 3： 可在“基础资料”模块下的“员工资料”中对组织架构体系进行修改。将组织架构录入系统，并录入部门员工信息，如图 1-11、图 1-12 所示。

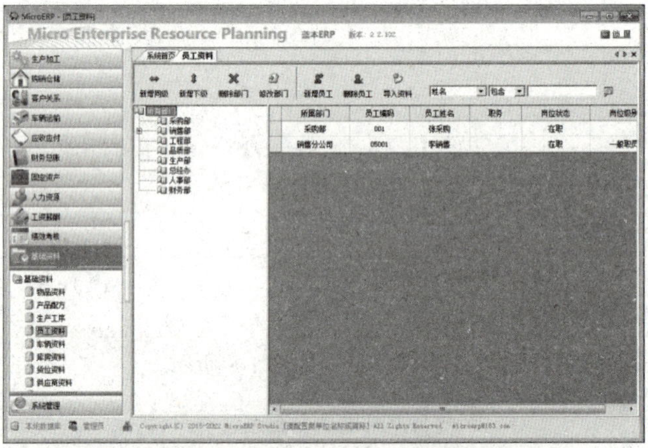

图 1-11　系统录入组织架构

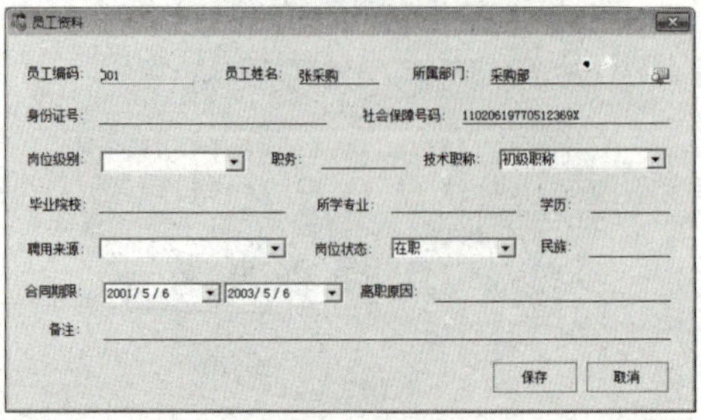

图 1-12　系统录入员工资料

步骤 4：设计物料档案体系思维导图，在 MicroERP 的“生产加工”的“生产订单”中“新增”，如图 1-13、图 1-14 所示。

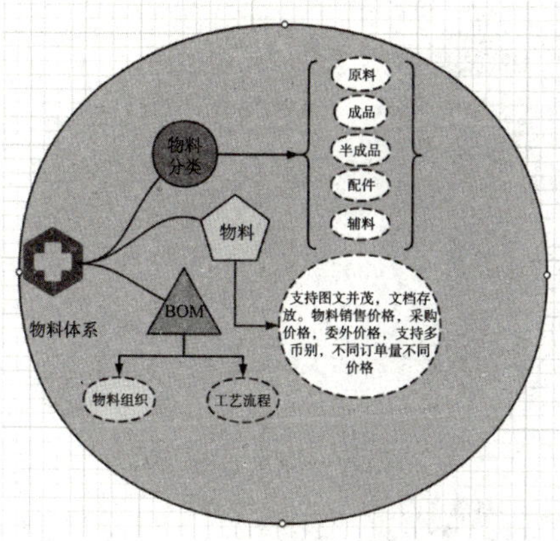

图 1-13　物料档案体系思维导图

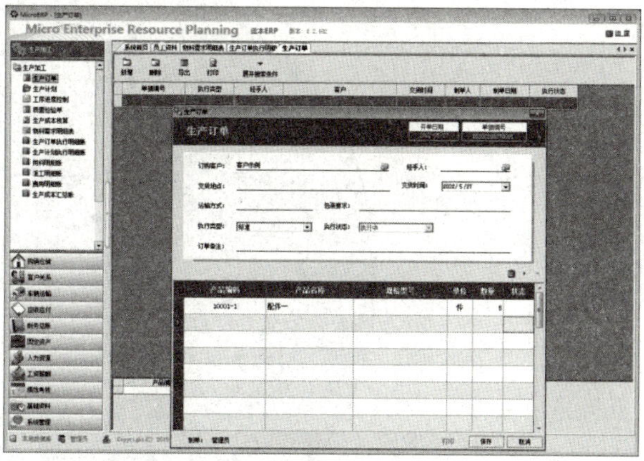

图 1-14　新增生产订单

步骤 5：设计往来单位体系思维导图，在 MicroERP 的“客户关系”中进行管理，如图 1-15、图 1-16 所示。

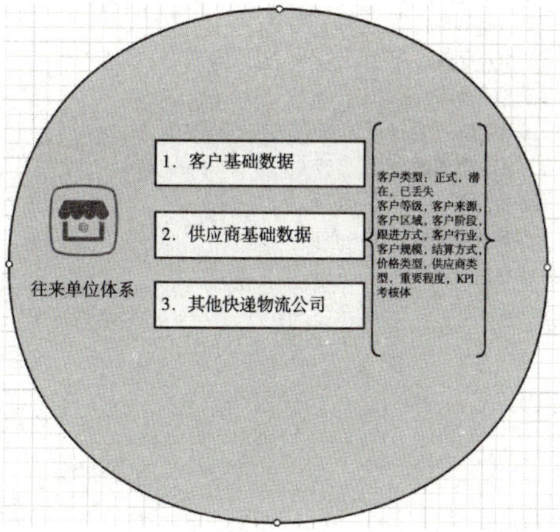

图 1-15　往来单位体系思维导图

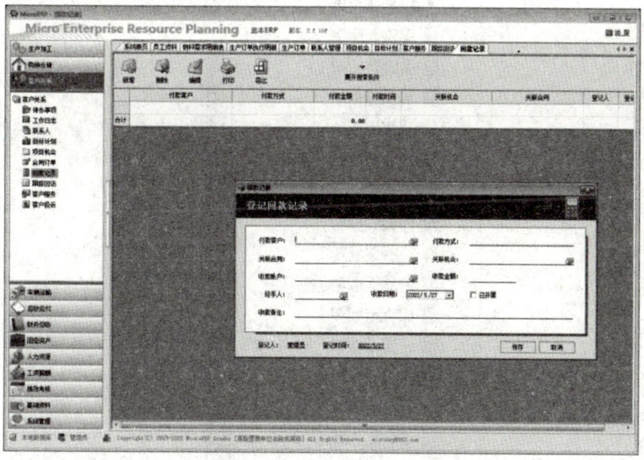

图 1-16　管理客户关系

步骤 6：确定生产体系的思维导图，在 MicroERP 的“生产加工”“购销仓储”“财务总账”等中进行管理，如图 1-17 ~ 图 1-19 所示。

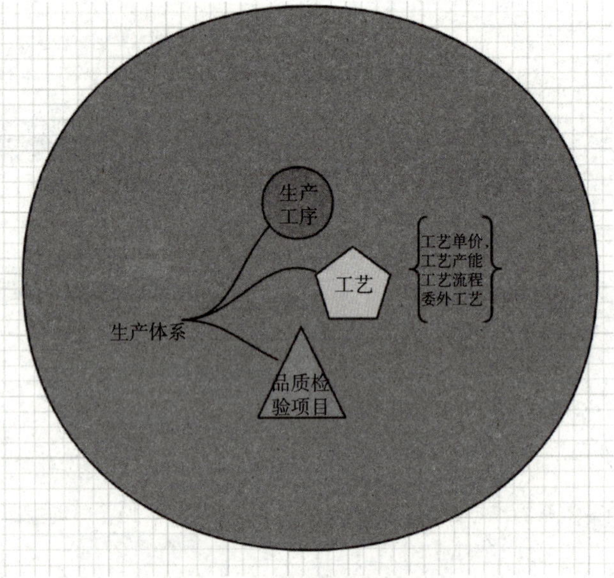

图 1-17　生产体系的思维导图

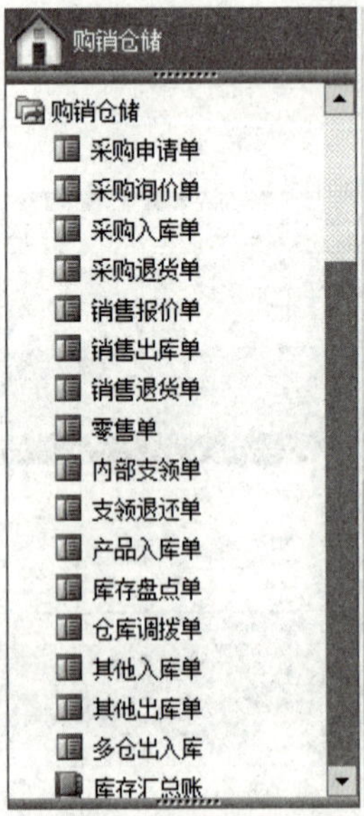

图 1-18　管理购销仓储

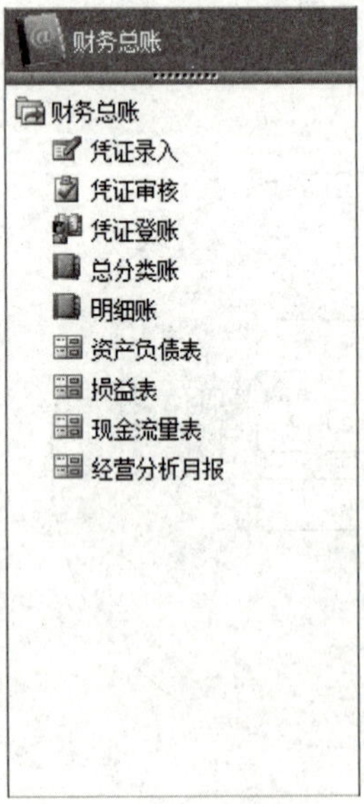

图 1-19　管理财务总账

步骤 7：单据打印格式以及流程设置。以采购申请单为例，如图 1-20 所示。

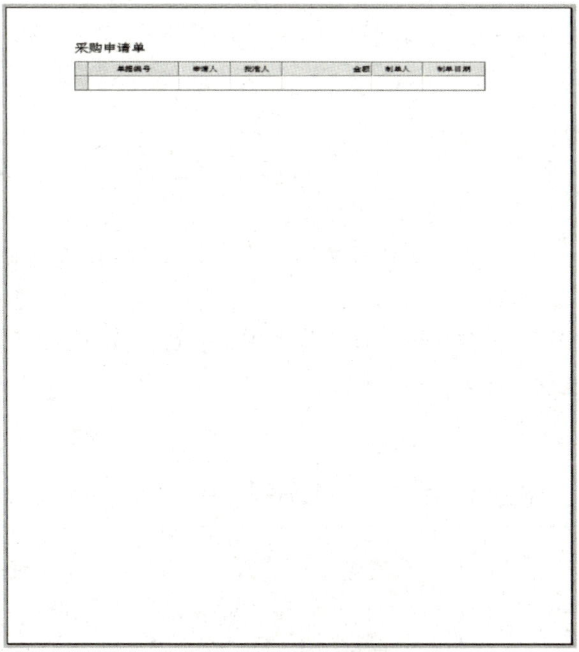

图 1-20　采购申请单打印格式

步骤 8：MicroERP 系统实现了“生产加工”“购销仓储”“客户关系”“车辆运输”“应收应付”“财务总账”“固定资产”“人力资源”“工资薪酬”“绩效考核”管理等普遍功能，具有界面简洁，流程清晰，性能稳定，扩充性强，支持模块定制化，可单机、网络、远程、B/C/S、手持设备同步运行的优点，是降低运营成本、提高管理水平与生产经营效率的强有力助手，如图 1-21 所示。

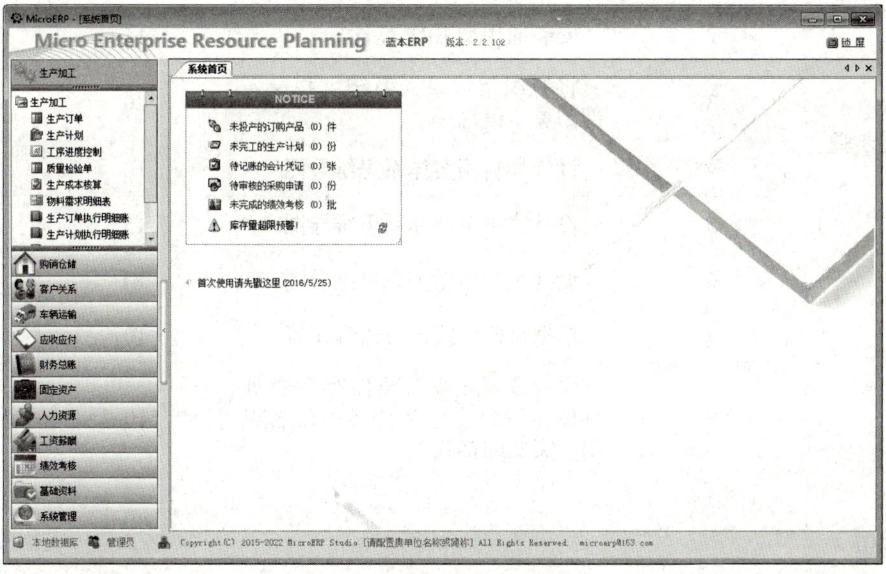

图 1-21　MicroERP 系统界面

学习笔记

想一想

（1）前期准备是一个企业ERP上线成功的关键，这项工作尤为重要。你认为前期准备工作应该包含哪些内容？

（2）完整的一套ERP系统依靠什么信息将进销存管理、协同办公管理、客户关系管理、财务管理、生产管理等功能联系起来？

任务考评

【任务2】通过ERP系统认识信息系统组成与工作机制考评记录

学生姓名		班级		任务评分	
实训地点		学号		完成日期	
任务实现步骤	序号	考核内容		标准分	评分
	1	对客户订购、职工工资、管理人员、货物运输、生产部门、财务部门、销售部门等关系进行分析，准备好组织架构体系思维导图		10	
	2	安装通用型ERP软件		15	
	3	将组织架构录入系统，并录入部门员工信息		20	
	4	设计物料档案体系思维导图		10	
	5	设计往来单位体系思维导图		15	
	6	设计生产体系关系思维导图		10	
	7	单据打印格式以及流程设置		10	
	8	保存文档：按需要保存在磁盘具体位置，注意文档名的命名规则、文档的格式		10	
教师评语					

1.3 学习和使用信息技术设备

1.3.1 信息技术设备

信息技术设备通常是指利用信息技术对信息进行处理过程中所用到的设备的总称。国际上通常将 PC（包括笔记本式计算机和台式计算机）及显示器、打印机、传真机、复印件、扫描仪、数码影像设备等归入信息技术设备，也就是指在现代信息系统中获取、加工、存储、变换、显示传输信息的物理装置和机械设备，这些设备能够实现数据输入、输出、存储、通信、运算处理和保护等功能。

在国内，信息技术设备属于 CCC 认证目录中的第九大类，有 13 小类产品列入认证目录。信息技术设备安全应符合标准 GB 4943.1—2011《信息技术设备安全第 1 部分：通用要求》。一般情况下，信息技术设备按功能划分或按组成结构划分。

1. 按功能划分

信息技术设备按功能可以分为数据输入、存储、传输、加工处理、输出和保护设备等。

（1）数据输入设备：将数据信息以计算机可以接受的形式输入计算机或其他信息技术设备。常见的输入设备有键盘、鼠标、图文扫描仪、条形码阅读器、触摸屏、语音输入设备、视频输入设备和手写体输入设备等。

（2）数据存储设备：用来存储数据、程序和指令等。一般可分为主存储器和辅助存储器两大类。主存储器分为 RAM（随机存储器）和 ROM（只读存储器）两种。辅助存储器的主要类型有磁带、磁盘、光盘、U 盘等。主存储器主要用来存放计算机当前工作所需的程序和数据，以提高计算机处理信息的速度。辅助存储器用于数据和程序的长久保存，它的特点是容量大，价格较低，相对于主存储器来说存储速度较慢。

（3）数据传输设备：实现用户间各种数据信息的方便、快速及低成本的传输，达到数据信息共享的目的。常见的数据传输设备有服务器、调制解调器、网络适配器、集线器、交换机、中继器、网桥和路由器等。

（4）数据加工处理设备：将数据信息按照一定的要求或规则进行加工，得到用户需要的数据。数据加工处理的设备主要是计算机主机及其相应的外围设备。

（5）数据输出设备：将处理得到的信息转换成符合输出要求的格式，然后输出到指定的设备中供用户使用。常见的数据输出设备有显示器、打印机、绘图仪、语音合成与输出设备，也可将处理结果以文件形式输出到辅助存储器中或以电子邮件形式发出。

（6）数据保护设备：对已经存储的数据提供一个安全的保存环境，以防因为操作不当或电源故障造成数据的破坏或丢失。数据保护的方法很多，常采用的方法有数据备份、操作过程中的电源保护等。

2. 按组成结构划分

信息技术设备按组成结构可以分为计算机主机、外存储设备、输入设备、输出设备、通信网络设备和电源设备等六个组成部分。

（1）计算机主机：计算机主机由中央处理器（CPU）、主板、内存储器等组成。

① CPU：是计算机的核心配件之一，其功能主要是解释计算机指令以及处理计算机软件中的数据，如图 1-22 所示。

② 主板：是计算机最基本的也是最重要的部件之一。主板一般为矩形电路板，上面安装了组成计算机的主要电路系统，一般有 BIOS 芯片、I/O 控制芯片、键盘和面板控制开关接口、指示灯插接件、扩充插槽、主板及插卡的直流电源供电接插件等元件，如图 1-23 所示。

图 1-22　中央处理器（CPU）

图 1-23　主板

③ 内存储器：是计算机的重要部件，也称主存储器，简称内存，它用于暂时存放 CPU 中的运算数据，以及与硬盘等外部存储器交换的数据，如图 1-24 所示。

（2）外存储设备：是磁性介质或光盘，像硬盘、U 盘、CD、DVD 等，能长期保存信息，并且不依赖于电来保存信息，但是由机械部件带动，速度与 CPU 相比就显得慢得多。

① 硬盘：是由涂有磁性材料的铝合金或玻璃制的盘片组成的，每个硬盘都由若干个磁性圆盘组成，如图 1-25 所示。

图 1-24　内存储器

图 1-25　硬盘

② U 盘：U 盘也被称为“闪盘”，可以通过计算机的 USB 口存储数据，如图 1-26 所示。

③ 光盘存储器：利用光学方式进行信息存储的圆盘。它应用了光存储技术，即使用激光在某种介质上写入信息，然后再利用激光读出信息。光盘存储器可分为：CD-ROM、CD-R、CD-RW 和 DVD-ROM 等，如图 1-27 所示。

（3）输入设备：常用的输入设备包括基本输入设备（如键盘、鼠标等）、扫描仪和数码影像设备等。

① 键盘：用于操作计算机设备运行的一种指令和数据输入装置。可以将英文字母、汉字、数字、标点符号等输入到计算机中，从而向计算机发出命令、输入数据等，如图 1-28 所示。

图 1-26　U 盘

图 1-27　光盘存储器

② 鼠标：是计算机的一种外接输入设备，也是计算机显示系统纵横坐标定位的指示器，如图 1-29 所示。

图 1-28　键盘

图 1-29　鼠标

③ 扫描仪：是一种捕获影像的装置，可将影像转换为计算机可以显示、编辑、存储和输出的数字格式，如图 1-30 所示。

④ 数码影像设备：使用数字来记录、存储、应用影像文件的设备，如图 1-31 所示。具体在实际工作中由数码相机、扫描仪、计算机应用软件等生成的影像文件均可称为数码影像。

图 1-30　扫描仪

图 1-31　数码影像设备

（4）输出设备：常用的输出设备包括打印设备（如打印机、绘图仪等）和显示设备（包括显示适配器和显示器）等。

① 打印机：是计算机的输出设备之一，用于将计算机处理结果打印在相关介质上，如图 1-32 所示。

② 绘图仪：是一种输出图形的硬拷贝设备。绘图仪在绘图软件的支持下可绘制出复杂、精确的图形，是各种计算机辅助设计不可缺少的工具，如图 1-33 所示。

③ 显示设备：是一种将一定的电子文件通过特定的传输设备显示到屏幕上的显示工具。它可以分为 CRT、LCD 等多种类型，如图 1-34 所示。

图 1-32　打印机

图 1-33　绘图仪

（5）通信网络设备：通信网络设备及部件是连接到网络中的物理实体。服务器是计算机网络上最重要的设备。不论是局域网、城域网还是广域网，在物理上通常都是由网卡、集线器、交换机、路由器、网线、RJ-45 接头等网络连接设备和传输介质组成的。网络设备又包括中继器、网桥、路由器、网关、防火墙、交换机等设备。

① 服务器：服务器是计算机的一种，它比普通计算机运行更快、负载更高、价格更贵，具有高速的 CPU 运算能力、长时间的可靠运行、强大的 I/O 外部数据吞吐能力以及更好的扩展性，如图 1-35 所示。

图 1-34　显示设备

图 1-35　服务器

② 网卡：又称网络适配器或网络接口卡，将其插入主机扩展槽，就可与计算机相连。它是主机和网络的接口，用于协调主机与网络间数据、指令或信息的发送与接收，如图 1-36 所示。

（6）电源设备：包括计算机电源系统、不间断电源系统 UPS 和交流净化稳压电源等，如图 1-37 所示。

图 1-36　网卡

图 1- 37　计算机电源

3. 信息技术设备的应用前景

信息技术设备使人们降低了劳动强度，提高了工作效率，促进了企业发展，改善了人们生活。现代社会的信息种类越来越多，计算机技术和网络通信技术的发展推动了信息技术设备的高速发展，未来世界经济发展信息技术设备必将继续发挥重要作用。在以后的发展中，信息技术设备将向着以下几个方向发展：

（1）更高更快的处理速度。经济发展需要计算机运算速度的提高，比如人们追求更快的打印速度、扫描速度、网络数据传输速度等。当前人们已经在研制光计算机，并且其关键技术——光存储技术、光互联技术、光集成器件等的研究都已取得突破性的进展。

（2）更高精度的处理效果。图像作为人类感知世界的视觉基础，是人类获取信息、表达信息和传递信息的重要手段。未来对处理精度主要表现在计算精度、图像处理效果、打印（或显示）输出效果等方面。

（3）具有自然语言识别功能。近 20 年以来，语音数据受到了人们越来越多的重视，广泛进入工业、家电、通信、汽车电子、医疗、家庭服务、消费电子产品等领域。未来的信息技术设备将对语音识别功能提出更高要求。

（4）网络化。网络技术的发展在极大程度上改变了人们的生活方式，同样，信息技术设备的发展提供了一个可行的发展方向，未来的信息技术设备将向网络化方向发展，例如采用“仿真技术”的软件可以在屏幕上展示现实世界的某些事物，家庭内安装了微处理器的数字化电器互连、数据互通。

（5）小型化。随着现代交通和通信的高速发展，人们的工作和生活半径越来越大，移动办公、简易便携将是未来的一个发展方向，所以小型化将是信息技术设备发展的一个趋势。随着科技的进步和信息技术设备的发展，信息技术设备的应用领域必将越来越广，它的应用前景也会越来越好。

1.3.2 【任务 3】了解计算机硬件和外围设备

任务描述与分析

情境描述	计算机、手机、智能音箱、相机、打印机、投影仪、游戏机、VR 眼镜、蓝牙耳机、智能手表、智能眼镜都是常见的信息技术设备。小胡是公司的信息技术人员，公司将采购一批信息技术设备，需先了解设备的功能特点和主要性能指标，然后根据实际需要和性价比最优的原则，设计配置和采购计划，运用信息技术解决业务问题。
技术分析	本次任务需要掌握以下技能： （1）掌握信息技术设备的构成要件。 （2）能完成常见信息设备的安装。
任务分解	分析上面的工作情境，我们需要完成以下任务： （1）画出计算机系统由硬件系统、软件系统组成的思维导图。 （2）搜索笔记本式计算机的性能指标，根据功能特点、主要性能指标和性价比最优的原则，确定一份功能配置表。 （3）搜索计算机与外围设备的连接接头。画出鼠标、键盘、显示器、音箱、麦克风等连接头的思维导图。 （4）调整个人计算机和手机的日期和时间。
知识准备	信息技术设备的种类和产品规格繁多，了解其基本知识，掌握其组成结构、工作原理及选购、使用和维护的方法，将有助于我们更好、更合理地选购和使用这些设备，更充分地发挥它们在现代信息系统中的作用。

学习笔记

任务实现

操作步骤

步骤 1：画出计算机系统由硬件系统、软件系统等部分组成的思维导图，如图 1-38 所示。

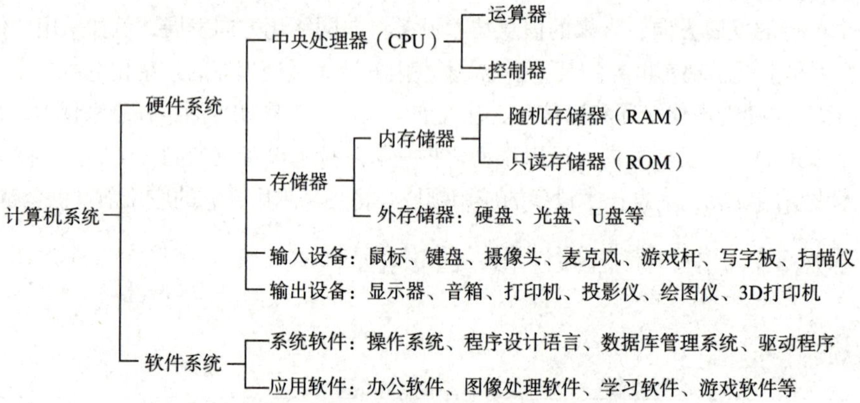

图 1-38　计算机系统组成的思维导图

步骤 2：搜索笔记本式计算机的性能指标，根据功能特点、主要性能指标和性价比最优的原则，确定一份功能配置表，如图 1-39 所示。

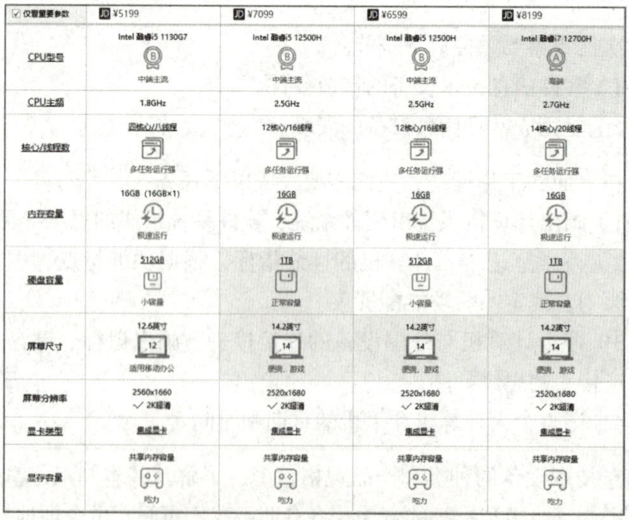

☑ 仅看重要参数	JD ¥5199	JD ¥7099	JD ¥6599	JD ¥8199
CPU型号	Intel 酷睿i5 1130G7 B 中端主流	Intel 酷睿i5 12500H B 中端主流	Intel 酷睿i5 12500H B 中端主流	Intel 酷睿i7 12700H A 高端
CPU主频	1.8GHz	2.5GHz	2.5GHz	2.7GHz
核心/线程数	四核心/八线程 多任务运行稳	12核心/16线程 多任务运行稳	12核心/16线程 多任务运行稳	14核心/20线程 多任务运行稳
内存容量	16GB（16GB×1） 极速运行	16GB 极速运行	16GB 极速运行	16GB 极速运行
硬盘容量	512GB 小容量	1TB 正常容量	512GB 小容量	1TB 正常容量
屏幕尺寸	12.6英寸 12 适用移动办公	14.2英寸 14 便携、游戏	14.2英寸 14 便携、游戏	14.2英寸 14 便携、游戏
屏幕分辨率	2560x1660 ✓ 2K超清	2520x1680 ✓ 2K超清	2520x1680 ✓ 2K超清	2520x1680 ✓ 2K超清
显卡类型	集成显卡	集成显卡	集成显卡	集成显卡
显存容量	共享内存容量 吃力	共享内存容量 吃力	共享内存容量 吃力	共享内存容量 吃力

图 1-39　笔记本功能配置表

步骤 3： 搜索计算机与外围设备的连接接头。画出鼠标、键盘、显示器、音箱、麦克风、打印机、移动硬盘、数码相机连接头（附照片）等的思维导图，如图 1-40 所示。

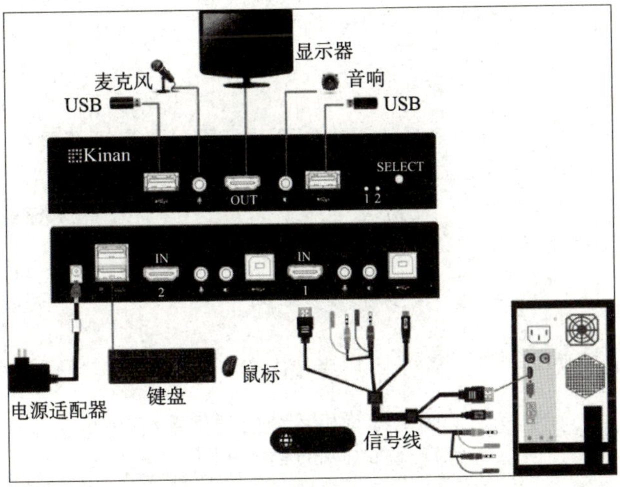

图 1-40　计算机与外围设备的连接

步骤 4： 调整个人计算机和手机的日期和时间。对于 Windows 操作系统，首先单击桌面右下角显示的时间和日期，弹出“日期和时间”对话框，单击对话框中的“更改日期和时间”按钮，如图 1-41 所示。

对于华为手机，可以根据需要，手动调整日期、时间、时区。进入设置→系统和更新→日期和时间，按需设置，如图 1-42 所示。

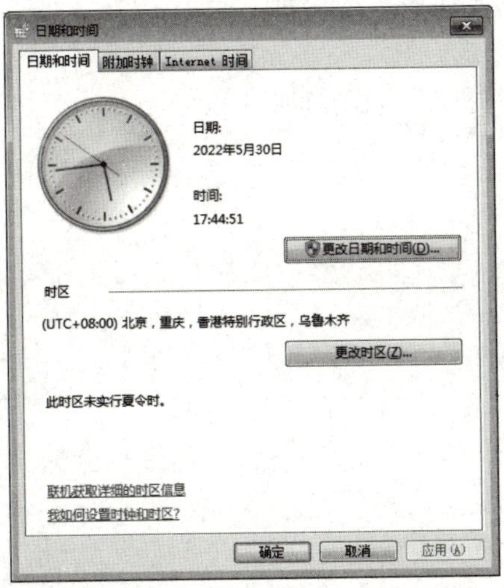

图 1-41　调整个人计算机的日期和时间

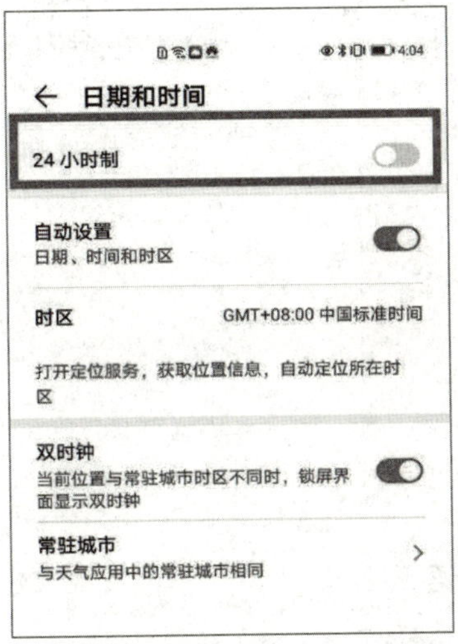

图 1-42　调整华为手机的日期和时间

学习笔记

想一想

（1）在家如何搭建一个局域网？

（2）如何对个人计算机和手机设置语言和输入法？

任务考评

【任务 3】了解计算机硬件和外围设备考评记录

学生姓名		班级		任务评分	
实训地点		学号		完成日期	
任务实现步骤	序号	考核内容		标准分	评分
	1	画出计算机系统由硬件系统、软件系统组成的思维导图		25	
	2	搜索笔记本式计算机的性能指标，根据功能特点、主要性能指标和性价比最优的原则，确定一份功能配置表		25	
	3	搜索计算机与外围设备的连接接头。画出鼠标、键盘、显示器、音箱、麦克风等连接头的思维导图		25	
	4	调整个人计算机和手机的日期和时间		25	
教师评语					

1.4 信息检索

1.4.1 信息检索概述

信息从古至今都是重要的资源，在当今社会，具备信息检索能力是每个人的必备素养。信息检索起源于19世纪下半叶的图书馆参考咨询和文摘索引工作，处于手工检索阶段。计算机用于信息检索始于20世纪50年代初，经历了脱机检索、联机检索和网络化联机检索阶段，计算机信息检索的实现，大大方便和加速了信息资源的交流和利用，在教育、军事和商业等各领域得到高速发展，并对社会经济的发展和人们的科研方式产生了深刻的影响，从而也极大地促进了科技的进步。美国洛克希德公司研制的DIALOG检索系统是信息检索领域的代表，至今仍是世界上最著名的系统之一。

广义的信息检索是指利用一定的科学规则和方法，通过对信息外在特征和内容特征的分析、选择、描述、标引、存储、排序和重组等活动，实现无序信息流向有序信息流的转换，从而保证用户对信息的有效获取和利用及信息的有效流通和组合。狭义的信息检索是指借助一定的设备与工具，采用一系列方法与策略从信息集合中查询所需的信息的过程。目前，信息检索已经发展到网络化和智能化的阶段。信息检索的用户也由原来的情报专业人员扩展到包括商务人员、管理人员、教师学生、各专业人士等在内的普通大众，近年来新兴热门的就业岗位就有数据分析、数据挖掘、数据开发和数据运营等。

1. 信息检索相关术语

（1）情报。最广泛认同的定义是人们在一定时间内为一定的目的而传递有使用价值的知识或信息。

（2）文献。文献主要是指通过某种形态所表现出来的记录人类知识的一切载体资料，知识内容、记录符号、物质载体、记录方式、呈现形态是文献的构成要素。

（3）信息检索。“检索”一词源自英文“Retrieval”，意为“查找”。狭义上来说，信息检索主要指信息用户查找所需信息的检索过程，其前提为信息存储，其目的为检索和利用。

（4）信息检索系统。一般而言，信息存储在数据库或其他形式的数字信息资源中，检索系统由硬件、软件、数据库、通信线路和检索终端五部分组成。信息检索系统根据检索内容不同，可分为文献检索、数据检索、事实检索；根据信息的组织方式划分，可分为全文文本检索、超文本检索、多媒体检索、网络资源检索；根据信息检索方式划分，可分为手工检索、计算机检索；根据检索要求划分，可分为特性检索、族性检索；根据运行性质划分，可分为定题检索、回溯检索。

（5）搜索引擎。是根据用户需求与一定算法，运用特定策略从互联网检索出指定信息反馈给用户的一门检索技术。网络爬虫、检索排序、网页处理、大数据处理、自然语言处理等技术可为信息检索用户提供快速、高相关性的信息服务。熟练掌握搜索引擎的精确搜索、站内搜索、文件类型匹配、通配符搜索、逻辑表达式、书名号等技巧，能让检索工作更准确和高效。

2. 信息检索的基本方法

（1）布尔逻辑检索。指利用布尔逻辑运算符（有三种，逻辑或“OR”、逻辑与“AND”和逻辑非“NOT”）连接各个检索词，由计算机进行检索词或代码的逻辑组配，是现代信息检索系统中最常用的一种技术，使用面最广、使用频率最高。

（2）截词检索。由于西文的构词特性，如名词的单复数形式、英美拼法不一致、前缀和后缀派生语义相近词等，造成计算机检索漏检的情况。截词是指在检索词的合适位置进行截断，再使用截词符处理，既可节省输入的字符数目，又可达到较高的查全率。截词检索是计算机检索系统中应用非常普遍的一种技术，截词可有后截断、前截断、中截断三种类型，不同的系统所用的截词符也不同，常用的有 ?、$、* 等。

（3）位置检索。文献记录中词语的相对次序或位置不同，所表达的意思可能不同，而同样一个检索表达式中词语的相对次序不同，其表达的检索意图也不一样。位置检索是对检索词在原始文献中相对位置的限定性检索，大致包括记录级（限定在数据库的同一个记录中）、字段级（限定检索词出现在某一个字段中）、自然句级（限定检索词出现在某一句话内）、词组的词位限定（限定检索词组的单个词之间的位置关系）四种级别的限制。位置算符检索是用一些特定的算符（位置算符）来表达检索词与检索词之间的邻近关系，并且可以不依赖主题词表而直接使用自由词进行检索的技术方法。对同一位置算符，检索系统不同，规定的位置算符也不同。以 DIALOG 检索系统使用的位置算符为例，有“（W）”算符、“（nw）”算符、“（N）”算符、“（nN）”算符、“（F）”算符和“（S）”算符。

（4）字段限定检索。是计算机检索时，限定检索词在数据库内查找区域的检索技巧。在检索系统中，数据库设置的可供检索的字段通常有两种：表达文献主题内容特征的基本字段和表达文献外部特征的辅助字段。

（5）加权检索。加权检索是某些检索系统中提供的一种定量检索技术。加权检索同布尔检索、截词检索等一样，也是文献检索的一个基本检索手段，但与它们不同的是，加权检索的侧重点是由检索者对各检索词设置一个权值与阈值，在检索过程中，一篇文献是否被检索中，不仅看该文献是否与用户提出的检索词相对应，而且要依据它所含检索词的“权”值之和来决定。

（6）聚类检索。聚类是把没有分类的事物，在不知道应分几类的情况下，通过一定的聚类方法，计算出文献与文献之间的相似度，并把相似度较高的文献集中在一起，形成一个个的文献类的检索技术。

3. 中外文书刊数字信息检索

期刊和电子图书是中外文书刊信息检索的重要载体，其中，期刊是科研人员利用最多的文献类型之一，它是传递科技情报、学术思想的最基本文献形式，当前主要有杂志、电子期刊两种形式。电子图书也称为 e-book，是存储在磁、光、电介质上的印刷型图书数字化形式，一种类型为原生数字出版物，另一种类型为通过扫描仪等计算机处理技术转化为数字格式、用电子的方式发行的电子读物。当前，影响力较大的中文书刊数字信息检索有中国知网、万方数据知识服务平台、中文科技期刊数据库、读秀学术搜索、超星数字图书馆；外文书刊数字信息检索有 SpringerLink 数据库、EBSCOhost 数据库、ScienceDirect 数据库、LexisNexis 数据库。下面简单介绍其中几个。

（1）中国知网是指中国国家知识基础设施（China National Knowledge Infrastructure，CNKI），是集期刊杂志、博士论文、硕士论文、会议论文、报纸、工具书、年鉴、专利、标准、国学、海外文献资源为一体的、具有国际领先水平的网络出版平台。CNKI 源数据库提供外文类、工业类、农业类、医药卫生类、经济类和教育类多种数据库。其中综合性数据库为中国期刊全文数据库、中国博士学位论文数据库、中国优秀硕士学位论文全文数据库、中国重要报纸全文数据库和中国重要会议论文全文数据库。每个数据库都提供初级检索、高级检索和专业检索三种检索功能。

（2）万方数据知识服务平台（Wanfang Data Knowledge Service Platform）是在原万方数据资源系统的基础上，集成期刊、学位、会议、科技报告、专利、标准、科技成果、法规、地方志、视频等十余种知识资源类型，覆盖自然科学、工程技术、医药卫生、农业科学、哲学政法、社会科学、科教文艺等全学科领域的信息资源出版、增值服务平台。

（3）中文科技期刊数据库（维普网）收录了中国境内历年出版的中文期刊 14 000 余种，分三个版本（全文版、文摘版、引文版）和八个专辑（社会科学、自然科学、工程技术、农业科学、医药卫生、经济管理、教育科学、图书情报）定期出版发行，是科技工作者进行科技查新和科技查证的必备数据库。

（4）SpringerLink 是全球最大的在线科学、技术和医学（STM）领域学术资源平台之一。SpringerLink 的服务范围涵盖各个研究领域，提供超过 1 900 种同行评议的学术期刊，以及不断扩展的电子参考工具书、电子图书、实验室指南、在线回溯数据库以及更多内容。通过 SpringerLink 的 IP 网关，读者可以快速地获取重要的在线研究资料。

（5）ScienceDirect 数据库由 Elsevier Science 公司出版。该公司是一家总部设在荷兰的历史悠久的跨国科学出版公司，其出版的期刊是世界公认的高品位学术期刊，且大多数为核心期刊，并被世界上许多著名的二次文献数据库所收录。ScienceDirect 数据库涵盖数学、物理、化学、天文学、医学、生命科学、商业及经济管理、计算机科学、工程技术、能源科学、环境科学、材料科学、社会科学等学科。ScienceDirect 全文文献数据库，根据 ScienceDirect 的访问方式可分为以下两种：

① ScienceDirectOnSite（SDOS）：访问国内镜像（清华大学、上海交通大学的镜像站点）。

② ScienceDirectOnLine（SDOL）：访问国外镜像（ScienceDirect 在美国的主服务器）。

4. 网络信息资源与搜索引擎

网络信息资源是指借助于网络环境可以利用的各种信息资源的总和，是一种新型数字化资源，具有信息数量巨大、更新变化迅速、非线性和无序性、表现形式多样、免费信息资源丰富、交互性和关联度强、检索快捷等特点。

（1）浏览式检索：即通过浏览网页方式查找所需信息，用户只需以一个节点作为入口，例如在“百度首页”的“百度热搜”选择感兴趣的信息，从超链接/网页转向另一个超链接/网页，顺“页”浏览查找。浏览又可以分为网上漫游和顺“链”浏览两种。

（2）网络导航检索：网络导航是基于分类目录型检索系统，也是较为常用的信息检索方法。所谓分类目录就是把同一类内容的网络信息放在一起并按一定顺序排列，大主题下又包括若干小主题，并可按主题层层单击下去，直至找到所需信息为止。如搜狐，其目录按财经、体育、生活、教育、军事、新闻、法律、健康、娱乐等分成许多大类目，每一大类又分成若干子类，层层递进。通过目录查找得到的网络信息都是经过编辑审核确认后提供的，信息量小但很精，适用于分类明确的信息查找。用户可以通过网络导航网站的具体网站链接找到自己感兴趣的内容，也可以单击分类列表进行更为具体的选择。与搜索引擎的自动标引不同，网络导航由专业人员负责资源著录，质量较高，对网络信息的发现具有重要的指导作用。

（3）搜索引擎检索：搜索引擎是专门为用户提供信息检索服务的工具，是因特网上的一种信息检索软件，在网络信息检索中具有重要的地位。搜索引擎能够为用户提供关键词或自然语言检索，即输入检索词以及各检索词之间的逻辑关系，搜索引擎便代替用户在索引库中搜索，并将搜索结果（在因特网上是一系列信息的网址）输出给用户。目前因特网上的搜索引擎数量众多，比较常用的有百度（Baidu）、必应（Bing）等，它们一般都具有逻辑检索、单词检索、词组检索、截词检索、字段检索等功能。利用搜索引擎进行网络信息检索是目前比较常用的检索方式。这种方式的优点是简单易学、省时省力、检索速度快、检索范围广。

1.4.2 【任务 4】学习和使用信息检索工具

任务描述与分析

情境描述	互联网信息资源的快速增长及其异构性和动态性给信息检索带来了新的挑战。信息检索已经成为现代社会信息化和各种应用的关键。企业对网络信息检索员的要求，主要为对信息、数据进行搜集、整理及重点数据的甄别、筛选、摘取和录入；通过互联网等渠道收集项目信息、竞争对手信息、网点建设相关信息；通过对各类信息的收集和分析，撰写相关市场分析报告、资料整理、归档等工作。 小胡作为公司的网络信息检索员，需要采用各种信息检索办法对公司的项目需求信息、数据进行搜集、整理及重点数据的甄别、筛选、摘取和录入，并撰写文献报告，协助做好产品定位和策略等工作。
技术分析	本次任务需要掌握以下技能： （1）掌握信息检索的一般步骤和要点。 （2）能利用“关键词”进行搜索引擎检索。 （3）会访问和获取开放资源。
任务分解	分析上面的工作情境，我们需要完成以下任务： （1）利用搜索引擎找到 MOOC 学习网站，了解“信息检索”，画出信息检索专业技术知识的思维导图。 （2）在百度、必应等搜索引擎，以“文献检索”为主要关键词，了解“文献检索”基本方法，画出“文献检索”素养的思维导图。 （3）在三大人才网（智联招聘、前程无忧、中华英才网）搜索符合“数据分析师”的求职岗位，画出其求职岗位所需的岗位能力、薪酬水平的思维导图。
知识准备	信息检索的基本流程：检索准备→检索工具→制定检索式，确定检索途径→实施检索，调整检索策略→筛选，整理检索过程→分析、评价检索过程和结果。

学习笔记

任务实现

操作步骤

步骤 1：利用搜索引擎找到 MOOC 学习网站，了解“信息检索”，可查找到武汉大学黄如花老师在中国大学 MOOC 的《信息检索课程》，画出“信息检索”专业技术知识的思维导图，如图 1-43 所示。

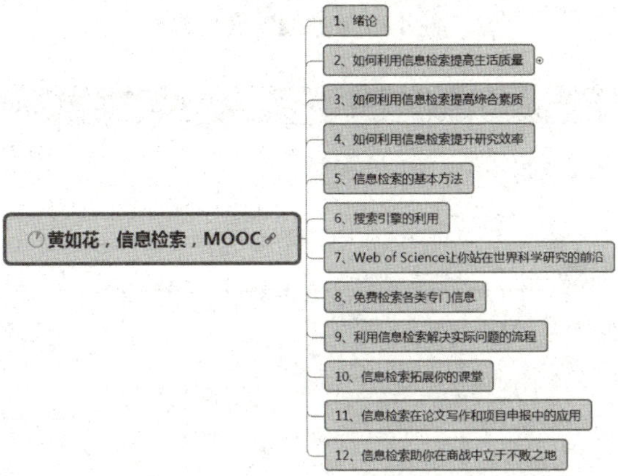

图 1-43　“信息检索”专业技术知识思维导图

步骤 2：在百度、必应等搜索引擎，以“文献检索”为主要关键词，画出“文献检索”素养的思维导图，如图 1-44、图 1-45 所示。

图 1-44　必应搜索引擎

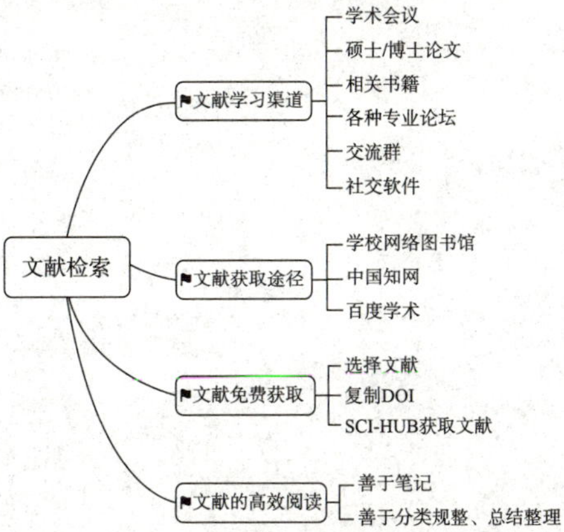

图 1-45　“文献检索”素养的思维导图

步骤 3： 在三大人才网（智联招聘、前程无忧、中华英才网）搜索符合“数据分析师”的求职岗位，如登录智联招聘，如图 1-46 所示。搜索“数据分析 / 产品运营”的求职岗位并画出所需的岗位能力、薪酬水平的思维导图，如图 1-47、图 1-48 所示。

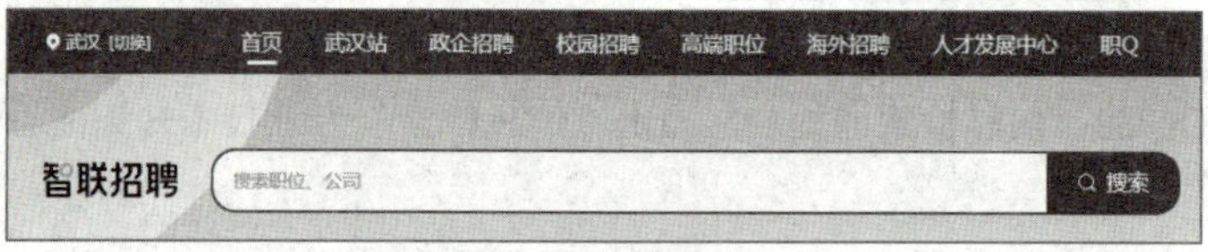

图 1-46　登录智联招聘

图 1-47　在人才网搜索符合“数据分析师”的求职岗位

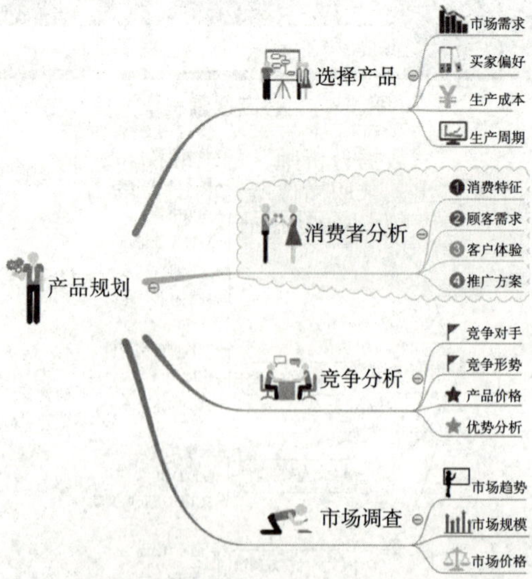

图 1-48　“数据分析师”所需的岗位能力思维导图

学习笔记

想一想

（1）要成为一位数据分析师，有哪些学习路径？

（2）大学生应该具备哪些信息检索能力和素养？

任务考评

【任务4】学习和使用信息检索工具考评记录

学生姓名		班级		任务评分	
实训地点		学号		完成日期	
任务实现步骤	序号	考核内容		标准分	评分
	1	利用搜索引擎找到MOOC学习网站，了解“信息检索”，画出信息检索专业技术知识的思维导图		30	
	2	在百度、必应等搜索引擎，以“文献检索”为主要关键词，了解“文献检索”基本方法，画出“文献检索”素养的思维导图		30	
	3	在三大人才网（智联招聘、前程无忧、中华英才网）搜索符合“数据分析师”的求职岗位，画出其求职岗位所需的岗位能力、薪酬水平的思维导图		40	
教师评语					

1.5 常用应用软件

1.5.1 常用软件简介

全球软件行业起始于20世纪50年代，其发展大致可以分为五个阶段，分别为独立编程服务阶段、软件产品阶段、企业级解决方案阶段、面对大众的成套软件阶段和企业云化阶段。中国软件和信息技术产业起步较早，经过几十年的发展，逐渐成长为一个超过数万亿元市场规模的巨大产业，软件行业主要上市公司有腾讯控股、浪潮软件、中国软件、用友网络、东软集团、启明星辰等。随着智能手机用户的不断增多，手机App应用需求也在不断增长。

1. 网络浏览

浏览器是网页显示、运行的平台，是检索信息资源的应用程序。浏览器最核心的部分是“Rendering Engine”，译为“渲染引擎”，一般习惯称为“浏览器内核”，负责对网页语法的解释并渲染（显示）网页。渲染引擎决定了浏览器如何显示网页的内容以及页面的格式信息。不同的浏览器内核对网页编写语法的解释也有不同，因此同一网页在不同内核的浏览器里的渲染效果也可能不同。

浏览器的主要功能就是向服务器发出请求，在浏览器窗口中展示用户选择的网络资源。这里所说的资源一般是指HTML文档，也可以是PDF、图片或其他的类型。资源的位置由用户使用URL（统一资源标识符）指定。浏览器解释并显示HTML文件的方式是在HTML和CSS规范中制定的。这些规范由网络标准化组织W3C（万维网联盟）进行维护。

国外常用的浏览器有Edge、Safari、火狐（Firefox）、Opera等，国内常用的浏览器有360安全、QQ、搜狗、猎豹等。

Microsoft Edge新版浏览器，可在Windows 7、Windows 8、Windows 8.1、Windows 10等设备上使用。Windows 10自带Edge浏览器，不需要安装。

2. 输入软件

输入法无疑是使用率最高的软件之一了。输入法是计算机最基本的必备软件，一款用着舒服顺手的输入法，完全决定了用户的输入速度，无论是工作还是学习，生产力提升的第一步就是选择一个适合自己的输入软件。常用的输入软件有微软输入法、搜狗输入法、QQ输入法、讯飞输入法等。下面以搜狗输入法为例介绍输入软件的功能和特点。

搜狗输入法是由腾讯旗下北京搜狗信息服务有限公司2006年6月推出的一款汉字输入法工具。与传统输入法不同，搜狗输入法是第一款为互联网而生的输入法，它通过搜索引擎技术，将互联网变成了一个巨大的“活”词库。网民们不仅仅只是词库的使用者，同时也是词库的生产者。目前搜狗输入法因其在词库的广度、词语的准确度、高级功能、易用性设计和外观上的优势已经成为装机必备软件之一。

3. 即时通信软件

谈到即时通信软件，相信大家都不会感到陌生，当前市面上各种类型的即时通信软件不胜枚举。

在国外，即时通信工具由 WhatsApp Messenger 和 Facebook Messenger 两巨头占据主导地位。在中国，微信和 QQ 成为了我们在工作和生活中与他人交流沟通必不可少的软件，几乎每一个有接触互联网的人都离不开它们。市面上的即时通信软件有针对社交、工作、个人、商用、免费、付费等的软件，用户总能够根据自己的需求选择一款合适的即时通信软件。

当前即时通信软件不仅包括动态图像、语音的传输，还具备相应的信息采集功能以及传输功能。我们常见的视频聊天就是通过视频图像采集、检测、编码、网络传输、解码、缓冲等诸多环节完成的。

腾讯 QQ 是中国最早的网络即时通信软件之一，具备聊天、传输、QQ 群、QQ 空间、QQ 邮箱、文字识别、录屏、截图、钉在桌面等功能，使用户不仅可以在各类通信终端上通过 QQ 聊天交友，还能进行免费的视频、语音通话，或者随时随地收发重要文件。

微信虽然比它的“哥哥”QQ 小了整整 11 岁，但是微信的发展速度在全球互联网都是一个神话，11 年之内微信的用户量已经超过了十亿。从最初的聊天，到如今的公众号、钱包、小程序，微信在成就了自己和腾讯的同时，也对中国互联网的普及起到了重要作用。

4. 压缩软件

压缩是一种通过特定的算法来减小计算机文件大小的机制。这种机制是一种很方便的发明，尤其是对网络用户，因为它可以减小文件的字节总数，使文件能够通过互联网连接实现更快传输，此外还可以减少文件的磁盘占用空间。常用压缩软件有 WinRAR、WinMount、WinZip、7-Zip、PeaZip、coolrar 等。常见压缩格式有 rar、zip、tar、cab、uue、jar、iso、z、7、ace、lzh、arj、gzip、bz2。

常见的术语有：

压缩格式：压缩文件时使用的压缩编码方法不同，压缩生成的文件结构就不同，这种压缩文件结构就称压缩格式。

压缩比率：文件压缩后占用的磁盘空间与原文件的比率称压缩比率。

解压：将压缩文件还原为本来的文件格式，也称释放、扩展。

压缩包：一般将通用压缩格式的文件称为压缩包，如 zip 格式压缩文件。

打包：将文件压缩成通用压缩格式的压缩包文件称为打包，也指将文件压缩添加到压缩包。

多卷压缩：将压缩的文件包分成几个压缩文件称为多卷压缩，一般是为了将压缩文件存储在多个磁盘上或方便网上传输。

自解压文件：将文件压缩生成可执行的文件，在没有压缩工具的帮助下，通过执行压缩的文件，就可将自己的源文件解压还原出来。

5. 安全软件

安全软件是一种可以对病毒、木马等一切已知的对计算机有危害的程序代码进行清除的程序工具。市面上有众多安全厂商，国外的有 Check Point、Palo Alto、飞塔，国内有 360、山石、深信服、网御星云、天融信、启明星辰，也有传统 ICT 厂商如华为、华三、思科、锐捷，当然还有小众领域做得很不错的安全厂商如齐治、亚信、北信源、天际友盟等。目前市场上也出现了品类丰富的安全产品，如防火墙、DDoS（分布式拒绝服务攻击）、负载均衡、WAF、数据库审计、漏扫、网页防篡改、上网行为管理、堡垒机等，这些产品由于功能不同在网络中部署的位置也有区别。

对于目前日益严峻的计算机使用环境，计算机上的网页广告是非常多的，有时候用户一个不小心单击进去，就可能让计算机受到风险，计算机上拥有一款好用的杀毒软件就非常有必要了，安全厂商的目标群体并不是个人消费群体，而是庞大的企业公司市场，为了建立起用户的信任，安全厂商对个人用户推出了免费版本或试用版，对个人来说就够用。

（1）Windows Defender，现名 Microsoft Defender，曾用名 Microsoft Anti Spyware，是一个杀毒程序，已内置在 Windows Vista、Windows 7 ~ 11 操作系统中。不像其他同类免费产品一样只能扫描系统，它还可以对系统进行实时监控。

其优点有：

① 微软官方出品，对于 Windows 的兼容性有着独一无二的优势。

② 基于云的技术，病毒库高度整合，更新速度极快，能够防御和查杀最新的威胁。

③ 简约不简单，界面友好，无任何多余花哨功能，专注杀毒防护。

④ 系统资源占用低，采用较新的防御技术，查杀率高。

⑤ 目前最新的 Windows Defender 内置于 Windows 11 中，随 Windows 11 更新而持续更新。

缺点是：只支持正版的 Windows 用户，有很多最新技术只在 Windows 11 平台展现，在 .exe 文件很多的时候，会轻微卡顿。

（2）360 杀毒是迄今国内获得 AV-C 和 AV-Test 两大国际评测认证次数最多的杀毒软件，并多次取得查杀率、拦截率全球第一的成绩。同时，360 杀毒也是迄今国内唯一包揽 AV-C、AV-TEST、VB100、CheckMark、ICSA、OPSWAT 等各大国际评测“全满贯”的杀毒软件。360 杀毒国际版的核心优势为能够快速扫描计算机，内置 360 云查杀引擎、360 QVMII 人工智能引擎、QEX 脚本查杀引擎和鲲鹏引擎，为计算机提供完善的安全防护，是对抗勒索软件的有力武器！

（3）ESET NOD32 来自斯洛伐克，总部在美国。ESET NOD32 的启发式技术确保了发现未知病毒的有效性，且在高效率启发未知病毒的同时保持了极低的误报率。ESET NOD32 拥有 TreatSense 高级启发式引擎，突出特点是：占用资源小、扫描速度快、低误报、少用户干扰、自我保护好，可有效防范未知病毒于未然，并且对于邮件的防护也是十分到位。

（4）小红伞 Avira Free Antivirus 是一套由德国的 Avira 公司所开发的免费杀毒软件。它采用高效的启发式扫描，可以检测 70% 的未知病毒。在系统扫描、即时防护、自动更新等方面表现突出，因此而成为全球许多用户挑选杀毒软件的首选。

（5）卡巴斯基是来自于俄罗斯的一款知名杀毒软件。其引擎技术是国内外许多杀毒软件的核心，它在全球 24 小时不间断地获取信息、评估新的威胁、设计新的应用程序，供公司内部及发布给用户使用。多年的经验确保了对新威胁的迅速反应能力，可及时地向用户提供病毒清除工具和信息。卡巴斯基具有全球技术领先的病毒运行虚拟机，可自动分析 70% 左右未知病毒的行为，对病毒上报反应十分迅速，上报的病毒，大概一小时就可以查杀了，并且对于当下非常热门的安全支付也提供了非常有力的保护。

（6）avast！拥有全球先进的杀毒引擎和全模块化的架构，它的引擎核心可与许多客户端程序或 Plungin 配合，不仅可以查杀大量已知病毒木马，其基因启发扫描技术甚至可以查杀很多未知或变种病毒。avast! 得到过大量的国际测试认证，其中包括著名的英国西海岸实验室认证，在世界最权威的 VB100% 测试及 AVC 测试里中更是成绩斐然！免费版的 avast! 拥有八大防护模块：文件系统防护、网页防护、邮件防护、网络防护、P2P 防护、即时消息防护、行为防护和脚本防护。

（7）腾讯电脑管家国际版是国内首家使用自主技术获得国际认证的安全软件，它在自主杀毒引擎研发及产品性能优化方面持续投入，并整合世界先进的反病毒厂商资源，配合多引擎的架构体系，在安全防护及病毒查杀方面的能力达到了国际一流水平。它拥有云查杀木马、系统加速、漏洞修复、实时防护、网速保护、电脑诊所、健康小助手、桌面整理、文档保护等功能。

6. 图形图像处理软件

图像处理技术是用计算机对图像信息进行处理的技术。主要包括图像数字化、图像增强和复原、图像数据编码、图像分割和图像识别等。图像的处理技术包括点处理（处理的对象是像素）、组处理（处理的对象是一组像素）、几何处理（改变图像的像素位置和排列顺序，从而实现图像的放大与缩小、图像旋转、图像镜像以及图像平移等效果）和帧处理（将一幅以上的图像以某种特定的形式合成在一起，形成新的图像）四种方法。图像处理技术一般也分为两大类：模拟图像处理和数字图像处理。

图像是人类获取和交换信息的主要来源，因此，图像处理的应用领域非常广阔，包括航天和航空技术、生物医学工程、通信工程、工业和工程、军事和公安、文化与艺术等方面。在我们平时操作计算机的过程中，经常会遇到以某一种格式存储的图像文件，在某一操作系统或者其他应用软件中或许无法打开，因此了解如何使用图像格式是非常重要的。常用的图像文件格式有：JPEG、TIF、GIF、EPS、BMP、PCX 格式等。

当前，由 Adobe 公司开发的 Photoshop 以其强大的功能和友好的界面成为当前流行的图形图像处理软件产品之一。除此之外，常见图形图像处理软件还有 Lightroom、开贝、美图秀秀、格式工厂等，常见的矢量图形设计软件有 Adobe Illustrator、CorelDRAW、Inkscape、Xara、AutoCAD 等。下面简单介绍一下 Photoshop 和 Illustrator。

Photoshop——全能型选手，简称“PS”，是 Adobe 公司开发的一款图像编辑处理软件。可用于修图调色、创意视觉合成、网页设计、UI 设计、插画绘制等，也可以用于物料设计，如海报设计、画册排版、包装设计、名片、折页、易拉宝等。PS 是初学者步入平面设计行业的最佳切入点。

Illustrator——矢量图形处理软件，简称“AI”，是 Adobe 公司旗下的一款应用于出版、多媒体和在线图像处理的工业标准矢量图形处理软件。在平面设计领域，可运用 AI 强大便捷的图形处理能力，进行 Logo 设计、字体设计、图案图形设计、插画绘制等工作。

AI 和 PS 同为 Adobe 家族中的重要成员，这两款软件在工作中能够无缝对接，完美协作。

7. 音、视频播放处理软件

音、视频技术其实就是音频技术和视频技术的统称，音、视频从开始收集数据到最后展示都是离不开硬件设备的。音、视频的主要处理过程如下：

（1）采集。可从摄像头、麦克风和本地原始文件等获得基础的音、视频数据。

（2）预处理。对音、视频进行美颜、裁剪、AI 识别处理、声音 A3 处理等。

（3）编码。经过预处理或者没处理过的原始文件，一般都会比较大，不适合进行传输，需要进行压缩、转码之类的操作，再进行传输，执行编码的工具叫编码器，压缩数据的算法叫作编码格式。

（4）解码。压缩数据传输完之后，就需要解码成原始文件一样的数据才能使用，用来解码的工具就是解码器，通常编码器和解码器是一块的，统称为编解码器 codec。

（5）渲染与展示。接收到原始数据文件之后，就可以通过硬件或者软件进行渲染与展示了，硬件有显示器、音响等，软件有 SurfaceView。

（6）文件封装 / 解封装。音频和视频是分开进行采集处理的，但是在传输的时候需要进行文件封装。存放音、视频的容器叫封装容器，文件类型叫封装格式。

（7）网络协议打包。音、视频文件在网络中传输的时候，一般都会有一个特定的协议，也就是流媒体协议。网络协议会将音、视频数据文件打包成协议包，通过网络协议端口发送出去，接收方接收到网络包之后，要通过网络协议解开协议包，才能获得音、视频数据文件。

随着这几年自媒体的兴起，掌握各种编辑器、采集器、转码工具、录制工具、剪辑工具等音视频剪辑软件尤为重要，一款好的音视频剪辑软件可以让你事半功倍。

Adobe Audition 是一个专业音频编辑和混合环境，前身为 Cool Edit Pro。被 Adobe 公司收购后，改名为 Adobe Audition。Audition 是一款完善的工具集，其中包含用于创建、混合、编辑和复原音频内容的多轨、波形和光谱显示功能，运行流畅且操作简单，面向的人群是视频专业人员，它提供先进的音频混合、编辑、控制和效果处理功能。

Canopus Edius 是一款功能强大的非线性编辑软件，是广播和后期制作环境专用的视频编辑软件，功能众多，是混合格式编辑的好选择。它是专为广播和后期制作环境而设计的工具，特别针对新闻记者、无带化视频制播和存储。Edius 拥有完善的基于文件工作流程，提供了实时、多轨道、多格式混编、合成、色键、字幕和时间线输出功能。

Adobe Premiere Pro，简称 Pr，是由 Adobe 公司开发的一款视频编辑软件，用于视频段落的组合和拼接，并提供一定的特效与调色功能。Adobe Premiere 有较好的兼容性，且可以与 Adobe 公司推出的其他软件相互协作。这款软件广泛应用于广告制作和电视节目制作中。

视频播放器 PotPlayer 是一款启动迅速、功耗低、功能强大的视频播放器，它的优势在于支持网络上所有主流的音、视频格式文件，拥有强大的内置解码器，播放视频占用系统资源小，拥有逐帧进退、动态补帧、声画同步调节、软硬解码、实时字幕翻译、字幕调节、视频转 GIF、截图录屏、HDR 自动转换等强大功能。

1.5.2 【任务 5】常用应用软件的用途和使用技巧

任务描述与分析

情境描述	各种应用软件把计算机世界点缀得多姿多彩，其内容涉及人们学习、生活和工作的各个方面，其中包括网络浏览软件，输入软件，即时通信软件，压缩软件，安全软件，图形图像处理软件和音、视频播放处理软件等。利用这些应用软件可以更好发挥计算机的潜能，使用户操作和管理个人计算机更加方便、安全。作为一名新时代大学生，需要熟练、灵活运用好信息技术常用应用软件这把利刃。

技术分析	本次任务需要掌握以下技能： （1）能通过搜索引擎找到学习、工作需求所需常用应用软件。 （2）掌握常用应用软件的下载、安装和卸载方法。
任务分解	分析上面的工作情境，我们需要完成以下任务： （1）了解常用应用软件的分类、下载排行。 （2）完成软件安装、使用和卸载操作步骤。 （3）试用可远程控制计算机的软件。
知识准备	《中华人民共和国网络安全法》于 2016 年 11 月 7 日通过，并于 2017 年 6 月 1 日起施行；《中华人民共和国数据安全法》于 2021 年 6 月 10 日通过，自 2021 年 9 月 1 日起施行；《中华人民共和国个人信息保护法》于 2021 年 8 月 20 日通过，自 2021 年 11 月 1 日起施行。三部法律相辅相成，形成对个人信息保护的体系。 应用软件是为了某种用途而开发的软件，它可以是一组互相协作、紧密联系的程序的集合，也可以是一个特定的程序，比如输入法软件。要在正规渠道、官方网站等下载、安装和使用应用软件来开展学习和工作，注意网络和个人信息的安全。

学习笔记

任务实现

操作步骤

步骤 1：登录“太平洋电脑网”，电脑常用软件的分类有视频播放、网页浏览、聊天工具、杀毒软件、图片处理、下载工具、输入法、网络电视、音频播放、PDF 转换、安卓模拟器、手游电脑版，如图 1-49 所示。

图 1-49　电脑常用软件的分类

“电脑软件排行”分为“日下载排行”、“周下载排行”和“总下载排行”。排行数据可供用户下载软件前作为参考，如图 1-50 所示。

图 1-50　电脑软件排行

步骤 2：在“太平洋电脑网”下载腾讯安装包，双击打开，勾上阅读并接受许可协议，单击自定义选项，如图 1-51、图 1-52 所示。

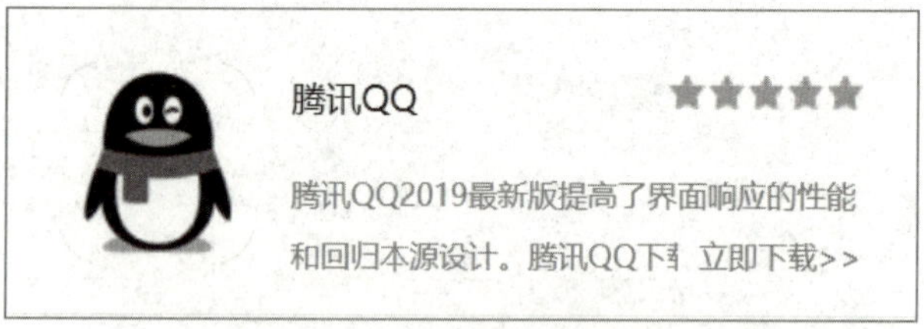

图 1-51　下载腾讯安装包

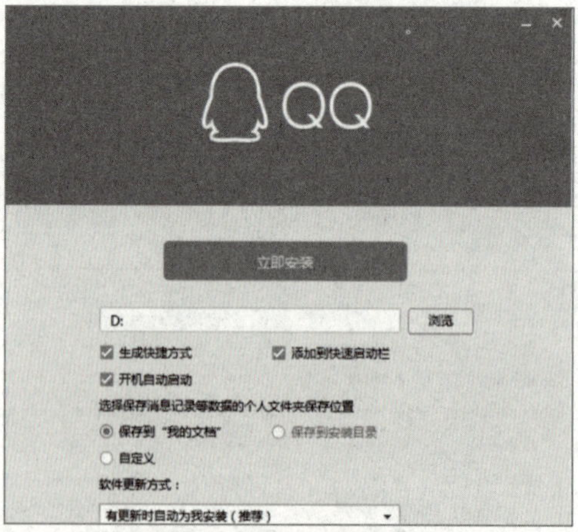

图 1-52　安装腾讯 QQ

单击“浏览”即可选择自己想要安装腾讯 QQ 的目录，还可以选择是否生成快捷方式、添加到快速启动栏、开机自动启动等。

单击“立即安装”以后即可开始安装腾讯 QQ，等待进度条安装完成即可开始使用腾讯 QQ。

可以使用不同方法来删除应用和程序。以在 Windows 10 中卸载或删除应用和程序为例：

方法一：从“开始”菜单卸载。

（1）选择“开始”，然后在显示的列表中查找应用或程序。

（2）右击该应用，然后选择“卸载”命令。

方法二：通过“设置”页面卸载。

（1）选择“开始”，然后依次选择“设置”→“应用”→“应用和功能”。

（2）选择要删除的应用，然后选择“卸载”。

方法三：从控制面板中卸载。

（1）在任务栏上的搜索框中键入“控制面板”，然后从搜索结果中选择它。

（2）选择“程序”→“程序和功能”。

（3）右击要删除的程序，然后选择“卸载”或“卸载 / 更改”命令。

步骤 3：试用一款可远程控制计算机的软件，以 QQ 远程桌面为例。只要双方都安装了 QQ，加了好友，对方实时同意被远程操作，就能开始远程操作，不用担心计算机 IP 地址之类的问题，如图 1-53 所示。

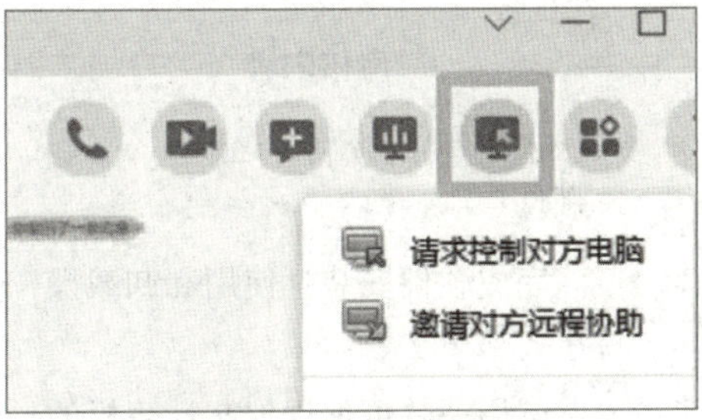

图 1-53　QQ 远程桌面

向日葵是一款远程控制应用。支持远程控制、远程开机、远程传输等功能。使用向日葵远程控制软件，在任何地方都可以接入互联网，轻松控制远程主机，如图 1-54 所示。

图 1-54　向日葵远程控制

学习笔记

想一想

（1）当前各类软件非常丰富，如何能将计算机的软件合理管理，方便我们的学习和工作？有哪些合适的项目计划、时间管理、资源分配软件？

（2）适合大学生学习和工作的软件有哪些呢？

【任务5】学习和使用常用应用软件考评记录

学生姓名		班级		任务评分	
实训地点		学号		完成日期	
任务实现步骤	序号	考核内容		标准分	评分
	1	了解常用软件的分类、下载排行		30	
	2	完成软件安装、使用和卸载操作步骤		30	
	3	试用一款可远程控制计算机的软件		40	
教师评语					

1.6 计算机维护与安全

计算机维护是指对计算机的性能等进行维护的措施，是提高计算机使用效率和延长计算机使用寿命的重要措施，主要体现为硬件和软件的维护，硬件包括计算机主要部件的保养和升级；软件包括计算机操作系统的更新和杀毒。计算机安全是指计算机信息系统资源和信息资源不受自然和人为有害因素的威胁和危害，计算机安全中最重要的是存储数据的安全，其面临的主要威胁包括：计算机病毒、非法访问、计算机电磁辐射和硬件损坏等。

当前计算机已广泛普及，作为当代大学生，应具备一定的计算机安全与维护能力，能采取一定的技术和管理方法对计算机硬件、软件、数据库等进行保护，防止遭到偶然或者恶意的破坏。

微型计算机，简称微机，也称为个人计算机（Personal Computer）。一个完整的微型计算机系统由软件系统和硬件系统两部分组成。

计算机硬件是指组成一台计算机的各种物理装置，是计算机进行工作的物质基础。计算机软件是指在硬件设备上运行的各种程序、数据及有关的资料。通常，把不装备任何软件的计算机称为裸机。目前，普通用户所面对的一般都不是裸机，而是在裸机上配置若干软件之后所构成的计算机系统。

冯·诺依曼将一台计算机描述成五个部分：运算器、控制器、存储器、输入设备、输出设备。这些部件通过不同用途的数据传输线路（总线）连接，并且由一个时钟来驱动。计算机通过执行指令来完成工作，一条指令可以使计算机完成一个动作，若干条有逻辑关系的指令可以使计算机完成某个任务，若干指令的有序排列就是一个程序。计算机执行不同的程序可以完成不同的任务。

一台计算机的性能是否强劲，不是由某一项指标所决定的，而是由各种配件的综合性能来评判的。一般情况下，用户可以从表 1-1 所示的 8 项指标来简单了解计算机的性能。

表 1–1　计算机的性能

指标	计算机性能
运算速度	运算速度是衡量计算机性能的一项重要指标。计算机运算速度（平均运算速度）是指每秒钟所能执行的指令条数，一般用“百万条指令每秒”（MIPS）来描述。同一台计算机，执行不同的运算所需时间可能不同，因而对运算速度的描述常采用不同的方法。常用的有 CPU 时钟频率（主频）、每秒平均执行指令数等
字长	一般来说，计算机在同一时间所能处理的一组二进制数称为一个计算机“字”，而这组二进制数的位数便称为“字长”。在其他指标相同的情况下，字长越大则表示计算机处理数据的速度就越快。目前大多数计算机的字长都是 64 位，并已成为主流
内存容量	内存是 CPU 可以直接访问的存储器，计算机中所有需要执行程序和要处理的数据都要先存放在内存中。内存容量的大小直接与计算机即时存放信息的能力和同时能处理的信息量息息相关，随着操作系统的升级，应用软件的不断丰富及其功能不断地扩展，人们对计算机内存容量的需求也不断提高。内存容量越大，系统功能就越强大，能处理的数据量就越庞大，计算机的性能也就越好
外存容量	外存容量通常是指硬盘容量，该部分的存储容量越大，可存储的信息就越多，可安装的应用软件也就越丰富
显存	显存的性能由两个因素决定，一是容量，二是带宽。容量大小决定了能缓存的数据量。带宽是显存与核心交换数据的通道，带宽越大，数据交换越快。所以容量和带宽是衡量显存性能的关键因素

续表

指标	计算机性能
硬盘转速	转速（Rotational Speed），是硬盘内电机主轴的旋转速度，也就是硬盘盘片在一分钟内所能完成的最大转数。转速的快慢是标识硬盘档次的重要参数之一，它是决定硬盘内部传输率的关键因素之一，在很大程度上直接影响到硬盘的速度
主频	CPU 的主频，即 CPU 内核工作的时钟频率。通常所说的某某 CPU 是多少兆赫的，而这个多少兆赫就是“CPU 的主频”。微型计算机一般采用主频来描述运算速度，例如，Pentium 4 1.5G 的主频为 1.5 GHz。一般说来，主频越高，运算速度就越快
I/O 的速度	主机 I/O 的速度，取决于 I/O 总线的设计。这对于慢速设备（例如键盘、打印机）关系不大，但对于高速设备则效果十分明显

从本质上来看，品牌机和组装机一样，都是由众多配件拼装在一起而组成的。然而，它们之间的区别绝不仅仅在于是否贴有注册商标而主要体现见表 1-2。

表 1-2　品牌机和组装机的区别

指标	性能差异性
稳定性	品牌机在出厂前要经过严格的性能测试，力争系统运行稳定。对于配置较为灵活的组装机而言，由于计算机配件是根据自己的需求，按需搭配的，兼容性就会差些，有些时候计算机新手搭配的计算机还会出现硬件不兼容的问题，所以系统运行时的稳定性也无法得到保证
易用性	品牌机大都会使用一些专用配件，能够提供一些额外的便捷功能。尤其是一些人性化设计的品牌计算机，操作起来更易上手
售后服务	品牌机享有优质的品牌售后服务，组装机的售后服务只能依赖于计算机配件销售商的技术实力，相对品牌机，组装机的售后比较麻烦
性价比	在价位相同的情况下，组装机相比于品牌机价格上有一定的优势，相同配置的两种机器，组装机一般来说要比原装机便宜
升级	组装机有很好的升级空间，在后期可以根据自己的需要进行硬件升级更换，而品牌机各方面都是制定好的，升级更换起来就没有组装机那么灵活

在购买计算机前，必须首先明确购买计算机的用途。只有用途明确，才能建立正确的选购思路。通常在选购计算机时，可以从用于家用上网、商务办公、图形设计或游戏娱乐等角度进行考虑。

1.6.1　计算机的维护

1. CPU 及风扇的故障与排除

CPU 作为计算机系统的核心部件，在计算机系统中占有很重要的地位，是影响计算机系统运行速度的重要因素之一。由于 CPU 的集成度很高，因此其可靠性非常高，所以正确使用计算机的情况下出现 CPU 损坏概率很低，但也不可排除人为原因引起的 CPU 损坏、烧毁等现象，CPU 风扇的部分常见故障与维护方法见表 1-3。

表 1-3 CPU 风扇的部分常见故障与维护方法

故障类型	维护方法
散热故障	在处理 CPU 散热故障时，要查找导致 CPU 温度过高的原因： （1）散热风扇已损坏。在黑屏或自动关机时，散热风扇停止转动。将风扇拆卸下来用手转动风扇依然无法转动，则需要更换一台新的风扇 （2）散热风扇未损坏。使用防静电软毛刷将上面的灰尘清除，并在转轴处滴几滴润滑油重新安装到主板上 （3）导热硅脂。查看 CPU 表面的导热硅脂是否干枯，如果干枯，则除去旧的硅脂，重新涂抹
物理损坏故障	CPU 物理损坏故障一般是指因为外界因素，如氧化、积尘，腐蚀和引脚折断等造成的故障。如 CPU 引脚的韧性很大不容易脱落，但如果在安装 CPU 时，没有对准 CPU 插槽上的插孔而强行插入，就容易导致 CPU 引脚弯曲或损坏，在拆卸 CPU 时不小心也会造成引脚脱落，从而损坏 CPU
开机自检后死机	（1）超频引起的故障。由于 CPU 频率设置过高，造成 CPU 无法正常工作，并造成显示器点不亮且无法进入 BIOS 中进行设置。这种情况需要将 CMOS 电池放电，并重新设置后即可正常使用 （2）开机自检正常，但在进入操作系统的时候死机，这种情况只需重新启动计算机，进入 BIOS 将 CPU 改回原来的频率即可
工作参数设置错误	CPU 工作参数设置错误，例如 CPU 工作电压外频、倍频等参数设置错误，会导致计算机无法开机。针对这种情况，先清除 CMOS 设置，再重新设置 CPU 工作参数即可。 除了 CPU 自身参数设置错误之外，其他设备如果与 CPU 工作参数不匹配也会导致 CPU 故障，最常见的就是内存的工作频率达不到 CPU 的工作外频，导致 CPU 主频异常。处理此类故障的方法就是更换内存
CPU 使用率高达 100%	经常出现 CPU 占用率达 100% 的情况，主要问题可能发生在下面几种原因中的某些方面： （1）防杀毒软件造成故障：尽量使用最少的实时监控服务，或升级硬件配置，如增加内存或使用更好的 CPU 来排除 （2）驱动没有经过认证造成故障：建议使用操作系统认证的或由官方发布的驱动程序，并且严格核对型号和版本 （3）病毒或木马破坏造成故障：用可靠的杀毒软件彻底清理系统内存和本地硬盘，并且打开系统设置软件，查看有无异常启动的程序 （4）“svchost”进程造成故障：“svchost.exe”是 Windows 操作系统的一个核心进程，如果该进程过多，很容易造成 CPU 占用率的提高
风扇噪声过大	要降低 CPU 风扇的噪声，可试着用以下办法解决： （1）为风扇注油或更换新的散热风扇 （2）更换散热器 （3）安装热敏风扇调速器
不能识别 CPU 风扇	把 CPU 风扇拆下来上油，装回去的时候开机提示“CPU Fan Error”，需要按【F1】键才能进入系统，可是 CPU 风扇能正常运行，并没有出现问题，重新将 CPU 风扇的电源插头插到相应的位置
CPU 风扇安装故障	CPU 风扇主要有普通风扇和涡轮风扇两种，一些 CPU 风扇设计不合理，在上紧风扇卡扣时需要用很大的力量，如果操作不当很容易压坏 CPU 的内核，从而导致 CPU 损坏，此类 CPU 故障都是无法维修的，只能更换新的 CPU。另外，CPU 与插槽接触不良也会造成计算机无法启动的故障，因此在安装 CPU 风扇时一定要谨慎操作

2. 主板常见故障与排除（见表 1–4）

表 1–4　主板常见故障与排除

故障类型	维护方法
开机无显示	出现此类故障一般是因为主板损坏或 BIOS 被病毒破坏造成的。一般 BIOS 被病毒破坏后硬盘里的数据将全部丢失，可以通过检测硬盘数据是否完好来判断 BIOS 是否被破坏。此外，还有以下三种原因会造成该现象： （1）板卡故障导致。 （2）设置的 CPU 频率不对，只要清除 CMOS 设置即可解决。 （3）内存问题导致。当主板无法识别内存，内存损坏或内存不匹配时，也会引起开机不显示故障。另外，当用户为扩充内存而插入不同品牌和类型的内存条时，也会引起该故障，可更换内存条排除故障原因并注意内存条与主板是否兼容
计算机频繁死机	当计算机频繁死机时，一般为主板或 CPU 故障。出现该故障时，一般通过 CMOS 设置 Cache 为禁止状态。除此之外，用户还需要检查一下 CPU 风扇是否出现故障，当 CPU 风扇出现故障时，会造成 CPU 过热而导致死机现象。如果上述方法仍然无法解决计算机频繁死机故障，则需要更换主板或 CPU
CMOS 设置不能保存	CMOS 设置不能保存，大致是因为主板电路故障、CMOS 跳线设置错误和 CMOS 电池电压不足造成的。如果是因为主板电路故障，导致 CMOS 设置不能保存，则需要找专业的维修人员进行故障排除；如果是 CMOS 跳线设置错误，可将主板上的 CMOS 跳线设置为清除，或者设置成外接电池；如果是 CMOS 电池电压不足导致 CMOS 设置不能保存，只需要更换一块 CMOS 电池，并重新设置 CMOS 即可
COMS 电池故障	计算机中的时钟常常会恢复到默认的起始时间，这主要是 CMOS 电池供电不足引起的，可更换新的 CMOS 电池；如果电池的使用时间不长，可检查 CMOS 跳线设置（设置错误会消耗电能），参照主板说明书进行正确的设置；检查主板的 CMOS 电池插座，CMOS 芯片或主板电路是否有短路或漏电等现象，如果主板有问题，需专业的主板维修部门维修
BIOS 程序的故障	计算机加电后需按【F1】键才能启动。每次在按计算机的电源开关时，显示器屏幕都会显示“Press F1 to Continue，Del to Enter Setup”提示，需要按【F1】键才能正常启动。出现该情况的主要原因是主板 BIOS 程序被重置或出现故障，如 BIOS 程序设置被恢复到出厂、主板电池没电等

3. 内存常见故障与排除（见表 1–5）

表 1–5　内存常见故障与排除

故障类型	维护方法
两根同型号内存条无法同时使用	两根同型号的内存条，同时插入计算机，用 MEMTEST 测试提示错误，会蓝屏，但只插入其中任意一根则正常。这是由于生产厂商不同时期生产的产品采用了不同的 IC 颗粒，解决办法是以其中一条为样品，找经销商换一条 IC 颗粒、容量、频率以及 CL 都一样的内存条
开机时多次执行内存检测	计算机在开机时总是多次执行内存检测。此类现象一般是由于主板与内存不兼容引起的，可以试着在 COMS 中将内存的速度设置得低一点
屏幕出现错误信息后死机	计算机无法正常启动，打开计算机主机电源后，机箱报警喇叭出现长时间的短声鸣叫，或是打开主机电源后，计算机可以启动但无法正常进入操作系统，屏幕出现“Error: Unable to Control A220 line”的错误信息后死机。出现这种故障多数是由于内存与主板的插槽接触不良引起的。处理方法是打开机箱后拔出内存，用酒精和干净的纸巾擦拭内存的金手指和内存插槽，并检查内存插槽是否有损坏的迹象，擦拭检查结束后将内存重新插入。如果还是无法开机，则将内存条拔出插入另一条内存插槽中测试，如果问题仍存在，则说明内存条已经损坏，只能更换新的内存条

续表

故障类型	维护方法
内存无法自检	计算机在升级内存条之后，开机时发现内存无法自检。此类故障一般是内存与主板不兼容造成的，可以升级主板的 BIOS 或更换内存条
Windows 经常自动进入安全模式	计算机在使用过程中，Windows 系统经常自动进入安全模式，重装系统后故障依旧。此类故障一般都是由于主板与内存条不兼容，或内存条质量不佳引起的，将高频率的内存条用于某些不支持此频率内存条的主板上时多会发生这种情况。可以尝试在 CMOS 中降低内存读取速度，如果仍然无法解决问题，则需要更换内存条
开机无显示	出现该故障有可能是因为内存条与主板内存插槽接触不良而造成的，此时用户需要拔下内存条，用橡皮擦来回擦拭与插槽接触部位即可。另外该类故障也可能是内存损坏或主板内存插槽存在问题而造成的
操作系统产生非法错误	出现该故障一般是由于内存芯片质量问题或软件原因造成的，如果确定为内存条的质量问题，则需要更换内存条
注册表无故损坏	当 Windows 注册表经常无故损坏，并提示用户恢复注册表时，则在很大程度上可以确定是内存条质量问题所造成的，需要更换内存条
随机性死机	该故障一般是由于用户同时使用了多条不同芯片的内存条导致的。此时，可尝试在 CMOS 中降低内存读写速度来解决；如果仍然无法解决故障，则需要检查主板与内存的兼容性以及内存与主板的接触不良性，或者使用相同类型的内存条
内存不足	当用户运行某些软件时，系统会经常提示内存不足。出现该故障一般是由于系统盘所剩余的空间不足而造成的，并非真正的内存问题。此时，用户可通过删除系统盘中一些无用文件的方法，来解决该故障
多次自动重新启动	当用户开启计算机后，启动 Windows 时系统会多次自动重新启动。出现该故障，一般是由于内存条或电源质量问题造成的，如果已排除内存条或电源质量问题，则可能是 CPU 散热不良或其他人为故障造成的，需要进一步排除各个因素

4. 硬盘常见故障与排除（见表 1–6）

表 1–6　硬盘常见故障与排除

故障类型	维护方法
出现 S.M.A.R.T 故障提示	这是硬盘厂家内置在硬盘里的自动检测功能在起作用，出现这种提示说明硬盘有潜在的物理故障，最好用硬盘厂家提供的专用检测工具为硬盘做一次全面的检测
系统检测不到硬盘	在系统正常运行的情况下，突然黑屏死机，然后重新启动，结果系统检测不到硬盘，经过更换硬盘，以及重新连接数据线、电源线等，还是出现同样的问题。由于这类情况是在系统正常运行的情况下突然间出现的，因此造成这种情况的原因是机箱内的温度过高，导致主板上的南桥芯片烧坏。南桥芯片一旦出现问题，计算机就会失去磁盘控制器功能，这和没有硬盘的情况一样，如果南桥芯片烧坏了，只能送回原厂修理
屏幕显示 HDD Controller Failure	造成该故障的原因一般是硬盘线接口接触不良或接线错误，应先检查与硬盘有关的电源线、数据线的接口有无损坏、松动、接触不良、反接等现象。如果是主从跳线设置错误，可重新插拔硬盘电源线、数据线或者将数据线改插其他 IDE 口进行替换试验
整理磁盘碎片时出错	一般在进行磁盘碎片整理之前，最好做一次磁盘扫描，以便剔除或修复有缺陷的磁盘区域

5. 显卡常见故障与排除（见表 1–7）

表 1–7　显卡常见故障与排除

故障类型	维护方法
显卡驱动程序丢失	显卡驱动程序安装并运行一段时间后丢失，此类故障一般是由于显卡质量不佳或显卡与主板不兼容，使得显卡温度过高，从而导致系统运行不稳定或出现死机，此时只能更换显卡。 如果以前能载入显卡驱动程序但在显卡驱动程序载入后，进入 Windows 时出现死机。可在载入其驱动程序后，插入其他型号的或旧显卡予以解决。如若还不能解决此类故障，则说明注册表故障，对注册表进行恢复或重新安装操作系统即可
显卡风扇转速频繁变化	新安装超频显卡风扇后，显卡风扇转速很不稳定，一直在 3 000~6 000r/min 之间频繁变化，但没有听见异常的声音，显卡温度也正常。建议更换检测软件后再进行测试。只要不影响显卡的正常使用，也不必太在意
更换显卡后经常死机	可能是因为新的显卡与原来的主板不兼容，或者 BIOS 设置有误造成的。前者可以升级驱动程序或者更换兼容的硬件；后者建议将 BIOS 里的 Fast Write Supported 选项设置为 No Support 以求得最大的兼容
开机之后屏幕连续闪烁	从开机到欢迎画面十几秒的时间里，屏幕闪烁四次，也就是显卡通断四次，并且每次都是这样。建议首先更换驱动的版本，如果换了几个版本仍然无效，有可能是显卡和主板存在兼容性问题，只能更换其他型号。也有可能是显卡散热不好所引起的，建议查看机箱内部的散热环境
显示器出现不规则色块	可以通过显示器自带的消磁功能，进行消磁处理。如果消磁处理以后还有色块，则要检查显卡，如果显卡长期处于超频状态，导致显卡工作不稳定，可将显卡频率恢复默认值。如果将显卡恢复到默认频率，显示器仍然有色块，则有可能是显卡芯片损坏，建议找专业人士维修或者更换显卡
开机后屏幕上显示乱码	通常有以下几方面的原因造成： （1）显卡的质量不好，只有换显卡。 （2）系统超频。把频率降下来即可解决问题。 （3）主板与显卡接触不良。解决办法为重新插好显卡。 （4）刷新显卡 BIOS 后造成的。只能找一个正确的显卡 BIOS 版本，再重新刷新
计算机运行时出现 VPU 重置错误	多数是 ATI 显卡的问题，是显卡与主板兼容性不好，或者早期的主板对显卡供电不足造成的。遇到这个问题可以采用以下两个方法解决： （1）对于 VA 芯片的显卡，可以安装 4in1 驱动包，或者升级驱动程序解决此问题。 （2）对于 AGP 插槽的显卡，因为比较老旧，可以提高工作电压
显示颜色不正常	显示颜色不正常一般有以下几种原因： （1）显示卡与显示器信号线接触不良，重新安装即可。 （2）显示器自身故障，需更换。 （3）在某些软件里面颜色显示不正常，则开启 BIOS 中的校验颜色的选项即可。 （4）显卡损坏，需更换。 （5）显示器被磁化，此类现象一般是由于与有磁性的物体过近所致，磁化后还可能会出现显示画面偏转或“色斑”的现象，产生这些现象可能是显示器集成显卡与主板插槽的接触问题，可试着轻轻动一动显示器信号电缆和断电拔插显卡进行判断。如果还没有消除现象，只能请专业人员维修或更换显示器

6. 计算机日常维护事项

将计算机置于合适的环境中，是保证计算机正常工作的前提。此外，用户还需要掌握安全操作计算机的方法，因为只有这样才能够尽量避免计算机硬件故障的发生，计算机日常维护事项如表 1-8。

表 1–8 计算机日常维护事项

计算机部件	维护方法
电源	电源是计算机的动力之源，在使用计算机的过程中应注意一些与电源相关的问题。 （1）在计算机开机后，电源风扇会发出轻微而均匀的转动声，若声音异常或风扇停止转动，便要立即关闭计算机。否则，便会导致机箱内部的散热不均，如果继续使用则会损坏电源。 （2）电源风扇在工作时容易吸附灰尘，所以计算机在使用一段时间后，应对电源进行清洁，以免因灰尘过多而影响电源的正常工作
硬盘	硬盘进行读 / 写操作时，严禁突然关闭计算机电源，或者碰撞、挪动计算机，由于硬盘的磁头在工作时会悬浮在高速旋转的盘片上，突然断电或碰撞都有可能造成磁头与盘片的接触，从而造成数据的丢失与硬盘的永久损坏
显示器	显示器是计算机的重要输出设备之一，正确和安全地使用显示器，不但能够延长显示器的使用寿命，还能够保障使用者的身体健康。所以，显示器应远离磁场干扰，以免造成屏幕磁化，导致显示器显示内容发生变形；要注意工作环境，不宜在潮湿或过于干燥的地方，同时，要定期用毛刷或小型吸尘器清洁显示器外壳和屏幕上的灰尘
鼠标和键盘	鼠标和键盘是用户操作计算机时接触最为频繁的硬件，由于它们长期暴露在外，从而很容易积聚灰尘。此外，由于使用频繁，键盘和鼠标上的按键也很容易损坏，所以在使用时应当注意： （1）清洁：定期清洁键盘和鼠标的表面、按键之间，以及缝隙内的灰尘和污垢，并定期清洗鼠标垫。 （2）键盘使用事项：在使用键盘时，按键的动作和力度要适当，以防机械部件受损后失效，并在关闭计算机后为其覆盖防尘罩。 （3）鼠标使用事项：在使用鼠标时，应尽量避免摔、碰、强力拉线等操作，因为这些操作是造成鼠标损坏的主要原因

1.6.2 计算机安全

计算机安全中最重要的是存储数据的安全，近年来计算机网络攻击事件层出不穷，严重影响了正常网络的使用，每年对于计算机的破坏造成难以估量的经济损失，因此，具备一定的安全防护意识，掌握网络安全、系统安全防范策略维护非常必要。

1. 计算机安全主要威胁

构成计算机主要安全隐患的外部因素有多种，其中人为因素是威胁最大的因素，所谓人为因素主要是指一些不法之徒利用接入网络的计算机自身缺陷和系统漏洞来对计算机系统进行破坏、盗用计算机系统资源或非法获取数据等，比较典型的像垃圾邮件和间谍软件等。目前对计算机安全主要威胁方式见表 1-9。

表 1-9 计算机安全主要威胁方式

威胁类型	威胁方式
环境灾害	典型的如温度、湿度、通风条件等外部环境主要通过影响计算机网络的硬件设施，造成硬件设施的老化、变形，一些还会造成静电现象、短路情况，从而导致硬件设施使用寿命的损耗，严重超负荷运行下还会出现网络瘫痪等问题。周围存在强大的磁场或静电也会造成设备无动作或是运算，严重的将导致元器件的损坏
黑客的威胁和攻击	黑客的攻击手段和攻击频次逐年上升，正由于网络本身的不完整性和缺陷，被某些不法分子发现并加以利用，对网络信息流进行破坏，恶化纯净的网络环境。他们利用自己掌握的技术手段，通过对敏感信息的窃取、修改或破坏，影响网络站点之间正常的信息交流和交换，以达到其攻击目的，轻则数据流丢失或被监控，重者将导致网络站点停机、报错及网络系统的瘫痪
计算机病毒	计算机病毒是计算机系统中较特殊的存在，它其实就是一个程序，一段代码，只不过与正常程序不同的是，计算机病毒可以对计算机正常使用进行破坏，严重的将导致整个计算机系统的瘫痪。又因其具有隐蔽性、潜伏性的特点，在被发现的时候往往是已经对计算机网络造成了严重的危害。 据统计，计算机感染最多的前十位计算机病毒类型主要为弹窗广告、盗取 QQ 账号及密码、刷流量、Rootkit、篡改或锁定主页、恶意注入、恶意下载浏览器、盗取游戏账号及密码、后门或远程控制、劫持浏览器等，其中因弹窗广告具有很大的迷惑性，已成为近年来计算机病毒的主要类型，它利用计算机用户对弹窗广告已经习以为常的社会心态，故意诱导用户去手动关闭弹窗，实现通过广告木马强迫用户访问恶意推广网站和传播病毒的目的
垃圾邮件、间谍软件、广告软件和劫持软件	（1）垃圾邮件具有批量发送的特征，能大面积、大批量地散布数据包，或以大量发送的方式攻击服务器，占用服务器正常的使用带宽，严重干扰邮件服务器正常的递送工作 （2）间谍软件与计算机病毒一样也是一些计算机程序或代码，它们一般在计算机用户不知情下安装到计算机系统中。间谍软件的主要目的是盗取计算机系统中的数据，例如盗取个人网上银行账号、密码，电子邮箱的账号、密码等 （3）广告软件是一种可以随机或者根据当前网页内容弹出广告和条幅的软件，是一种以广告作为盈利来源的软件，主要危害是强制用户安装并无法卸载，收集用户信息牟利 （4）劫持软件是一种强制篡改浏览器主页地址的软件，劫持软件主要包括网络地址变更、侧栏广告网页、网站地址变向等
计算机犯罪	计算机犯罪是指运用计算机网络技术对系统、数据进行攻击，或其他破坏正常社会秩序的犯罪行为

2. 计算机安全主要防护策略

常用计算机网络安全防护策略见表 1-10。

表 1-10 常用计算机网络安全防护策略

防护策略	防护措施
安装杀毒软件	对于一般用户而言，首先要做的就是为计算机安装一套杀毒软件，并定期升级所安装的杀毒软件，打开杀毒软件的实时监控程序
安装个人防火墙	安装个人防火墙（Fire Wall）以抵御黑客的袭击，最大限度地阻止网络中的黑客来访问用户的计算机，对信息进行更改、复制、毁坏。防火墙在安装后要根据需求进行详细配置
为 Administrator 用户降权	在 Windows 操作系统里，Administrator 是最高级的用户，初始密码是空的，如果没安装防火墙，黑客很容易通过 Administrator 账户进入用户计算机

续表

防护策略	防护措施
分类设置密码并使密码设置尽可能复杂	在不同的场合使用不同的密码，以免因一个密码泄露导致所有资料外泄。对于重要的密码（如网上银行的密码）一定要单独设置，并且不要与其他密码相同。 设置密码时要尽量避免使用有意义的英文单词、姓名缩写以及生日、电话号码等容易泄露的字符作为密码，最好采用字符、数字和特殊符号混合的密码。建议定期地修改密码，这样可以确保即使原密码泄露，也能将损失减小到最少
不下载不明软件及程序	应选择信誉较好的网站下载软件，将下载的软件及程序集中放在非引导分区的某个目录，再使用目前最好用的杀毒软件查杀病毒。 不要打开来历不明的电子邮件及其附件，不接收和打开来历不明的 QQ、微信等发过来的文件，以免遭受病毒邮件的侵害
防范流氓软件	对将要在计算机上安装的软件进行甄别选择，在安装软件时，应该仔细阅读各个步骤出现的协议条款，特别留意那些有关安装其他软件行为的语句
在必要时共享	一般情况下不要设置文件夹共享，如果共享文件则应该设置密码，一旦不需要共享时立即关闭。共享时访问类型一般应该设为只读，不要将整个分区设定为共享
定期备份	如果遭到致命的攻击，操作系统和应用软件可以重装，而重要的数据就只能依赖日常的备份，建议定期、及时备份数据，做到有备无患

1.6.3　【任务 6】计算机安全与维护的常见方法

任务描述与分析

情境描述	计算机已成为我们生活、学习、工作、娱乐不可或缺的重要工具。当我们享受计算机带来的高效、便捷服务的同时，也时常会碰到诸如计算机感染病毒、网络连接不正常、系统故障、数据丢失等问题。当问题出现时，我们如何应对？如何提前预防？能够熟练使用计算机以及掌握计算机安全与维护等方法，已成为当代大学生所必备的基本技能。
技术分析	本次任务需要掌握以下技能： （1）安全隐患分析。 （2）计算机配置管理。 （3）计算机安全管理。
任务分解	分析上面的工作情境，我们需要完成以下任务： （1）安装杀毒软件。 （2）配置 / 安装个人防火墙。 （3）垃圾清理和计算机管理。 （4）禁止所有磁盘自动运行。 （5）隐私文件加密。

知识准备

计算机在使用过程中，对外部环境有一定的要求，即计算机周围的环境应尽量保持清洁，温度和湿度应该合适、电压稳定，以保证计算机硬件可靠运行。计算机的芯片和硬件设备也会对系统安全构成威胁。例如不法分子针对客户所用的 CPU 可能集成有陷阱指令、病毒指令，并设有激活办法和无线接收指令机构。他们可以利用无线代码激活 CPU 内部指令，造成计算机内部信息外泄、计算机系统灾难性崩溃。硬件泄密甚至涉及了电源。电源泄密的原理是通过市电电线，把计算机产生的电磁信号沿电线传出去，利用特殊设备可以从电源线上把信号截取下来还原。

计算机里的每一个部件都是可控的，所以叫作可编程控制芯片，如果掌握了控制芯片的程序，就控制了计算机芯片。只要能控制，那么它就是不安全的。因此在使用计算机时首先要注意做好计算机硬件的安全防护。

计算机不可避免要接入网络环境，计算机网络安全主要以防火墙、数据加密以及授权访问控制、入侵检测等安全技术为手段。面对日益复杂的计算机网络，我们应认清网络本身的脆弱性及先天的缺陷，提升自身的安全防范意识，只有这样我们才能充分享受计算机网络带给我们极大便利和体验。

学习笔记

任务实现

操作步骤

步骤 1：安装杀毒软件。

以安装“火绒安全”软件为例，登录官网下载与操作系统适合的版本，如图 1-55 所示。

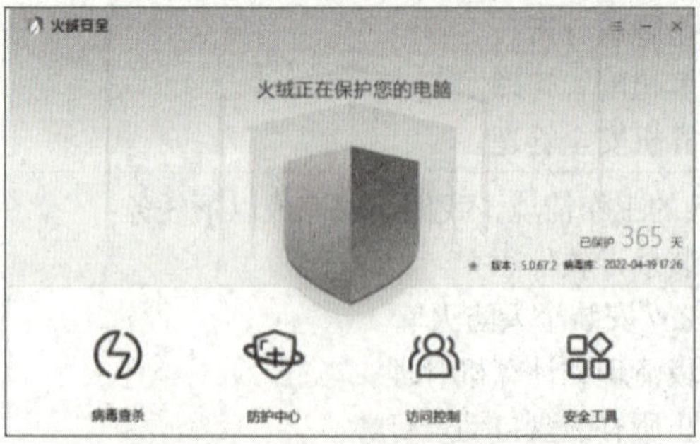

图 1-55　安装“火绒安全”软件

“火绒安全”软件是一款非常轻巧安静的安全防护软件，占用资源少，运行流畅。包括病毒查杀、防护中心、访问控制和安全工具四个板块。除了必备的安全防护功能外，也支持右键管理、文件粉碎、漏洞修复等实用工具。它的弹窗拦截功能能方便清理软件的弹窗广告。

步骤 2：配置 / 安装个人防火墙。

Windows 10 操作系统具有广泛的用户群体，本身含有防火墙功能，可是其自身功能较弱，在安全层面还必须安装其他的实时监控系统软件，那么如何配置 Windows 10 操作系统自带的防火墙？

（1）关闭防火墙：

方法一：

① 右击“网络”图标，在选择“属性”命令。

② 从弹出的窗口中选择“Windows Defender 防火墙”。

③ 单击“启用或关闭 Windows 防火墙”。

④ 选择“关闭 Windows 防火墙（不推荐）”，再单击“确定”按钮就可以完成了。

方法二：

① 双击“控制面板”。

② 单击“Windows Defender 防火墙”。

③ 单击“启用或关闭 Windows Defender 防火墙”。

④ 再选择“关闭 Windows Defender 防火墙（不推荐）”。

（2）设置防火墙允许程序通信：

① 在桌面上找到“控制面板”并双击。新装的系统如果桌面上没有控制面板，可以在桌面空白处右击，依次选择“个性化”→“主题”→“桌面图标设置”→“控制面板”→“确定”就可以了。

② 单击“查看方式”→“大图标”，然后找到“Windows Defender 防火墙”并单击。

③ 在打开的窗口左侧可以看到“允许应用或功能通过 Windows 防火墙”，并单击。在这里也可以看到其他相关设置。

④ 单击右侧的“更改设置”按钮。此时方框里的选项由灰色变成可以修改的，可以通过勾选程序前面的复选框来启用或者关闭该程序的通信功能。勾选好程序后，要单击下面的“确定”按钮来保存设置，使设置生效。

步骤 3：垃圾清理和计算机管理。

计算机在运行过程中会产生磁盘碎片，时间一长垃圾文件就会增多。用户日常不会随便清理 C 盘中的文件，以免因为误删导致系统出现故障，所以垃圾文件才肆意占用系统盘空间。可以选择系统自带的“磁盘清理”功能提高磁盘的存储空间。

（1）以 Windows 10 操作系统为例，打开计算机右击 C 盘之后，从弹出的快捷菜单选择“属性”命令，弹出“本地磁盘（C:）属性”对话框，在该对话框下单击“磁盘清理”按钮，如图 1-56 所示。

（2）计算机会开始自动扫描，扫描完成时勾选需要清理的垃圾文件以及旧 Windows 安装版本，最后单击“确定”按钮即可。

除此以外，平时应注意对操作系统进行管理，例如删除无用软件、删除开机启动项、禁用不需要的系统自带程序等。

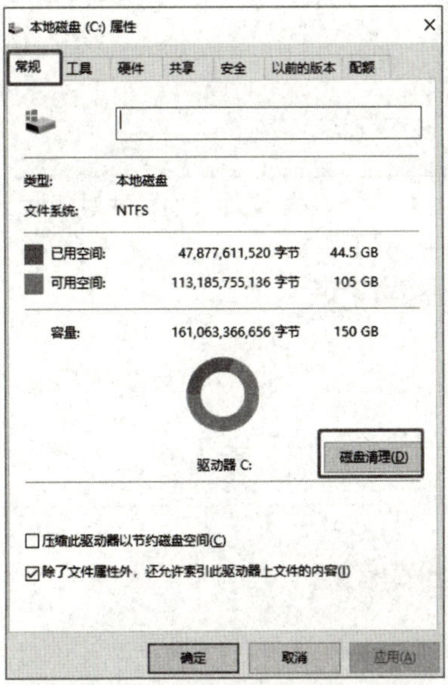

图 1-56　单击“磁盘清理”按钮

步骤 4： 禁止所有磁盘自动运行。

如今 U 盘病毒盛行，稍不小心就会导致“格盘”。U 盘病毒一般的运行机制是通过双击盘符自动运行，因此，禁用所有磁盘的自动运行是一种相当有效的预防手段。

以 Windows 操作系统为例，具体的操作过程是：打开“运行”（按快捷键【Win+R】调出）对话框，在“运行”里面输入“gpedit.msc”，按【Enter】键打开“本地组策略编辑器”对话框，依次打开“用户配置”→“管理模板”→“Windows 组件”，双击“自动播放策略”选项，再双击“关闭自动播放”菜单，勾选“已启用”，并单击“确定”即可。

步骤 5： 隐私文件加密。

假如需要对文件或者文件夹隐藏要如何操作呢？以 Windows 10 操作系统为例：

（1）右击想要加密的文件夹，在弹出的菜单中选择“属性”命令，弹出如图 1-57 所示的对话框。

（2）在窗口中单击“高级”的按钮。

（3）在打开的“高级属性”对话框中，勾选“加密内容以便保护数据”前面的复选框，然后三次单击弹出的“确定”按钮即可，如图 1-58 所示。

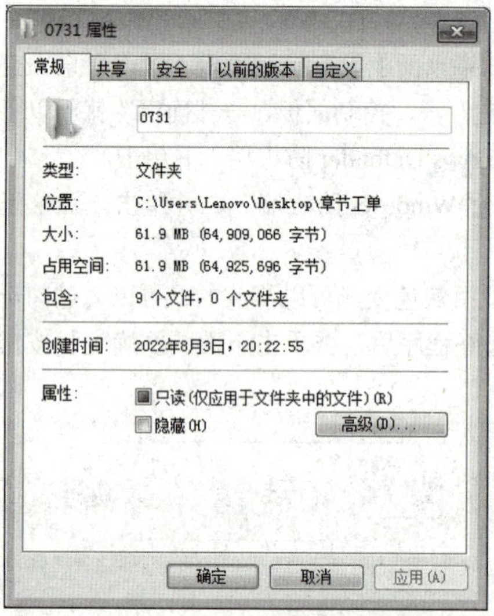

图 1-57　文件夹的属性对话框

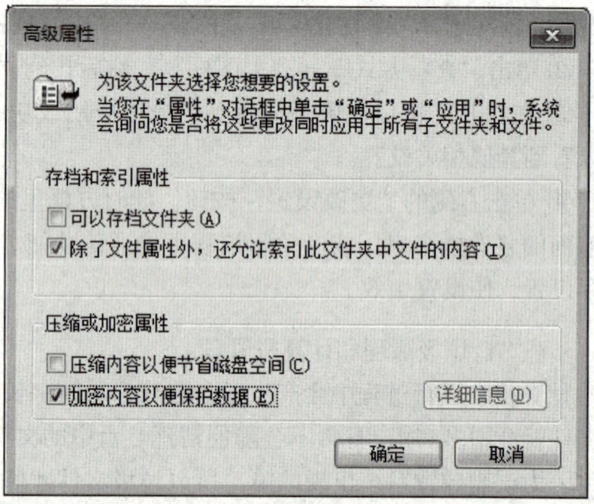

图 1-58　“高级属性”对话框

学习笔记

想一想

（1）如何利用系统维护工具进行系统备份和还原？

（2）大学生日常应该如何对个人计算机开展硬件和软件的维护？

任务考评

【任务 6】计算机安全与维护的常见方法考评记录

<table>
<tr><td>学生姓名</td><td></td><td>班级</td><td></td><td>任务评分</td><td></td></tr>
<tr><td>实训地点</td><td></td><td>学号</td><td></td><td>完成日期</td><td></td></tr>
<tr><td rowspan="6">任务实现步骤</td><td>序号</td><td colspan="2">考核内容</td><td>标准分</td><td>评分</td></tr>
<tr><td>1</td><td colspan="2">安装杀毒软件</td><td>20</td><td></td></tr>
<tr><td>2</td><td colspan="2">配置 / 安装个人防火墙</td><td>20</td><td></td></tr>
<tr><td>3</td><td colspan="2">垃圾清理和计算机管理</td><td>20</td><td></td></tr>
<tr><td>4</td><td colspan="2">禁止所有磁盘自动运行</td><td>20</td><td></td></tr>
<tr><td>5</td><td colspan="2">隐私文件加密</td><td>20</td><td></td></tr>
<tr><td>教师评语</td><td colspan="5"></td></tr>
</table>

学习笔记

第二章 网络应用

计算机网络已深刻影响和改变着我们工作和生活，电子邮件、手机银行、电子支付、微信聊天、抖音、网上订票等为我们的工作和生活提供了极大的便利。什么是计算机网络？网络有哪些功能？如何能获取网络资源？带着这些问题我们一起来学习网络基础知识及其相关应用。

学习目标

- 了解计算机网络的概念、组成。
- 了解 IP 地址，掌握 IP 地址的配置方法。
- 熟悉浏览器的基本用法。
- 了解搜索引擎的概念，掌握百度搜索的用法。
- 学会使用迅雷下载资源。
- 学会使用电子邮箱收发邮件。

2.1 计算机网络基础知识

计算机网络是以共享资源为主要目的，由地理位置不同的若干台具有独立功能的计算机通过传输媒体（或通信网络）互连起来，并在功能完善的网络软件（通信协议、通信软件、网络操作系统等）控制下进行通信的计算机通信系统。

从计算机网络各组成部件的功能来看，各部件主要完成两种功能，即网络通信和资源共享。网络系统以通信子网为中心，通信子网将一台主计算机的信息传送给另一台主计算机，它主要包括交换机、路由器、中继器、集线器、网卡和缆线等设备及相关软件。

资源子网处于网络的外围，提供网络资源和网络服务，它主要包括主机及其外围设备、服务器、工作站、网络打印机和其他外围设备及其相关软件。接入网络的普通计算机属于资源子网的一部分，它通过高速通信线路与通信子网的通信控制处理机相连。

2.1.1 计算机网络的组成

计算机网络按物理结构可分为网络硬件和网络软件两部分。

1. 网络硬件

网络硬件对网络的性能起着决定性作用，它是网络运行的实体。常见的网络硬件包括以下部分。

（1）网络服务器：负责对计算机网络进行管理和提供各种服务，有域服务器、数据库服务器、Web 服务器、邮件服务器、FTP 服务器、打印服务器等。

（2）网络工作站：一般采用微机，用户通过工作站来连接计算机网络，使用网络中的资源。

（3）网络适配器：又称网卡，负责计算机主机与传输介质之间的连接、数据的发送与接收、介质访问控制方法的实现等。

（4）网络传输介质：负责将各个独立的计算机系统连接在一起，并为它们提供数据通道。主要分为有线和无线传输介质两大类。

（5）中继器：是连接网络线路的一种装置，常用于两个网络节点之间物理信号的双向转发工作。主要功能是通过对数据信号的重新发送或者转发，来扩大网络传输的距离。

（6）集线器：与网卡、网线等传输介质一样，属于局域网中的基础设备。集线器是一种不需任何软件支持或只需很少管理软件管理的硬件设备，被广泛应用到各种场合。

（7）交换机：是一种在通信系统中完成信息交换功能的设备。主要功能包括物理编址、网络拓扑结构、错误校验、帧序列以及流控。目前的交换机还具备了一些新功能，如对虚拟局域网的支持、对链路汇聚的支持，甚至有的还具有防火墙的功能。

（8）网桥：用于实现相似的局域网之间的连接，并对网络数据的流通进行管理。网桥不但能扩展网络的距离或范围，而且可提高网络的性能、可靠性和安全性。网桥可以将网络划分成多个网段，隔离出安全网段，防止其他网段内的用户非法访问。由于网络的分段，各网段的相对独立，一个网段的故障不会影响到另一个网段的运行。

（9）路由器：是互联网的主要节点设备，用于实现局域网与广域网互连。路由器通过检测数据的目的地址，从而决定数据的转发。路由器使用专门的软件协议从逻辑上对整个网络进行划分。例如一台支持 IP 协议的路由器可以把网络划分成多个子网段，只有指向特殊 IP 地址的网络流量才可以通过路由器。因此，使用路由器转发和过滤数据的速度要比只查看数据包物理地址的交换机慢。但是，对于结构复杂的网络，使用路由器可以提高网络的整体效率。一般说来，异种网络互连与多个子网互连都采用路由器来完成。

2. 网络软件

网络软件是支持网络运行、提高效益和开发网络资源的工具。常见的网络软件包括以下部分。

（1）网络操作系统软件：负责管理和调度计算机网络上的所有硬件和软件资源，使各个部分能够协调一致的工作。常用的网络操作系统有 Windows Server 2012/2016、UNIX、Linux 等。

（2）网络通信协议：在网络通信中，为了能够使通信中的两台或多台计算机之间成功地发送和接收信息，必须制定并遵守互相都能接受的一些规则，这些规则的集合称为通信协议。常用的网络通信协议有 TCP/IP 协议、SPX/IPX 协议、NetBEUI 协议等。

（3）网络工具软件：用来扩充网络操作系统功能的软件，如网络浏览器、网络下载软件、网络数据库管理系统等。

（4）网络应用软件：基于计算机网络应用而开发出来的用户软件，如民航售票系统、远程物流管理软件、订单管理软件、酒店管理软件等。

2.1.2 IP 地址

为了实现每台主机之间的正常通信，Internet 上的每台主机和路由器都有一个 IP 地址。

目前的 IP 地址是由 32 位二进制数构成的，每个 IP 地址包含了网络号和主机号。Internet 上的任何两台主机不会有相同的 IP 地址。

在实际应用中，为了便于记忆和设置，采用 4 位 0 ~ 255 之间的数来表示 IP 地址，中间以“.”号分隔，如 192.168.102.254 是一个正确的 IP 地址，而 192.168.256.1 是一个错误的 IP 地址，因为 256 超过了 255。

32 位的 IP 地址由两个部分组成：

（1）网络标识 Network ID：标识主机连接到的网络的网络号。

（2）主机标识 Host ID：标识某网络内某主机的主机号。

IPv4 地址长度 32 位，能提供最多 2 的 32 次方（约 43 亿）个地址。随着 5G 的广泛应用，万物互联的物联网时代即将来临，IP 地址面临着地址枯竭的问题。IPv6（IP Version 6）技术的出现解决了 IP 地址短缺问题，IPv6 地址长度为 128 位，能提供的最大地址数量为 2 的 128 次方，这个数量大到无法想象，一个形象的比喻是“IPv6 几乎可以为地球上的每一粒沙子分配一个 IP 地址”。为了便于记忆和使用，通常将 IPv6 地址写成 8 组，每组为 4 个十六进制数的格式，中间用冒号隔开，例如一个合法的 IPv6 地址表示为：1010:2AB4:0000:102F:054A:30D9:123B:0101

2.2 【任务 1】配置静态 IP 地址

任务描述与分析

情境描述	小明所在办公室有若干台计算机，要组建一个局域网以便于资料共享，所有计算机都已经连接到了交换机，现需要为计算机配置静态 IP 地址。
技术分析	本次任务需要掌握以下技能： （1）了解网络和共享中心。 （2）能够使用 ipconfig 命令查看 IP 地址。
任务分解	分析上面的工作情境，我们需要完成以下任务： （1）检查计算机是否安装网卡。 （2）配置静态 IP 地址。 （3）查看本机 IP 地址。
知识准备	配置静态 IP 地址，同时包含了设置子网掩码、网关、DNS 等，因此，在配置静态 IP 地址前，需要认识和了解子网掩码和网关的概念，掌握 DNS 的工作原理。

学习笔记

任务实现

操作步骤

视频

配置静态IP

步骤 1： 打开“网络和共享中心”。

依次选择“控制面板”→“网络和 Internet”→“网络和共享中心”，弹出如图 2-1 所示窗口。

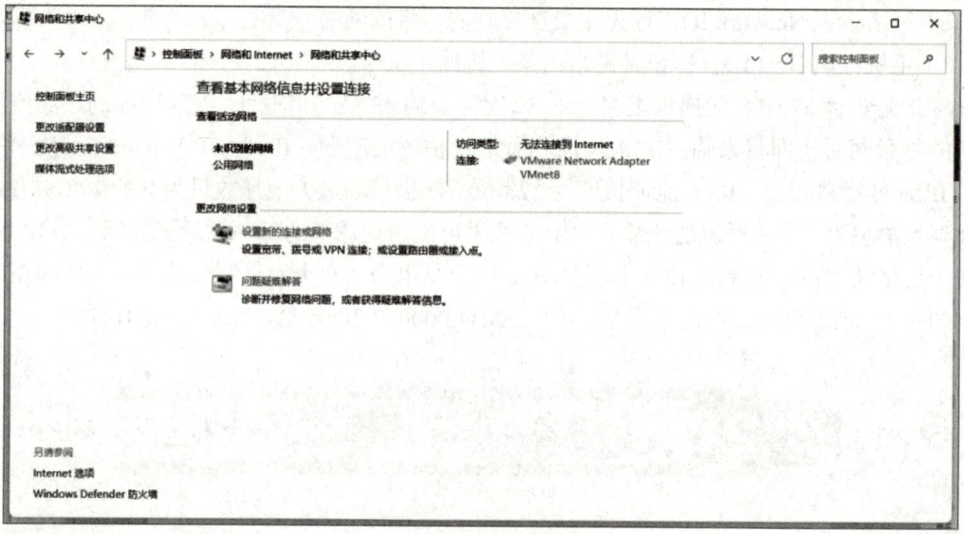

图 2-1　网络和共享中心

步骤 2： 查看网卡状态。

在“网络和共享中心”中，单击左侧的“更改适配器设置”，若“网络连接”如图 2-2 所示，此状态表示此机器已有网卡，但网卡处于单机未联状态，将网线一端插入网卡，一端插入交换机后，网卡状态发生改变，若“网络连接”中如图 2-3 所示，表示网卡处于联机状态。

图 2-2　网卡单机断网状态

图 2-3　网卡连接状态

注意： 网卡状态改变或 IP 地址等信息改变，一般刷新网卡可提高可靠性。刷新网卡通过先禁用网卡，然后启动网卡实现网卡刷新。禁用网卡：右击“以太网”，从弹出的快捷菜单中选择“禁用”命令，如图 2-4 所示。

启用网卡：右击“以太网”，从弹出的快捷菜单中选择“启用”命令，如图 2-5 所示。

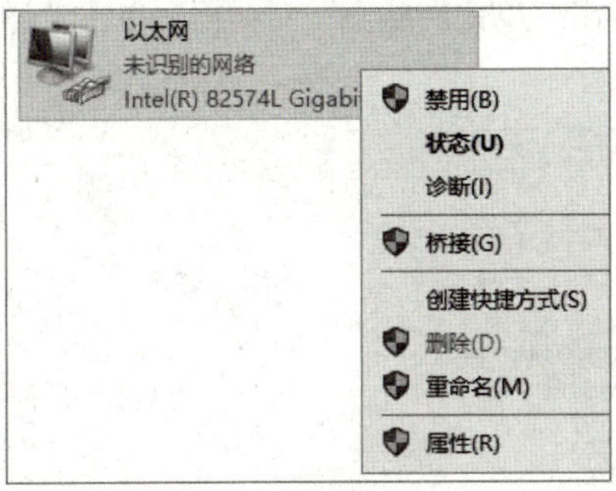

图 2-4　禁用网卡

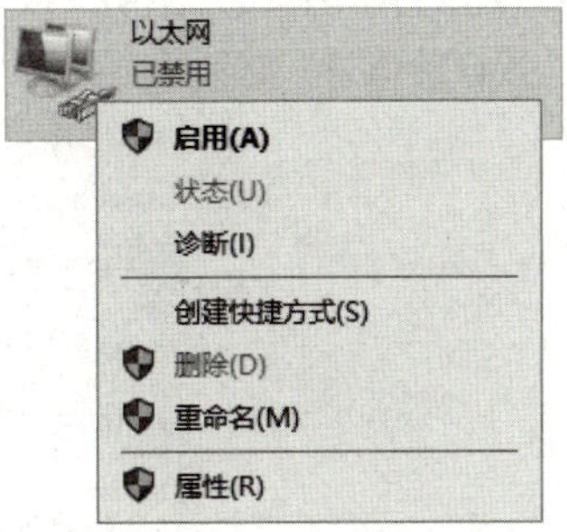

图 2-5　启用网卡

步骤 3：配置 IP 地址。

右击“以太网”，从弹出的快捷菜单中选择“属性”命令，打开“以太网属性”对话框，如图 2-6 所示。

双击“Internet 协议版本 4（TCP/IPv4）”，弹出“Internet 协议版本 4（TCP/IPv4）属性”对话框，完成静态 IP 地址的配置，如图 2-7 所示。

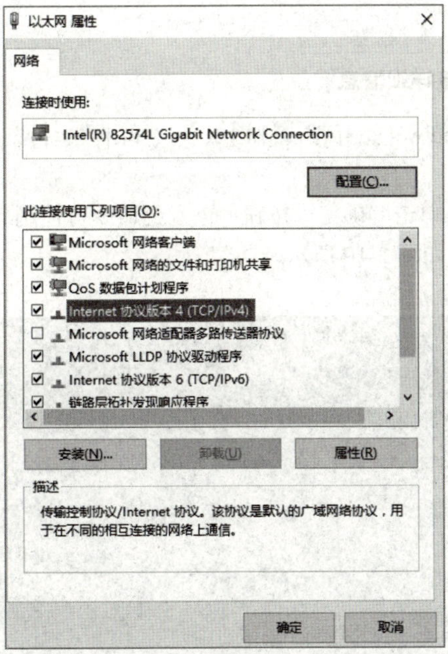

图 2-6　“以太网属性”对话框

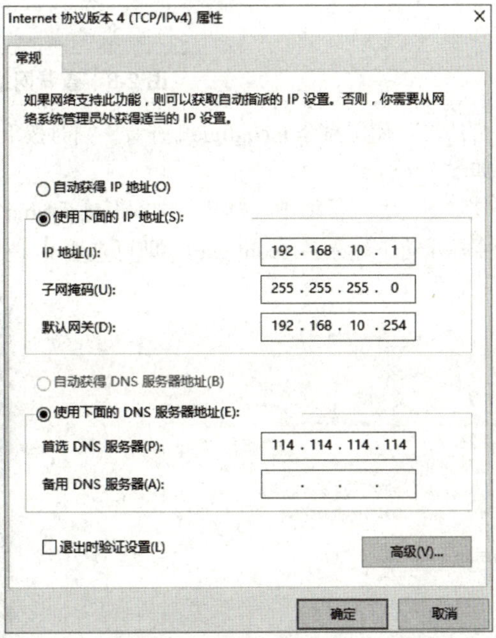

图 2-7　配置静态 IP 地址

注意：24 位子网掩码 255.255.255.0 确定了网络号 192.168.10，最后一个字节 8 位为主机位，1 代表网络内主机号，为构建局域网，其他主机的 IP 地址配置为 192.168.10.x，其中 x 代表主机位且不能重复，例如，第二台计算机配置为 192.168.10.2。

网关为跨网络交换的信息出入口，一般设置为路由器连接局域网的接口网卡 IP 地址。DNS 用于将域名解析成 IP 地址，当访问域名时必须有 DNS 提供域名解析，114.114.114.114 是国内免费公用的 DNS 服务器。

步骤 4： 查看 IP 地址。

方法一：双击“网络连接”中的“以太网”，弹出“以太网状态”对话框，单击“详细信息”，弹出“网络连接详细信息”对话框，如图 2-8 所示。

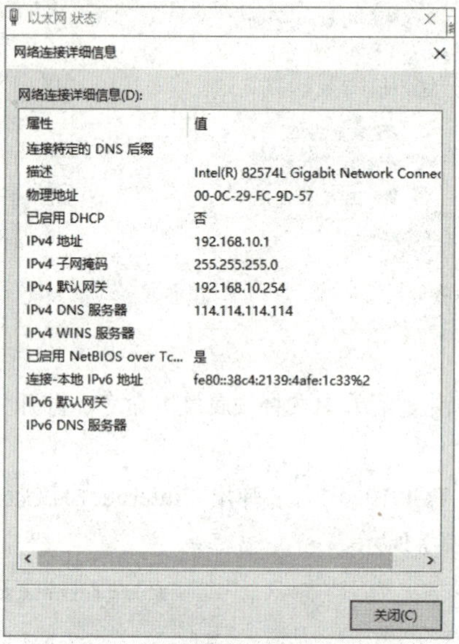

图 2-8　查看网络连接详细信息

方法二：使用命令 ipconfig/all 查看。同时按下 Windows 徽标键和【R】，弹出“运行”对话框，如图 2-9 所示。

在“运行”对话框中“打开”文本框输入 cmd 后，单击“确定”按钮，进入到命令行控制界面，在命令提示符下输入：ipconfig/all，即可查看 IP 地址，如图 2-10 所示。

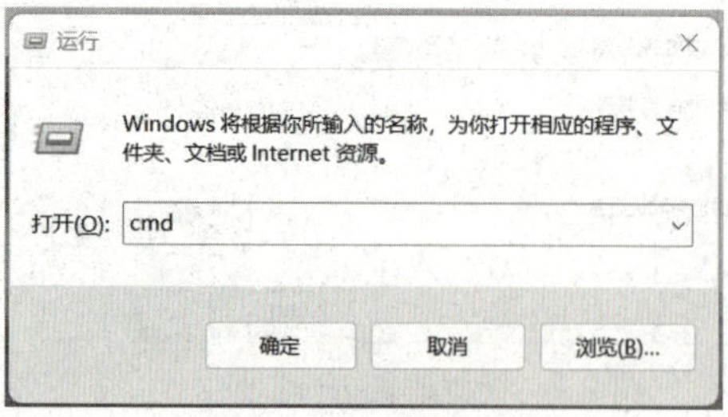

图 2-9　“运行”对话框

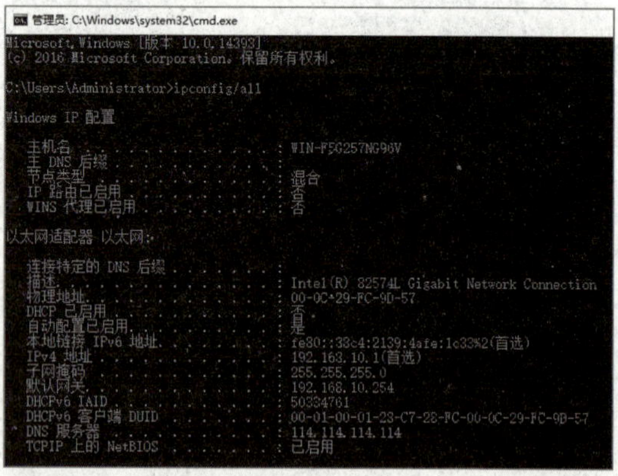

图 2-10　使用 ipconfig/all 查看 IP 地址等信息

学习笔记

想一想

（1）任务栏右下角网络连接图标带红色叉叉或黄色感叹号分别代表什么含义？

（2）配置 IP 地址有哪几种方法？

（3）查看 IP 地址有哪几种方法？

【任务 1】配置静态 IP 地址考评记录

<table>
<tr><td>学生姓名</td><td></td><td>班级</td><td></td><td>任务评分</td><td></td></tr>
<tr><td>实训地点</td><td></td><td>学号</td><td></td><td>完成日期</td><td></td></tr>
<tr><td rowspan="5">任务实现步骤</td><td>序号</td><td colspan="2">考核内容</td><td>标准分</td><td>评分</td></tr>
<tr><td>1</td><td colspan="2">打开网络和共享中心</td><td>10</td><td></td></tr>
<tr><td>2</td><td colspan="2">查看网卡连接状态</td><td>25</td><td></td></tr>
<tr><td>3</td><td colspan="2">配置 IP 地址</td><td>40</td><td></td></tr>
<tr><td>4</td><td colspan="2">查看 IP 地址</td><td>25</td><td></td></tr>
<tr><td>教师评语</td><td colspan="5"></td></tr>
</table>

2.3 【任务 2】使用浏览器

浏览器是通向互联网的一扇门，推开门里面是一个精彩缤纷的世界，早期的 Windows 操作系统一般默认安装了 Internet Explorer（简称 IE）浏览器，在 Windows 10 及以后的版本中，微软用 Microsoft Edge 取代了 IE。比较有名的浏览器还有 360 安全浏览器、Mozilla 的 Firefox 浏览器等。下面以 360 安全浏览器为例讲解浏览器的基本用法。

任务描述与分析

情境描述	小明在中国电信开通了宽带上网功能，想用浏览器来进行网上冲浪，并希望将感兴趣的内容收藏起来，以便于以后使用。
技术分析	本次任务需要掌握浏览器的各种功能。
任务分解	分析上面的工作情境，我们需要完成以下任务： （1）设置启动首页。 （2）浏览网页。 （3）使用收藏夹。 （4）访问历史记录。 （5）保存网页。
知识准备	**1. URL** 浏览器通过网址来获取信息，网址又叫作URL，中文名字叫“统一资源定位系统”。当你在浏览器上的地址栏输入网址的时候，浏览器会按照一定的规则去分析这个网址的含义，然后根据这个含义去生成一个请求数据。 **2. HTTP** HTTP 是“超文本传送协议（Hyper Text Transfer Protocol）”的缩写，它规定了客户端和服务器之间交互的消息内容和规则。 **3. 在浏览器中通过网址获取信息的过程** 首先，浏览器作为客户端会向 URL 所指向的服务器发送请求消息。请求消息中包含的内容是对服务器上的文件进行怎样的操作。 服务器获得客户端请求后，根据请求的内容返回一个执行后的内容给客户端。服务器收到请求消息之后，Web 服务器会对其中的内容进行解析，通过 URL 和方法来判断需要执行什么样的操作，并根据这些要求来完成自己的工作，然后将结果存放在响应消息中。

学习笔记

任务实现

操作步骤

步骤 1： 设置启动首页。

启动首页是打开浏览器时默认打开的网页，为了使用方便，一般可以把常用的搜索引擎网站或是常用的网页设置为启动首页。

启动浏览器后，单击浏览器右上角的“打开菜单”按钮，选择“设置”，在基本设置中找到“启动时打开”选项，如图 2-11 所示。

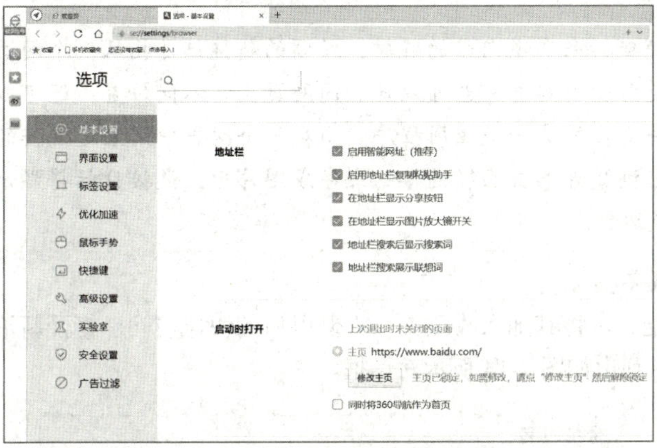

图 2-11 设置启动首页

单击“修改主页”按钮，输入 www.baidu.com 后，单击“确认”按钮，即可将百度网站作为浏览器的启动首页，为了防止启动首页被非法篡改，可单击“锁定主页”，在锁定浏览器主页为：选择自定义，并输入 www.baidu.com，然后单击“锁定”按钮，即可锁定主页，如图 2-12 所示。

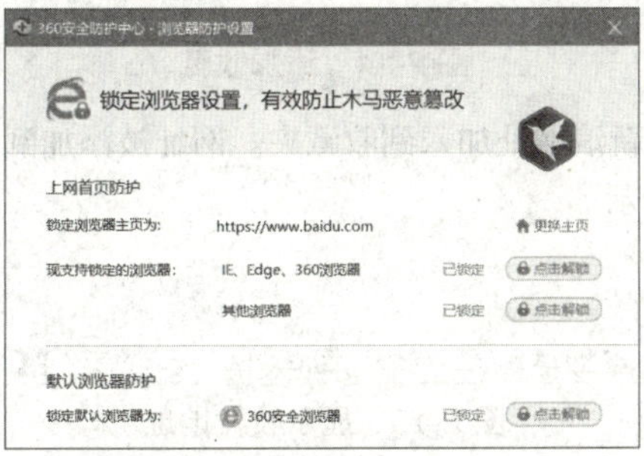

图 2-12 锁定主页

步骤 2： 浏览网页。

启动浏览器后，在地址栏输入网址，按【Enter】键即可打开网页。新浪网的网址是 www.sina.com.cn，如图 2-13 是打开新浪网页的部分截图。

移动鼠标到感兴趣的文字或图片，若鼠标变成👆，则表示可以点开此链接内容，跳转到相应的网页，如若对新闻感兴趣，移动鼠标到“新闻”上，待到鼠标变成👆，单击则可打开网页浏览新闻内容。

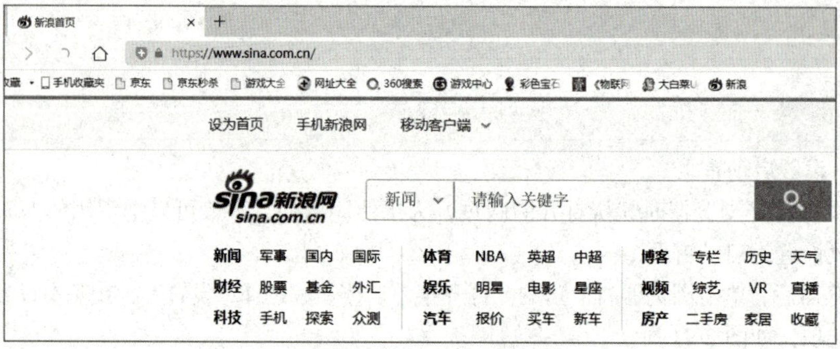

图 2-13　新浪网页

注意： 网页通过超链接来实现内容的跳转，所谓的超链接是指从一个网页指向一个目标的连接关系，这个目标可以是另一个网页，也可以是相同网页上的不同位置，还可以是一个图片、一个电子邮件地址、一个文件，甚至是一个应用程序。而在一个网页中用来超链接的对象，可以是一段文本或者是一个图片。当浏览者单击已经链接的文字或图片后，链接目标将显示在浏览器上，并且根据目标的类型来打开或运行。

步骤 3： 使用收藏夹。

对于感兴趣的网址，可将其加入收藏夹，方便以后的快速访问。打开新浪网站，单击浏览器左上角的“收藏”按钮，弹出如图 2-14 所示对话框。

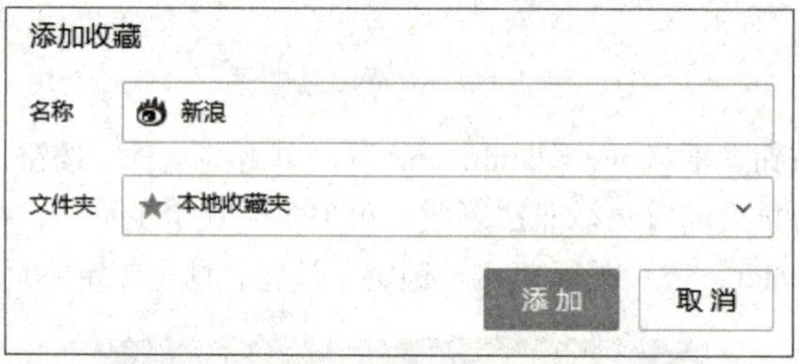

图 2-14　添加收藏

单击“添加”按钮即可将新浪网址加入到收藏夹。网址被添加到收藏夹后，会显示在浏览器上部的地址栏下方，如图 2-15 所示。

图 2-15　显示收藏地址

要再次访问此网址时，单击此链接按钮即可打开此网页。

步骤 4： 删除访问历史记录。

历史记录保存了访问过的网页网址，若为了保护隐私，应该定期清除历史记录。

单击 360 浏览器右上角的“打开菜单”按钮，选择“历史”，即可打开历史记录管理页面，如图 2-16 所示。

若要清除历史记录，可在历史记录页面右上角单击“清除更多”，在清除这段时间的数据下拉列表框中选择“全部”，单击“立刻清理”按钮即可，如图 2-17 所示。

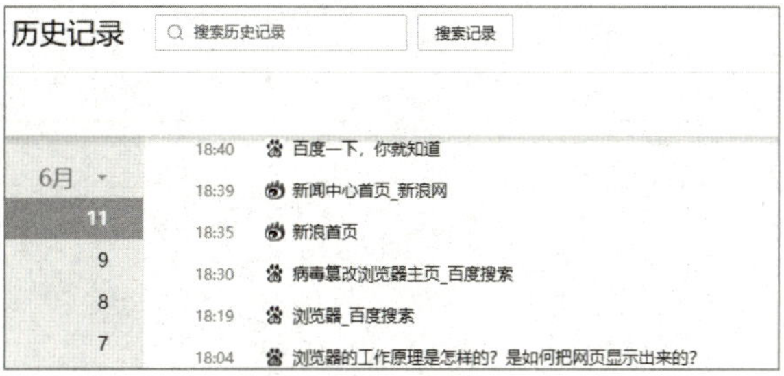

图 2-16 管理历史记录

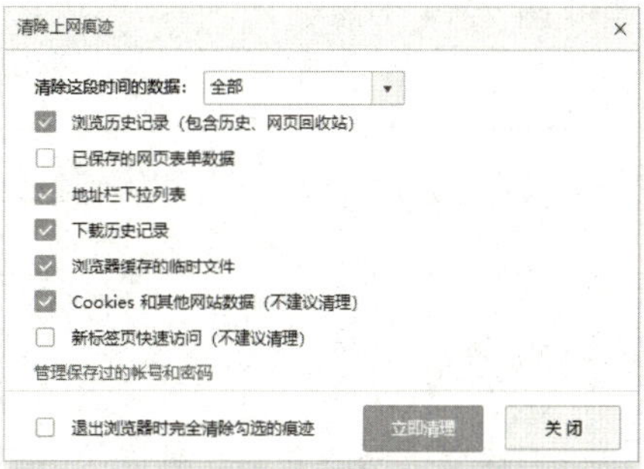

图 2-17 清除历史记录

步骤 5：保存网页。

保存网页可将访问的网页保存在本地磁盘中，保存的网页可在脱机的时候进行浏览。单击“打开菜单 ≡”按钮，选择“打开网页”，在弹出“另存为”对话框中选择保存的位置，将保存类型修改为“网页（单个文件）（*.mhtml）”，单击“保存”按钮，即可保存网页，如图 2-18 所示。

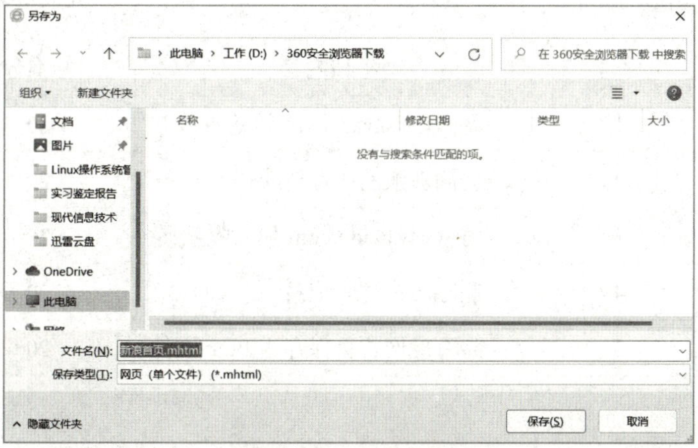

图 2-18 保存网页

也可将网页保存为 PDF 文件，右击网页的空白处，从弹出的快捷菜单中选择“打印”，在弹出的对话框中，在目标打印机选项选择“另存为 PDF”，然后单击“保存”，如图 2-19 所示。

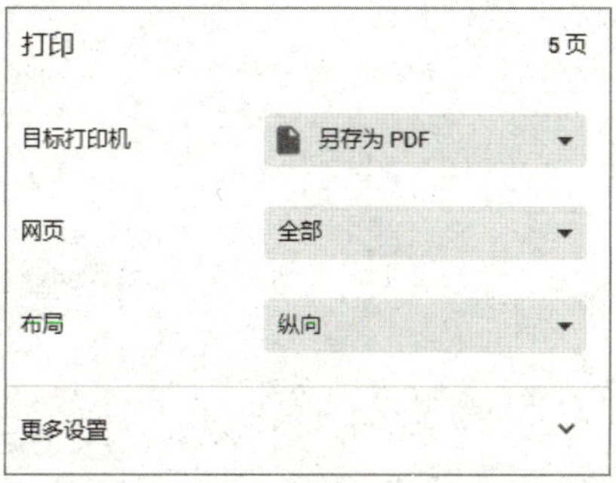

图 2-19 保存为 PDF

在弹出的“另存为”对话框中选择保存路径，保存文件即可。

学习笔记

想一想

（1）什么是 Web 服务，什么是 HTTP？

（2）如何保护隐私，不被别人知道你的浏览记录？

【任务 2】使用浏览器考评记录

<table>
<tr><td>学生姓名</td><td></td><td>班级</td><td></td><td>任务评分</td><td></td></tr>
<tr><td>实训地点</td><td></td><td>学号</td><td></td><td>完成日期</td><td></td></tr>
<tr><td rowspan="6">任务实现步骤</td><td>序号</td><td colspan="2">考核内容</td><td>标准分</td><td>评分</td></tr>
<tr><td>1</td><td colspan="2">将 www.sina.com.cn 设置为首页</td><td>20</td><td></td></tr>
<tr><td>2</td><td colspan="2">访问新浪网体育新闻</td><td>20</td><td></td></tr>
<tr><td>3</td><td colspan="2">将 www.baidu.com 加入收藏夹</td><td>20</td><td></td></tr>
<tr><td>4</td><td colspan="2">删除历史访问记录</td><td>20</td><td></td></tr>
<tr><td>5</td><td colspan="2">将百度网首页保存为 PDF 文件</td><td>20</td><td></td></tr>
<tr><td>教师评语</td><td colspan="5"></td></tr>
</table>

2.4 【任务 3】使用百度搜索引擎

搜索引擎根据用户需求，运用网络爬虫、检索排序等多种技术，从互联网检索出特定信息并反馈给用户。国内使用较多的搜索引擎包括百度、搜狗、360 搜索等。现以百度为例，说明如何使用搜索引擎。

任务描述与分析

情境描述	小明对浏览器已有了清晰的认识，但却不知道如何通过浏览器获取自己感兴趣的资源，听说百度很强大，能满足自己对各种资源的需求，如搜寻自己需要的专业知识，找一部很火的电影……
技术分析	本次任务需要掌握使用百度搜索引擎进行简单和复杂的搜索的技能，以满足实际需要。
任务分解	分析上面的工作情境，我们需要完成以下任务： （1）使用百度进行简单搜索。 （2）使用百度进行精确搜索。 （3）使用百度搜电影等作品。 （4）使用百度多关键字搜索。
知识准备	搜索引擎依托于多种技术，如网络爬虫技术、检索排序技术等。 网络爬虫是一个自动提取网页的程序，它为搜索引擎从万维网上下载网页，是搜索引擎的重要组成。传统爬虫从一个或若干初始网页的 URL 开始，获得初始网页上的 URL，在抓取网页的过程中，不断从当前页面上抽取新的 URL 放入队列，直到满足系统的一定停止条件。 目前搜索引擎所使用的排序算法，主要包括词频位置加权排序算法和链接分析排序算法。词频位置加权排序算法主要优点就是易用易实现，而且发展得也最成熟，基本上目前所有的搜索引擎排序核心技术的基础。链接分析排序算法的思想，其实来自于论文文献索引机制，即一篇论文或文献被引用的次数越多，那么其学术价值就越高，同样类比到网页，如果指向某网页的链接越多，那么该网页的重要性就越高。

学习笔记

任务实现

操作步骤

步骤 1： 简单搜索。

在搜索栏输入关键字，单击“百度一下”，页面将显示你所感兴趣的内容网址链接，图 2-20 显示有关“船舶智能制造技术”的信息。

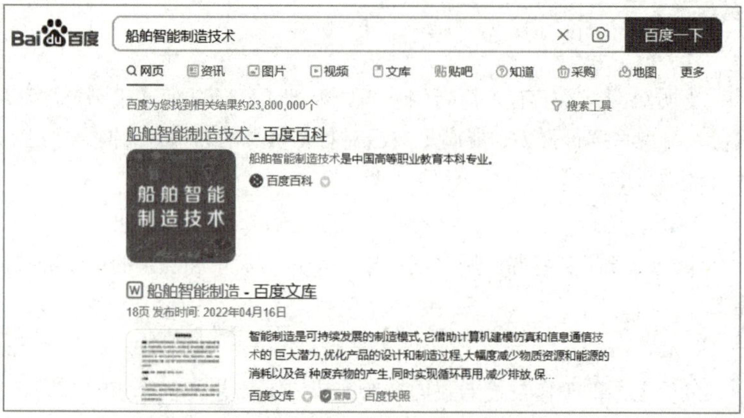

图 2-20　简单搜索

步骤 2： 精确搜索。

通常，百度搜索会自动对关键字进行拆分，扩大搜索范围，为了更精准搜索，可使用双引号“”将关键字括起来，缩小检索范围，提高检索的准确度。

使用双引号将关键字括起来，单击“百度一下”，图 2-21 显示了标题或内容里包含完整的“数据挖掘”的网页。

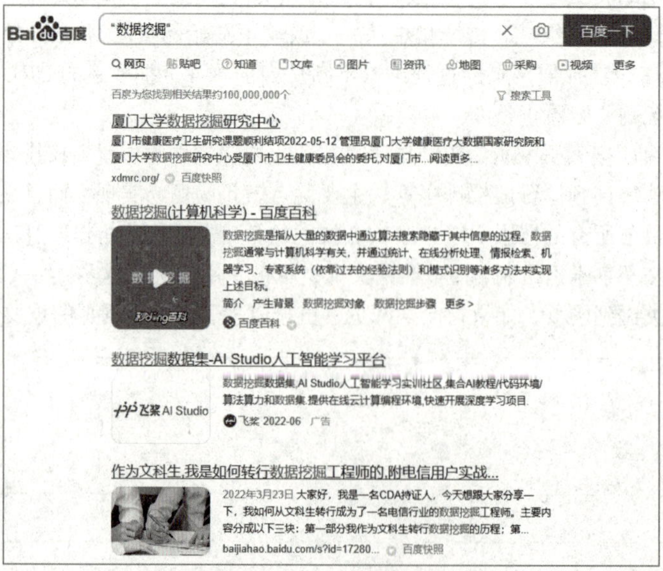

图 2-21　精确搜索

步骤 3：使用书名号搜索。

在搜索影视作品或小说时，可使用书名号将书名或电影名括起来进行搜索，搜索结果会更准确。如输入《地道战》，单击“百度一下”，弹出如图 2-22 所示界面。

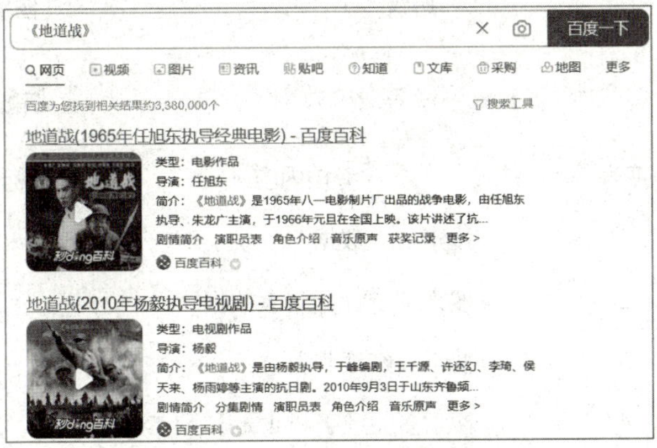

图 2-22　使用书名号搜索

步骤 4：多关键字搜索。

若要搜索结果同时包含多个关键字，可使用空格将多个关键字隔开，网页的标题或内容页里必须同时包含多个关键字。图 2-23 显示搜索出的网页中同时包含了关键字“杂交水稻”和“袁隆平”。

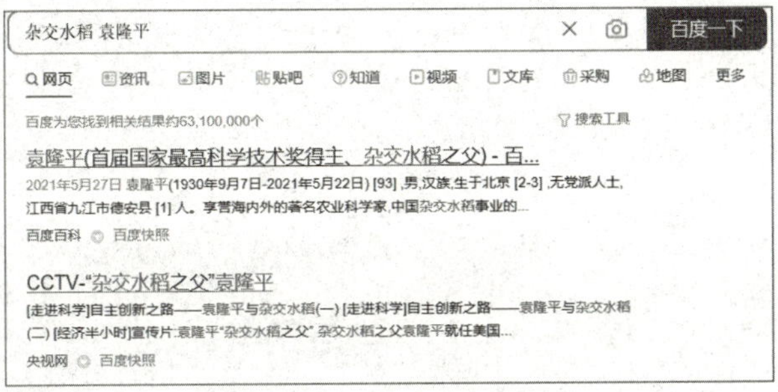

图 2-23　多关键字搜索

学习笔记

想一想

（1）如何选择搜索的关键字？

（2）如何提高搜索的准确性？

任务考评

【任务 3】使用百度搜索引擎考评记录

学生姓名		班级		任务评分	
实训地点		学号		完成日期	
任务实现步骤	序号	考核内容		标准分	评分
	1	搜索“大数据”		25	
	2	搜索“云计算与大数据”		25	
	3	搜索《红楼梦》		25	
	4	搜索多关键字 Python 和 MySQL		25	
教师评语					

2.5 【任务 4】下载资源

Internet 上提供了大量的免费资源，如电影、音乐、小说、软件等，用户可将其下载到本地计算机使用。共享资源通常在网页中提供了下载链接，单击链接即可下载资源。

任务描述与分析

情境描述	小明将进行文档编辑工作，他想下载安装 WPS Office 这款办公软件。另外，听同事说迅雷下载很方便，他也想尝试一下。
技术分析	本次任务需要掌握以下技能： （1）了解常用的软件下载网址。 （2）下载的默认存储位置。 （3）普通网页下载的隐藏链接。 （4）迅雷下载的使用方法。
任务分解	分析上面的工作情境，我们需要完成以下任务： （1）在网页上自己下载资源。 （2）借助迅雷下载资源。
知识准备	资源下载是通过网络进行传输文件，把互联网或其他电子计算机上的信息保存到本地计算机上的一种网络活动。下载可以显式或隐式地进行，只要是获得本地计算机上所没有的信息的活动，都可以认为是下载。 迅雷是一款新型的基于 P2SP 技术的下载软件。它使得您的下载更稳定和更迅速。P2P 的下载概念，简单点说，就是下载不再像传统方式那样只能依赖服务器，内容的传递可以在网络上的各个终端机器中进行。P2SP 除了包含 P2P 以外，P2SP 的“S”是指服务器。P2SP 有效地把原本孤立的服务器和其镜像资源以及 P2P 资源整合到了一起。也就是说，在下载的稳定性和下载的速度上，都比传统的 P2P 或 P2S 有了非常大的提高。

学习笔记

任务实现

操作步骤

步骤 1：搜索“腾讯软件中心官网”“腾讯软件中心”“360 软件”都提供了大量免费且安全可靠的软件，如办公、聊天、系统软件等。百度搜索“腾讯软件中心官网”，如图 2-24 所示。

打开“腾讯软件中心”官网，如图 2-25 所示。

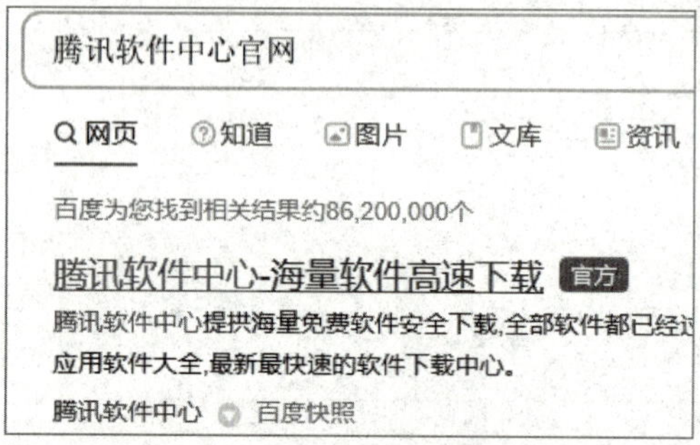

图 2-24　搜索“腾讯软件中心官网”

图 2-25　“腾讯软件中心”官网

步骤 2：进入到软件下载页面。单击“分类”，在弹出的页面选择左侧的“办公”，如图 2-26 所示。

单击 WPS Office，进入下载页面，如图 2-27 所示。

图 2-26　办公软件界面

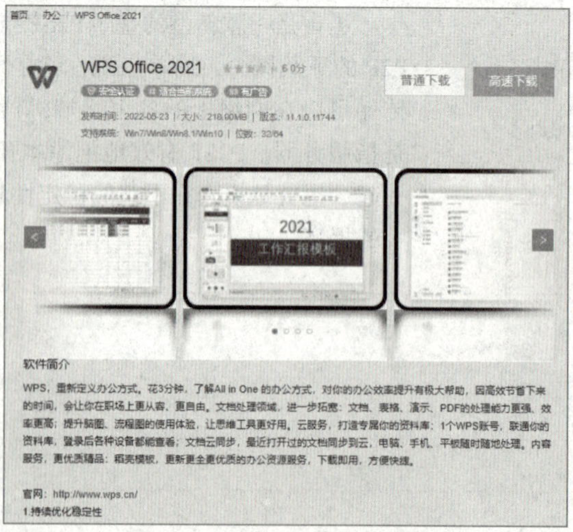

图 2-27　WPS Office 下载页

步骤 3：进行普通下载。

单击“普通下载”，弹出“新建下载任务”对话框，如图 2-28 所示，选择后下载路径后单击“下载”按钮，即可完成 WPS Office 软件的下载。

图 2-28　下载对话框

步骤 4：若遗忘文件下载路径，可单击浏览器右上角的“打开菜单”按钮，然后选择“下载”，如图 2-29 显示下载记录。单击文件夹，即可找到文件下载的目录。

图 2-29　下载记录

步骤 5：下载并安装迅雷。对于较大的共享资源，如电影、操作系统镜像文件等，在网页直接下载速度会比较慢，一般采用下载工具来下载资源，下载工具可提高下载速度，并提供断点续传功能，迅雷是一款界面简洁、使用简便的下载工具，迅雷通过传入资源的链接地址，将资源以文件的形式保存到本地。百度搜索“迅雷官网”，如图 2-30 所示。

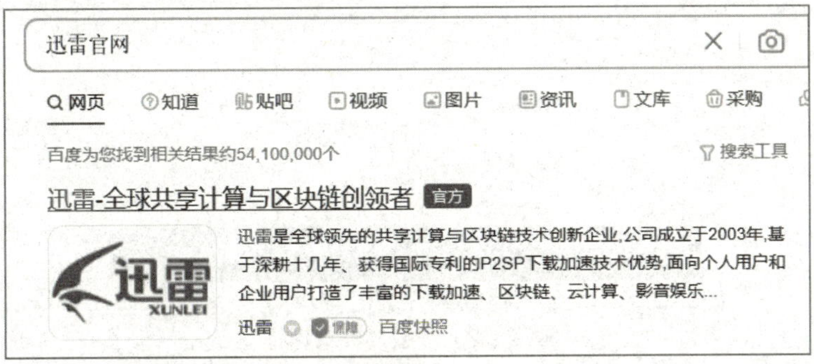

图 2-30　百度搜索“迅雷官网”

打开迅雷官网后，在迅雷官网单击“立刻下载”即可下载迅雷，如图 2-31 所示。

双击运行下载好的 .exe 安装文件，按默认设置执行“下一步”即可完成迅雷的安装。

图 2-31 下载迅雷

步骤 6： 使用迅雷显式下载 WPS Office。启动迅雷，单击右上角的“主菜单”，选择新建下载，弹出“添加链接或口令”对话框，一般复制的链接或自动加入到文本框中，若文本框中没有链接地址，可在文本框中右击，从弹出的快捷菜单中选择“粘贴”命令，单击“确定”按钮后在弹出的对话框中选择文件的保存路径，单击“立刻下载”按钮，即可完成迅雷下载，如图 2-32 所示。

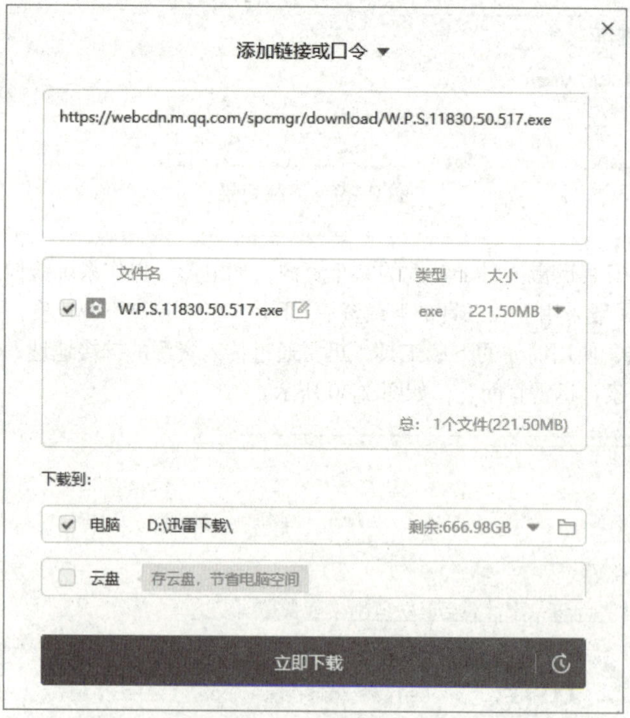

图 2-32 下载文件对话框

步骤 7： 迅雷下载隐式地址链接资源。在步骤 2 中，WPS Office 下载页面如图 2-33 所示。

由于资源的链接地址是隐式的，可在“普通下载”按钮上右击，从弹出的快捷菜单中选择“复制链接地址”命令，然后参考步骤 6 即完成资源下载。

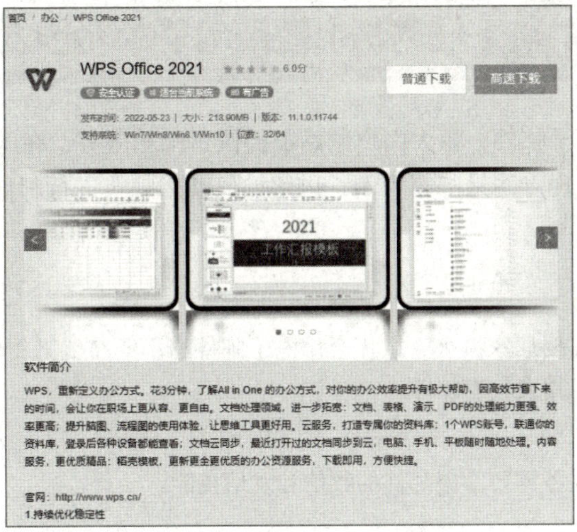

图 2-33　WPS Office 下载页

学习笔记

想一想

（1）若下载过程中断网了，网络恢复后是否能继续下载？

（2）比较一下，普通网页下载和迅雷下载的速度差距是否明显？

【任务 4】下载资源考评记录

学生姓名		班级		任务评分	
实训地点		学号		完成日期	
任务实现步骤	序号	考核内容		标准分	评分
	1	了解常用的资源下载网址		10	
	2	下载 QQ		25	
	3	下载 QQ 浏览器		25	
	4	使用迅雷下载“电脑管家”		40	
教师评语					

2.6 【任务 5】使用电子邮箱收发邮件

电子邮箱用来收发电子邮件，各大门户网站都提供了邮箱服务，在国内网易邮箱、QQ 邮箱、新浪邮箱用户数量较大，现以网易邮箱为例，讲解如何利用邮箱进行邮件的收发。

任务描述与分析

情境描述	小明需要居家办公，老板会用电子邮件给小明布置工作任务，小明必须注册一个邮箱，并用其来收发邮件。
技术分析	本次任务需要掌握邮件的收信和发信技能。
任务分解	分析上面的工作情境，我们需要完成以下任务： （1）注册邮箱。 （2）接收邮件。 （3）发送邮件。
知识准备	（1）发信人使用主机上的客户端软件编写好邮件，同时输入发件人、收件人地址。通过 SMTP 协议与所属发送方邮件服务器建立连接，并将要发送的邮件发送到所属发送方邮件服务器。 （2）发送方邮件服务器查看接收邮件的目标地址，如果收件人为本邮件服务器的用户，则将邮件保存在收件人的邮箱中。如果收件人不是本邮件服务器的用户，则将交由发送方邮件服务器的 SMTP 客户进程处理。 （3）发送方邮件服务器的客户进程向收件人信箱所属邮件服务器发出连接请求，确认后，邮件按 SMTP 协议的要求传输到收件人信箱邮件服务器。收件人信箱邮件服务器收到邮件后，将邮件保存到收件人的邮箱中。 （4）当收件人想要查看其邮件时，启动主机上的电子邮件应用软件，通过 POP3 取信协议进程向收件人信箱邮件服务器发出连接请求。确认后，收件人信箱邮件服务器上的 POP3 服务器进程检查该用户邮箱，把邮箱中的邮件按 POP3 协议的规定传输到收信人主机的 POP3 客户进程，最终交给收信人主机的电子邮件应用软件，供用户查看和管理。

学习笔记

任务实现

操作步骤

步骤 1：百度搜索“网易邮箱”，如图 2-34 所示。

打开“网易邮箱”，登录界面如图 2-35 所示。

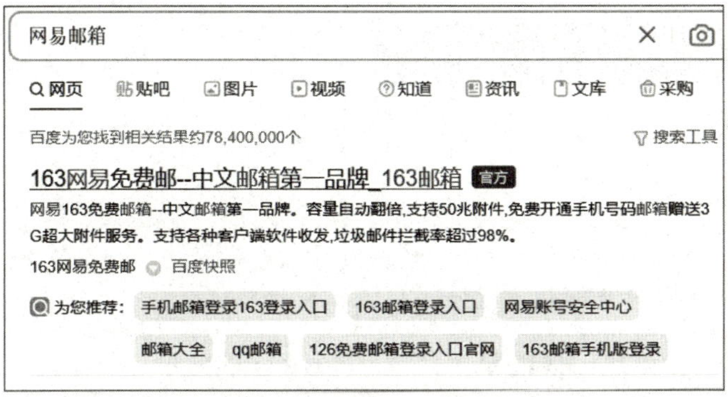

图 2-34　百度搜索“网易邮箱”

图 2-35　网易邮箱登录页面

步骤 2：注册邮箱。若第一次使用网易邮箱，需要先注册邮箱。单击“注册网易邮箱”，弹出邮箱的注册界面，如图 2-36 所示。

图 2-36　网易邮箱注册

输入邮箱地址、密码、手机号码等信息，并勾选“同意《服务条款》、《隐私政策》和《儿童隐私政策》”复选框，单击“立刻注册”按钮即可完成邮箱注册。

注意：若邮箱地址已被别人注册过，则会有相应提示，必须换一个邮箱地址注册，注册的邮箱地址和密码信息保存在网易服务器数据库里。

步骤 3：登录邮箱。如图 2-37 所示。输入邮箱地址和密码，单击“登录”按钮。

图 2-37 邮箱登录

登录完成后界面如图 2-38 所示。

图 2-38 邮箱完成登录界面

步骤 4：接收邮件。单击“收件箱”，即可看到有哪些邮件，邮件按接收时间排序，将最新收到的邮件排在最前面。单击想看的邮件链接，即可查看邮件详情，如图 2-39 所示。

图 2-39　查看邮件

注意：接收邮件的过程是接收方通过 POP3 取信协议进程向收件人信箱邮件服务器发出连接请求。确认后，收件人信箱邮件服务器上的 POP3 服务器进程检查该用户邮箱，把邮箱中的邮件按 POP3 协议的规定传输到收信人主机的 POP3 客户进程，最终交给收信人主机的电子邮件应用软件，供用户查看和管理。

步骤 5：发送邮件。单击页面左侧的“写信”，即可进入到写信界面，如图 2-40 所示。

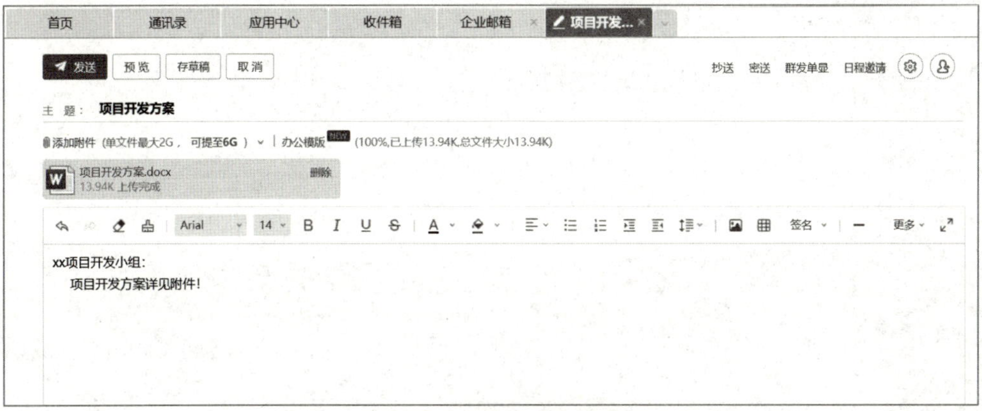

图 2-40　写信界面

输入收件人邮箱地址、主题、正文，若有附件还可以添加附件，最后单击“发送”即可完成邮件发送。

注意：收件人信箱所属邮件服务器发出连接请求，确认后，邮件按 SMTP 协议的要求传输到收件人信箱邮件服务器。收件人信箱邮件服务器收到邮件后，将邮件保存到收件人的邮箱中。

学习笔记

想一想

（1）SMTP 协议与 POP3 协议的区别？

（2）完成邮件发送后，信息被保存在哪？

任务考评

【任务 5】使用电子邮箱收发邮件考评记录

学生姓名		班级		任务评分	
实训地点		学号		完成日期	
任务实现步骤	序号	考核内容		标准分	评分
	1	注册一个邮箱		20	
	2	登录邮箱		10	
	3	接收邮件		30	
	4	发送邮件		40	
教师评语					

第三章 使用办公软件——WPS Office

WPS Office 是由金山软件股份有限公司自主研发的一款办公软件套装，可以实现办公软件最常用的文字、表格、演示等多种功能，具有内存占用低、运行速度快、云功能多、强大插件平台支持、提供在线存储空间及文档模板的优点。

WPS Office 个人版对个人用户永久免费，包含 WPS 文字、WPS 表格、WPS 演示三大功能模块，与 Microsoft Office 中的 Word、Excel、PowerPoint 一一对应，可以直接保存和打开 Microsoft Word、Excel 和 PowerPoint 文件。

WPS Office 支持桌面和移动办公，覆盖 Windows、Linux、Android、iOS 等多个平台。

2020 年 12 月，教育部考试中心宣布将新增计算机考试科目，正式把国产办公软件 WPS Office 作为全国计算机等级考试（NCRE）的二级考试科目之一，于 2021 年在全国实施，2021 年 3 月正式开考。

本章以 Windows 操作系统环境下的 WPS 文字、WPS 表格、WPS 演示为基础，通过任务的方式学习文本、段落格式的设置，插入图片、形状与图表对象，表格的制作与编辑，掌握演示文稿的基本功能和基本操作。

学习目标

- 掌握文档的创建、编辑、保存、打印和保护等基本操作。
- 熟悉设置字体和段落格式、应用文档样式和主题、调整页面布局等排版操作。
- 掌握图形和图像的插入，符号的输入与编辑。
- 掌握文档中表格的制作与编辑。
- 掌握幻灯片的组织与管理。
- 掌握演示文稿中幻灯片的主题应用。
- 熟悉幻灯片动画设计和放映方式设置。
- 掌握表格的基本操作、数据格式、制作与编辑等。

3.1 WPS Office 简介

3.1.1 WPS Office 的启动与退出

1. 启动 WPS Office

方法一：单击“开始”按钮，选择“WPS Office”命令，即可启动 WPS Office，如图 3-1 所示。

方法二：通过桌面快捷方式启动 WPS Office。双击桌面上 WPS Office 快捷图标即可启动 WPS Office，如图 3-2 所示。

视 频

WPS简介

图 3-1　启动 WPS Office

图 3-2　WPS Office 桌面快捷方式

方法三：通过已有的 WPS 文件启动 WPS Office。双击已存在的 WPS Office 文件即可启动 WPS Office。

2. 退出 WPS Office

方法一：单击 WPS Office 程序窗口右上角的“关闭”按钮，可关闭并退出 WPS Office。

方法二：按【Alt+F4】组合键，可关闭并退出 WPS Office。

3.1.2　WPS 文字的工作界面

在 WPS Office 中，WPS 文字的工作界面大致可以分为 7 个部分，如图 3-3 所示。

1. 标题栏

单击加号新建一个文档，选择“文字”→“新建空白文档”命令，就新建了一个文字文稿。在标题区域可以通过单击快速切换已打开的文档。

2. 工作区和登录入口

在标题的右侧是工作区和登录入口。工作区可以查看已经打开的所有文档，每一个新窗口是一个新的工作区。登录功能可以将文档保存到云端，支持多种登录方式。

3. 首页

在标题的最左侧是首页，在此可以管理我们所有文档文件夹，包括最近打开的文档、计算机上的文档、云文档、回收站等。

4. 菜单栏

在菜单栏内单击不同的选项卡，会显示不同的操作工具。

5. 编辑区

编辑区是输入文本和编辑文本的区域，其中有一个不断闪烁的竖条称为插入点，用以表示当前输入的位置。

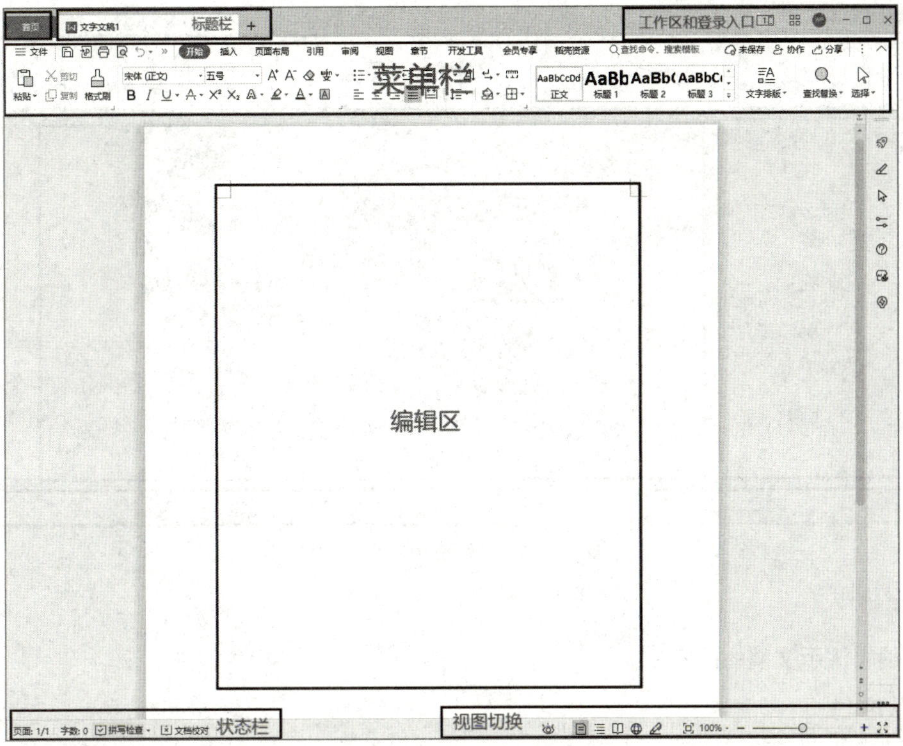

图 3-3 WPS 文字的工作界面

6. 状态栏

在状态栏里可以看到当前页数和字数，单击“页面”会弹出“查找和替换”选项卡，单击“字数”可以查看详细的字数统计，“拼写检查”可在此快速切换开关。

7. 视图切换

默认为“页面视图”，可以快速切换到“全屏显示”、“阅读版式”、“写作模式”、“大纲”、“Web 版式”和“护眼模式”。还可调整“页面缩放比例”，拖动滚动条可快速调整，最右侧的是“最佳显示比例”按钮。

3.1.3 WPS 演示的工作界面

在 WPS Office 中，WPS 演示的工作界面如图 3-4 所示，大致可以分为以下 6 个部分。

1. 标题栏

单击加号新建一个文档，选择“新建演示”→“新建空白演示”命令，就新建了一个演示文稿，此处会显示演示文稿的名称。

2. 菜单栏

在菜单栏内单击不同的选项卡，会显示不同的操作工具。

3. 幻灯片 / 大纲窗格

在此可以查看所有幻灯片和切换幻灯片。

图 3-4　WPS 演示的工作界面

4. 编辑区

在此编辑演示文稿的内容。

5. 状态栏

在状态栏里可以看到幻灯片页数。

6. 视图工具

幻灯片默认是“普通视图”。在此调整是否显示备注母版，快速切换“幻灯片浏览”和“阅读”视图。还可以创建“演讲实录”，调整“放映方式”。可调整“页面缩放比例”，拖动滚动条可快速调整，最右侧的是“最佳显示比例”按钮。

3.1.4　WPS 表格的工作界面

启动 WPS 表格后，其操作界面主要包括 WPS 表格标题栏、菜单栏、名称框、编辑栏、工作表编辑区、工作表标签、视图工具等部分组成，如图 3-5 所示。

在利用 WPS 表格进行数据处理的过程中，对单元格的操作是最常使用的。但很多情况下，也需要对工作表进行操作，如工作表的切换、重命名、插入、删除、隐藏和显示等。

（1）工作表的切换。

在工作簿中，一次只能对一个工作表进行操作，但可以通过单击工作表标签在多张工作表中之间进行切换。

（2）工作表的重命名。

方法一：双击要更名的工作表标签，这时可以看到工作表标签呈高亮显示，即处于编辑状态，输入新的工作名称即可。

方法二：右击工作表标签，在弹出的快捷菜单中选择“重命名”命令，在标签处输入新的工作名称。

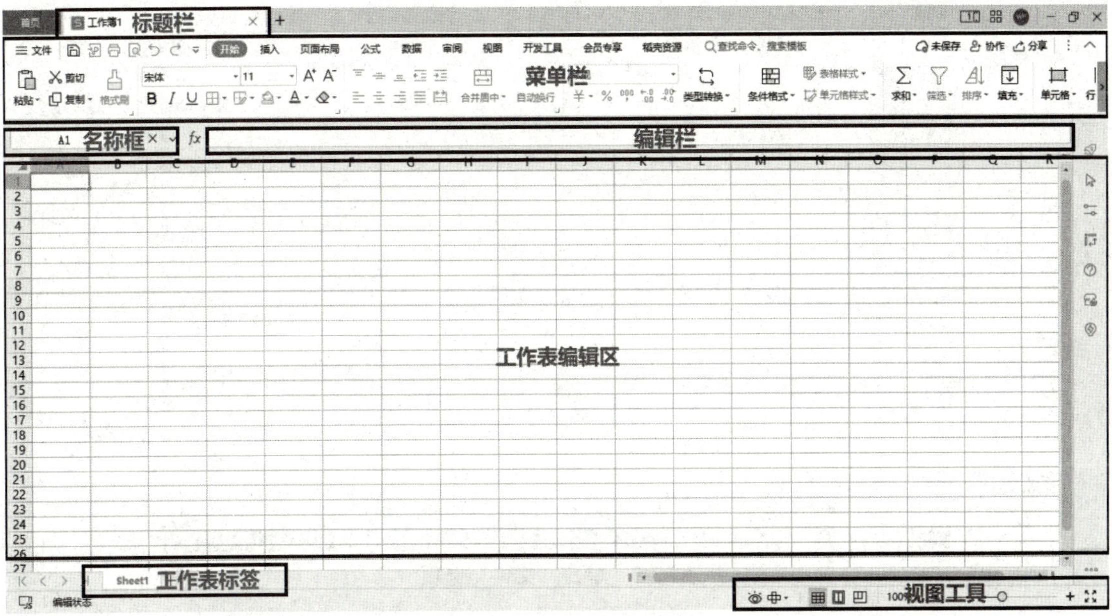

图 3-5　WPS 表格的工作界面

（3）插入、删除工作表。

① 插入新工作表，具体步骤如下：

a．选定当前工作表。

b．右击该工作表标签，在弹出的快捷菜单中选择“插入”命令。

c．在弹出的“插入”对话框中选择工作表的模板，然后单击“确定”按钮。

d．新的工作表就会插入当前工作表的前面。

② 删除工作表，具体步骤如下：

a．单击需要删除的工作表的标签，选定当前工作表。

b．右击当前工作表的标签，在弹出的快捷菜单中选择“删除”命令。

c．弹出确认删除的对话框，单击“确定”按钮，即可删除当前工作表。

（4）复制和移动工作表。选择所要移动或复制的工作表标签，如果要移动，拖动所选标签到目的位置；如果要复制，则按住【Ctrl】键的同时拖动工作表标签。

工作簿是 WPS 表格用来处理和存储数据的文件，类似于 WPS 文字的文档，WPS 表格文件的扩展名是 et、ett。

工作簿相当于一个小册子，工作表相当于这个小册子中的某一页。Sheet1 是一个工作表，单击加号新建一个工作表，这两个工作表共同组成了一个工作簿，如图 3-6 所示。单击“文件”可以选择“新建”、“打开”、“保存”和“另存为”等命令。如图 3-7 所示，按住工作表可拖动工作表排列顺序，双击可更改工作表名称。WPS 表格最高行数为 1 048 576，列数为 16 384。

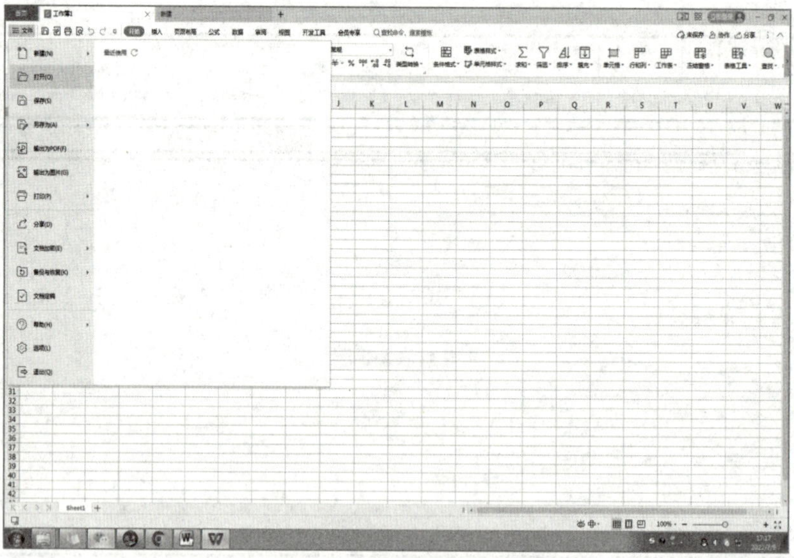

图 3-6　单击“文件”选项

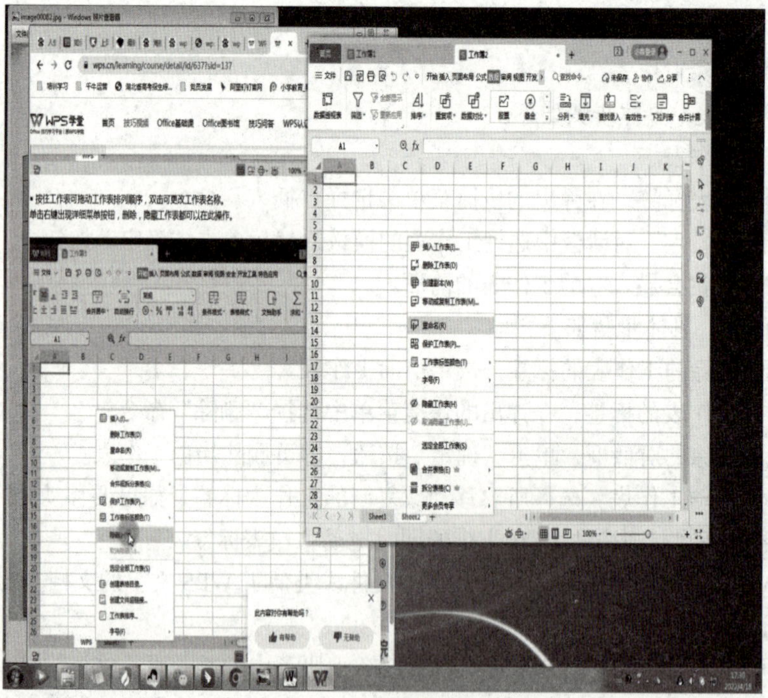

图 3-7　重命名

3.1.5　WPS Office 的帮助中心

WPS Office 的帮助中心有很丰富的功能，很多帮助除了图文说明还配有视频讲解以及动画演示，详细讲解了使用方法。

可以通过单击“文件”菜单，选择“帮助”命令，再单击“WPS 文字帮助”或“WPS 演示帮助”，在右侧会弹出“帮助中心”，如图 3-8、图 3-9 所示。

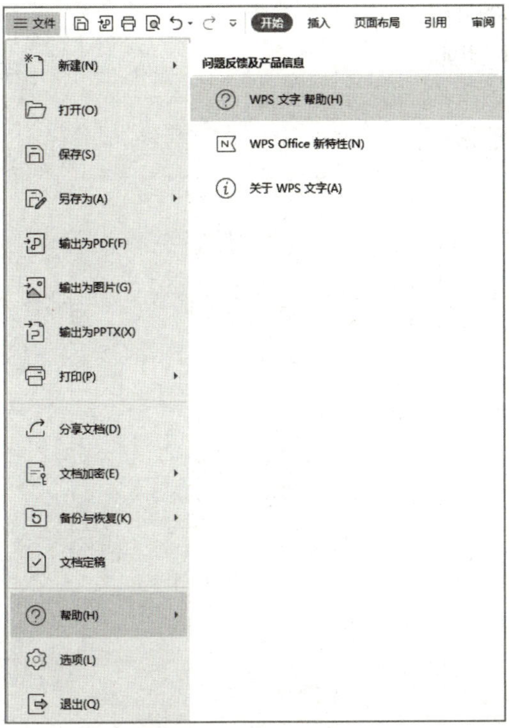

图 3-8　WPS 的帮助

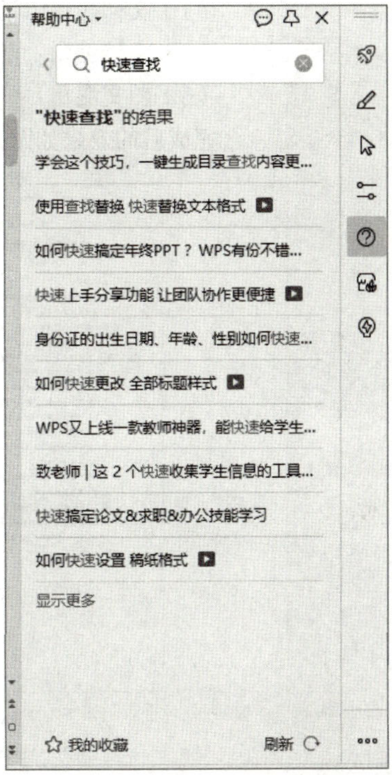

图 3-9　WPS 的帮助中心

3.2　【任务 1】WPS 文字处理——活动通知的创建

任务描述与分析

情境描述	用普通的空白文档创建一份活动通知文档，输入文档内容，进行文档编辑，设置字体格式及段落格式。
技术分析	制作活动通知的第一步是完成通知标题和正文内容的输入，然后我们要对文字进行排版。排版的目的是让文档符合通知这一类公文格式的基本要求，如设置文本字体字号、对齐方式、段落间距等。在文档编辑排版完成后，可以将文档输出为 PDF 格式。 本次任务需要掌握以下技能： （1）基本操作：文档的创建、打开、复制、保存和关闭等。 （2）输入文本：输入法的切换。 （3）文档编辑：文本格式设置，段落格式设置等。 （4）图文混排：在页面合适的位置插入图片。 （5）文档的保存：文档的自动保存，将文档发布为 PDF 格式。

任务分解	分析上面的工作情境，我们需要完成以下任务： （1）文档操作：活动通知文档的创建。 （2）文档编辑：活动通知文档的排版。 （3）图文混排：插入图片。 完成后的效果如图 3-10 所示。

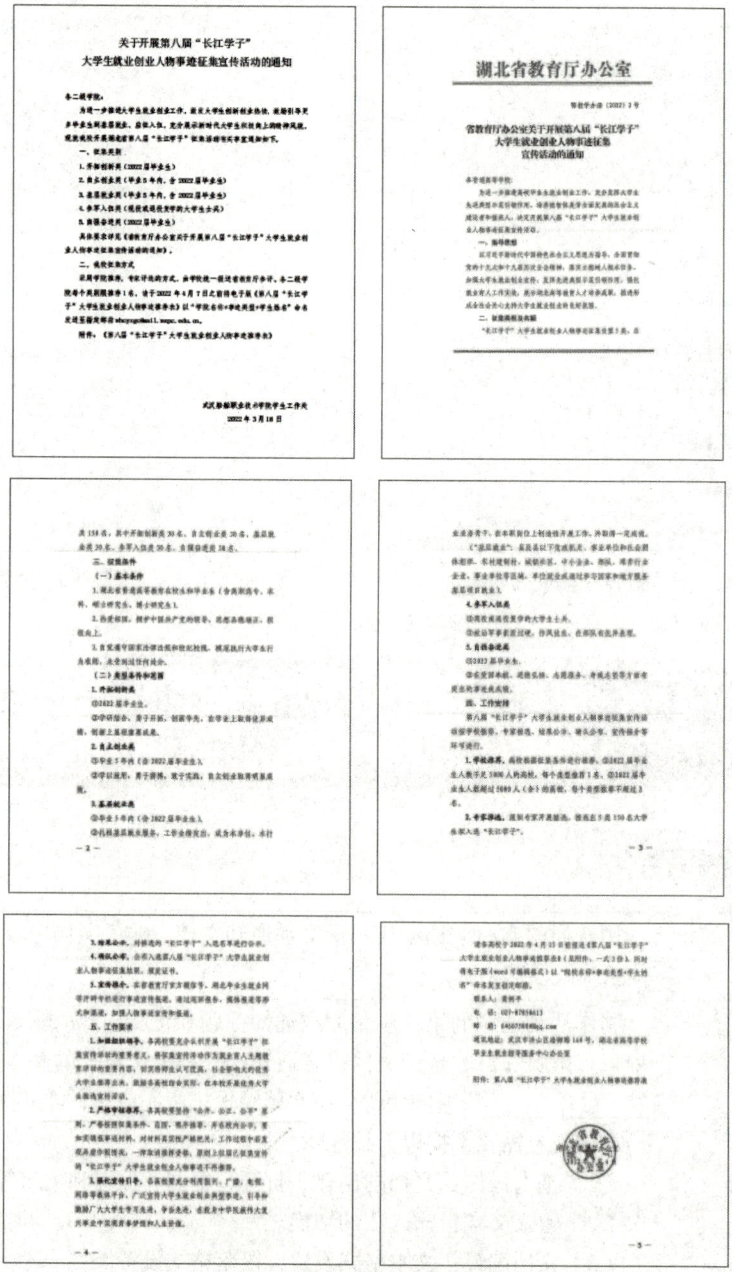

图 3-10　活动通知效果图

知识准备

1. 输入法的切换

当输入汉字时，必须先切换到中文输入法。在编辑区输入文字的位置单击，按【Ctrl+Space】组合键可在中/英文输入法之间切换，按【Ctrl+Shift】组合键可以在当前操作系统中安装的输入法之间切换。

当输入完成一个段落，请按【Enter】键来结束本段落，此时插入点光标会移到下一行新段落的开始。如果输入有误，按【Backspace】键将会删除插入点光标左边的字符，按【Delete】键将会删除插入点光标右边的字符。

2. 字体的设置

设置字体时，首先选中需要修改的文字。假如我们将字体修改为宋体，单击字体栏右下角的三角符号，找到宋体，此时字体就发生了变化。

字体旁边的字号栏可以设置字体的大小，可直接选择已有的字号套用，或者单击增大、减小按钮自定义调试，对应的快捷键分别为【Ctrl+]】和【Ctrl+[】。

清除格式键的作用是清除字体格式，只留下无格式的文本。

单击加粗按钮字体就变粗了，再单击一下可以取消加粗，它的快捷键是【Ctrl+B】。

单击倾斜按钮字体就倾斜了，再单击一下可以取消倾斜，它的快捷键是【Ctrl+I】。

若要给句子添加下画线，可以单击下画线按钮并选择需要的线条样式，也可使用快捷键【Ctrl+U】。

如果想要划掉无用的文字，可使用删除线按钮。若是想强调注明部分文字内容，可使用着重号按键。

如果要输入X的平方等特殊符号，可以使用上标和下标符号。上标的快捷键是【Ctrl+Shift+=】，下标的是【Ctrl+=】。

文字效果能让文字更加赏心悦目，单击文字效果右下角的下拉符号，可以选择所需要的效果，艺术字、阴影、倒影等等。

单击突出显示，选择需要突出的底色，就可以让文字更加突出。

如果不想使用千篇一律的黑色字体，可以在字体颜色栏中修改字体颜色，取色器则是可以帮助我们找到指定样本的相同颜色。

字符底纹的作用是给文字添加灰色的底纹，让文字突出，有条理。

学习笔记

任务实现

操作步骤

步骤1：启动WPS Office。

步骤2：新建空白文字。

单击标题栏最左侧的“首页”，选择“新建”→“新建文字”→“新建空白文字”，即可新建一个文档，默认的文件名是“文字文稿1”，如图3-11所示。

创建空白文字的其他方式：

方法一：标题栏单击“+”，选择“新建文字”→“新建空白文字”。

方法二：在桌面空白处右击，在弹出的快捷菜单中选择“新建”→“DOC 文档”命令。

图 3-11　新建空白文字

将会议通知的文字内容输入空白文字中，如图 3-12 所示。

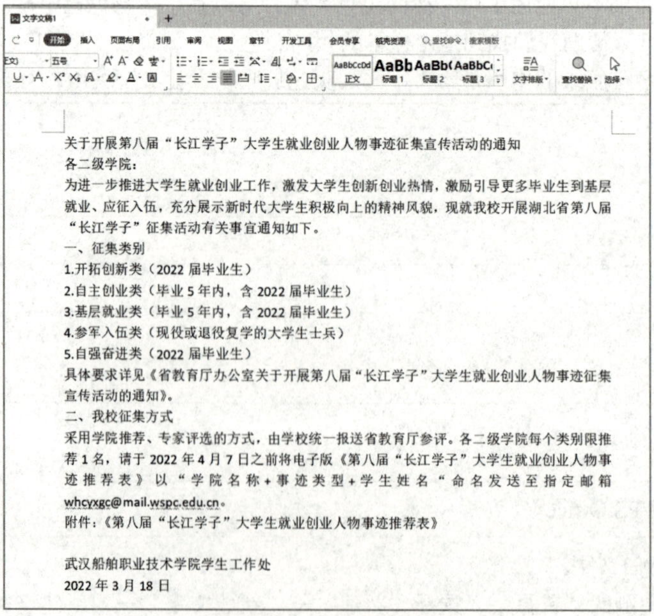

关于开展第八届“长江学子”大学生就业创业人物事迹征集宣传活动的通知

各二级学院：

为进一步推进大学生就业创业工作，激发大学生创新创业热情，激励引导更多毕业生到基层就业、应征入伍，充分展示新时代大学生积极向上的精神风貌，现就我校开展湖北省第八届“长江学子”征集活动有关事宜通知如下。

一、征集类别

1.开拓创新类（2022 届毕业生）

2.自主创业类（毕业 5 年内，含 2022 届毕业生）

3.基层就业类（毕业 5 年内，含 2022 届毕业生）

4.参军入伍类（现役或退役复学的大学生士兵）

5.自强奋进类（2022 届毕业生）

具体要求详见《省教育厅办公室关于开展第八届“长江学子”大学生就业创业人物事迹征集宣传活动的通知》。

二、我校征集方式

采用学院推荐、专家评选的方式，由学校统一报送省教育厅参评。各二级学院每个类别限推荐 1 名，请于 2022 年 4 月 7 日之前将电子版《第八届“长江学子”大学生就业创业人物事迹推荐表》以“学院名称+事迹类型+学生姓名”命名发送至指定邮箱 whcyxgc@mail.wspc.edu.cn。

附件：《第八届“长江学子”大学生就业创业人物事迹推荐表》

武汉船舶职业技术学院学生工作处

2022 年 3 月 18 日

图 3-12　输入通知内容

步骤 3：设置自动保存。

单击“首页”，在左下角单击“应用”，从“应用市场”侧边栏选择“安全备份”，进入“备份中心”，如图 3-13 所示。

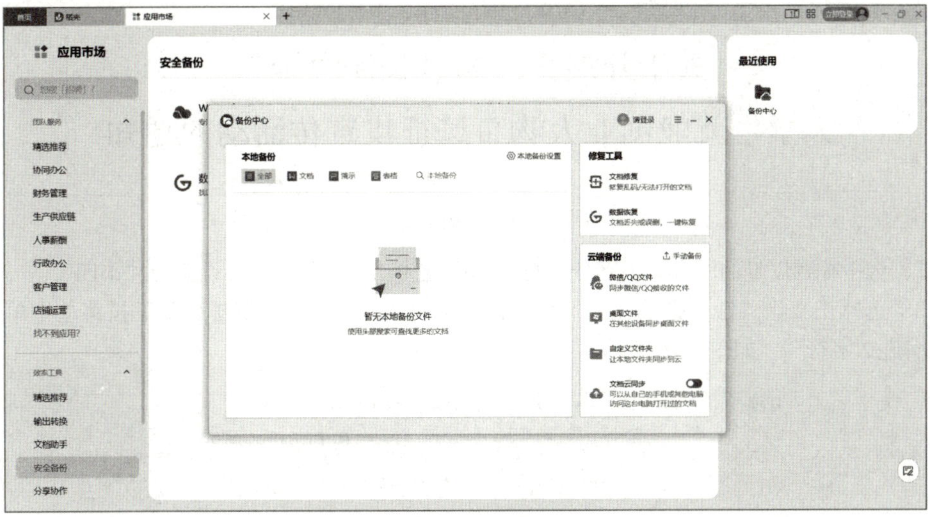

图 3-13　备份中心

在“备份中心”中单击“本地备份设置”，选择定时备份，将时间间隔设置为 5 分钟，如图 3-14 所示。

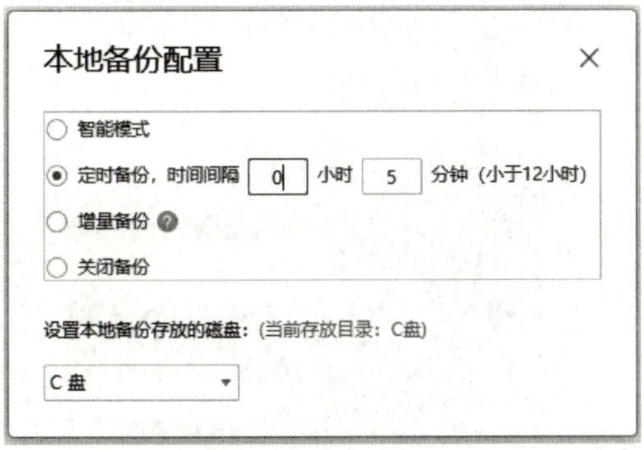

图 3-14　定时备份

在本地备份配置中的另外三种备份模式分别为：

（1）智能模式。智能模式备份是当软件崩溃或异常退出关闭时进行备份，因此可以在计算机崩溃，死机后重新启动找回文件，但是平时计算机或 WPS 软件没有发生异常就不会备份，如果没有手动保存那么也就不能找回文件。

（2）定时备份。定时备份是不管计算机是否发生异常都定时进行备份，比如我们设置时间为 1 分钟，就是每隔 1 分钟都会备份一次。建议大家不要设置间隔时间太短，否则有可能会导致自动备份太过频繁而卡死。

（3）增量备份。增量备份将记录我们对文件的操作步骤，读取备份时，这些步骤在原文件上快速重现，从而达到备份的目的。

步骤 4：字体和段落的设置。

（1）选中标题行，设置字体为“宋体”，字号为“小二”，单击段落居中对齐，将标题文字调整为两行，如图 3-15 所示。

关于开展第八届“长江学子”

大学生就业创业人物事迹征集宣传活动的通知

图 3-15　标题设置样式

（2）选中标题以外的所有文字部分，将字体设置为“仿宋”、字号设置为“小四”。

（3）选择正文除“各二级学院：”和落款、时间部分，在“文字排版”下拉菜单中单击“段落首行缩进 2 字符”，如图 3-16 所示。

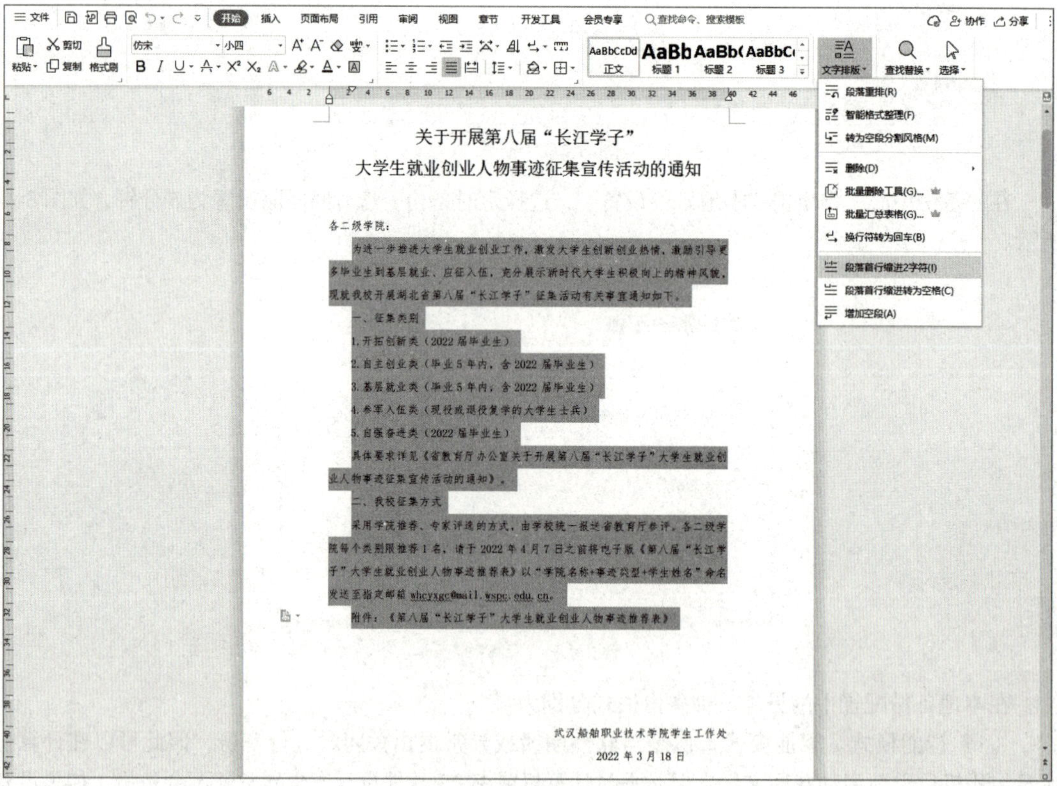

图 3-16　段落首行缩进 2 字符

步骤 5：插入图片。

将光标移动到文档末尾处，依次单击“插入”→“分页”→“分页符”（或使用快捷键【Ctrl+Enter】），插入一个新的页面。

依次单击“插入”→“图片”→“本地图片”，选择一个图片文件单击“打开”，即可完成一个图片的插入，如图 3-17 所示。

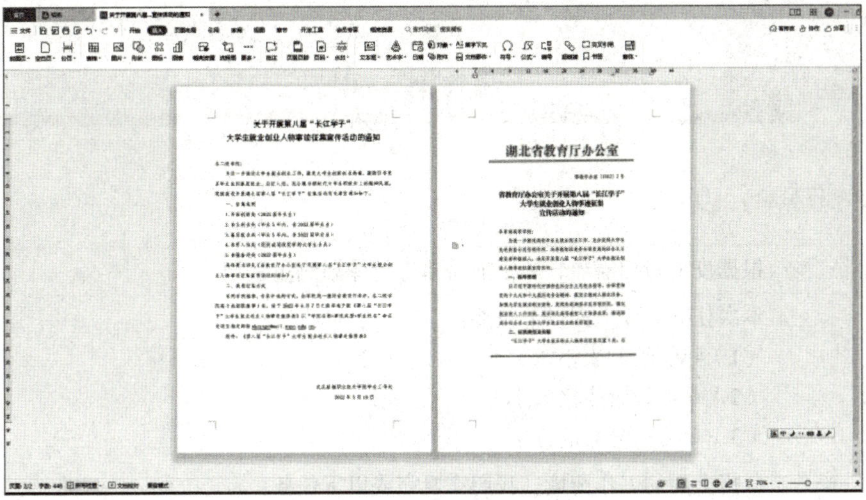

图 3-17　插入单张图片

如果用框选的方式，或者按住【Ctrl】键依次单击多个图片，再单击“打开”，将一次性插入多个图片文件。

步骤 6：保存文档。

方法一：按【Ctrl+S】组合键。

方法二：单击菜单栏的快速访问工具栏中的“保存”按钮。

方法三：选择菜单栏的“文件”→“保存”命令。

方法四：选择菜单栏的“文件”→“另存为”命令，选择“保存文档副本”。

任务考评

【任务 1】WPS 文字处理——活动通知的创建考评记录

<table>
<tr><td>学生姓名</td><td></td><td>班级</td><td></td><td>任务评分</td><td></td></tr>
<tr><td>实训地点</td><td></td><td>学号</td><td></td><td>完成日期</td><td></td></tr>
<tr><td rowspan="6">任务实现步骤</td><td>序号</td><td colspan="2">考核内容</td><td>标准分</td><td>评分</td></tr>
<tr><td>1</td><td colspan="2">创建文档</td><td>5</td><td></td></tr>
<tr><td>2</td><td colspan="2">输入文本</td><td>10</td><td></td></tr>
<tr><td>3</td><td colspan="2">字体与段落的设置</td><td>40</td><td></td></tr>
<tr><td>4</td><td colspan="2">图文混排</td><td>30</td><td></td></tr>
<tr><td>5</td><td colspan="2">保存与发布文档</td><td>15</td><td></td></tr>
<tr><td>教师评语</td><td colspan="5"></td></tr>
</table>

3.3 【任务 2】WPS 文字中的表格编辑——制作体温测量登记表

任务描述与分析

情境描述

根据疫情防控需要，开学前需要进行体温测量登记。

技术分析

本次任务需要掌握以下技能：

（1）熟练绘制表格。

（2）掌握设置表格大小。

（3）单元格分布的方法。

任务分解

分析上面的工作情境，我们需要完成以下任务：

（1）录入文本：文本的输入，字体、字号的设置。

（2）制作表格：插入表格，单元格的合并或拆分，输入表格的内容。

（3）编辑表格：行和列的调整。

（4）文档的保存：文档的自动保存，将文档发布为 PDF 格式。

完成后的效果如图 3-18 所示。

体温测量登记表

序号	日期	班级	姓名	测温时间	体温（℃）	测量人	备注
1							
2							
3							
4							
5							
6							
7							
8							
9							
10							
11							
12							
13							
14							
15							
16							
17							
18							
19							
20							
21							
22							
23							
24							
25							
26							
27							
28							
29							
30							
31							
32							
33							
34							
35							
36							

图 3-18　体温测量登记表

知识准备

WPS Office 文字中，可以使用表格工具在文档中插入表格。表格由水平方向的行和垂直方向的列组成，单元格是表格中行与列的交叉部分，它是组成表格的最小单位，可拆分或者合并。

学习笔记

任务实现

操作步骤

步骤 1：创建文档，新建空白文字。

页面设置：选择“页面布局”→“纸张方向”→“纵向”命令，“纸张大小”选择“A4”。

步骤 2：输入标题文本。

输入“体温测量登录表”，字体选择“宋体”并加粗，字号为“二号”，居中对齐。

步骤 3：插入表格。

选择“插入”→“表格”→“插入表格”命令，在弹出的“插入表格”对话框中，输入列数为 8，行数为 31，单击“确定”按钮完成表格创建，如图 3-19 所示。

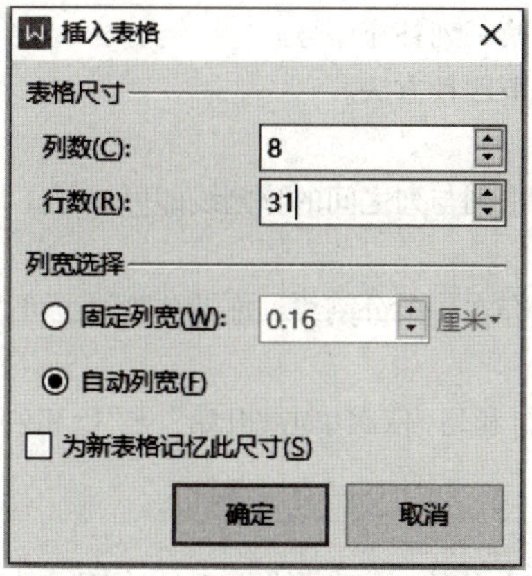

图 3-19 “插入表格”对话框

在表格的第一行的各单元格中，输入表头数据。第一列从第二行开始依次输入序号。

步骤 4：编辑表格。

调整表头各单元格的大小。

目前表格是 31 行，可以登记 30 位同学的体温信息。现在需要在表格中增加 6 位同学，我们用两种方法实现。

方法一：鼠标停在表格最后一行任意一个单元格内，这里的菜单是“表格工具”，选择“在下方插入行”，如图 3-20 所示。

此时就完成了一行的插入，如图 3-21 所示。

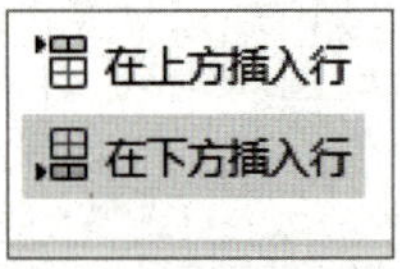

图 3-20　选择在下方插入行

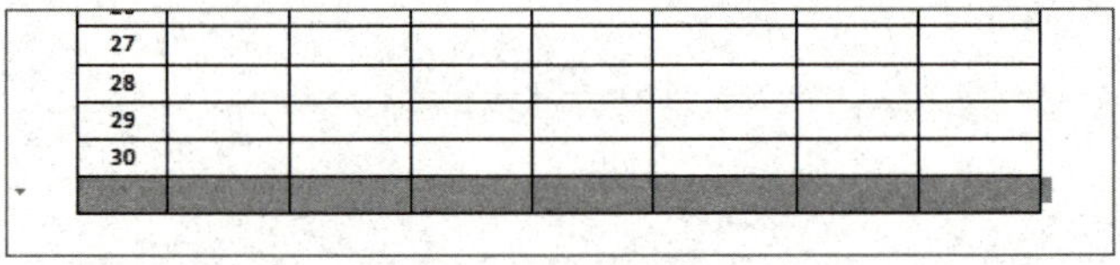

3-21　插入一行

方法二：鼠标停在表格最后一行最后一个单元格之外，按两次键盘上【Enter】键，完成两行的插入，如图 3-22、图 3-23 所示。

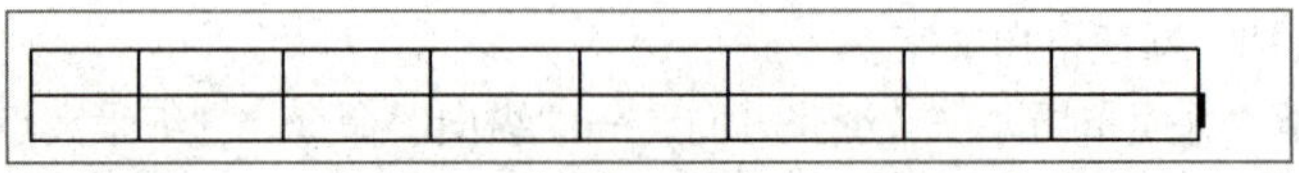

图 3-22　表格末尾插入点

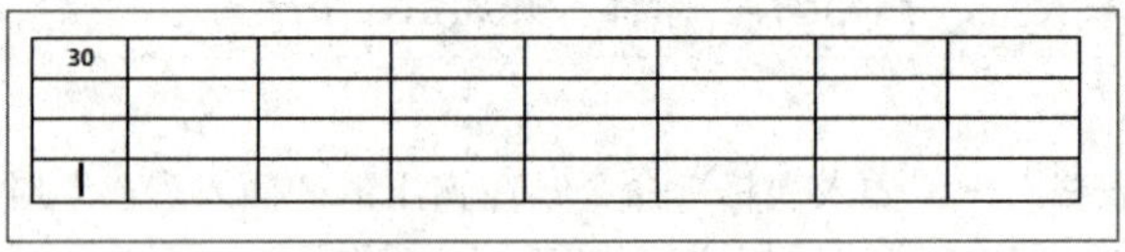

图 3-23　快速插入行

按要求完成行的插入，并在第一列补充序号。

调整单元格的长宽大小有以下四种方法。

方法一：双击法。

首先打开表格，接着鼠标双击列与列之间的分割线即可（行高调整同）。

方法二：列标分割法。

同样打开表格，列与列之间存在一条分割线，拖动分割线也可以调整列宽（行高调整同）。

方法三：菜单栏调整法。

打开表格，选中需要调整的行和列，依次单击“开始”→“行和列”→“行高 / 列宽”，在弹出的“行高 / 列宽”界面输入所需值。

方法四：全选法。

首先打开表格，单击表格左上角的“三角形”，选中全部文档，然后拉动行与行、列与列之间的分割线，即可一步调整好所有表格的长宽高。

步骤 5：表格内容编辑。

输入体温时，需要插入符号℃，请找到，在“符号大全”下“符号”部分选择“单位”，可以找到表头中需要的符号，如图 3-24 所示。

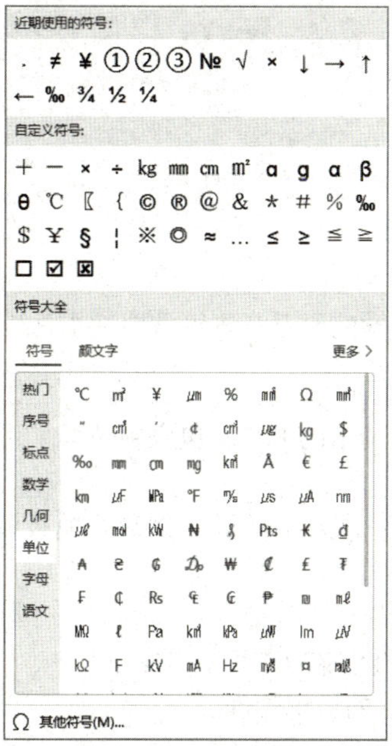

图 3-24　插入符号

步骤 6：保存文档。

任务考评

【任务 2】WPS 文字中的表格编辑——制作体温测量登记表考评记录

学生姓名		班级		任务评分	
实训地点		学号		完成日期	
任务实现步骤	序号	考核内容		标准分	评分
	1	创建文档		5	
	2	输入标题文本		10	
	3	插入表格		40	
	4	编辑表格		40	
	5	保存文档		5	
教师评语					

3.4 【任务 3】用 WPS 演示制作演示文稿——制作学期工作总结

任务描述与分析

情境描述	船舶与海洋工程学院要召开班级学期工作总结大会。船体 2101 班班长要创建“学期工作总结”演示。
技术分析	一份合格、逻辑清晰的 PPT，包含主题页（封面页、目录页、章节页、结束页）和正文页。 WPS 提供了大量的页面模板，免费的模板资源也非常多，帮助我们快速完成 PPT 主题页的制作。 本次任务需要掌握以下技能： （1）演示文稿的基本功能和基本操作。 （2）熟悉幻灯片的组织管理。
任务分解	分析上面的工作情境，我们需要完成以下任务： （1）准备工作总结文字稿。 （2）创建演示 PPT，制作幻灯片。 （3）美化演示 PPT。 （4）保存演示 PPT。 完成后的效果如图 3-25 所示。 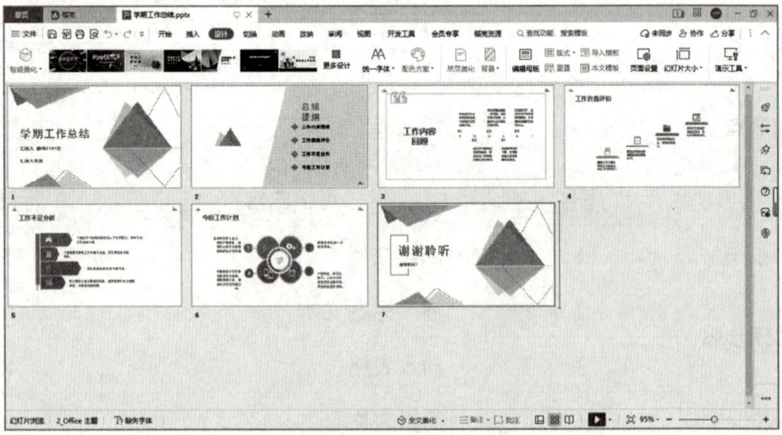 图 3-25　学期工作总结
知识准备	准备工作总结文字稿时，根据常规管理工作内容进行总结，并按以下四个方面整理成文字素材，避免用大段的文字，可以用条目式进行总结。 （1）工作内容回顾。 （2）工作自我评价。 （3）工作不足分析。 （4）今后工作计划。

学习笔记

任务实现

操作步骤

步骤 1： 创建演示。以“白色”为背景色新建空白演示，如图 3-26 所示。

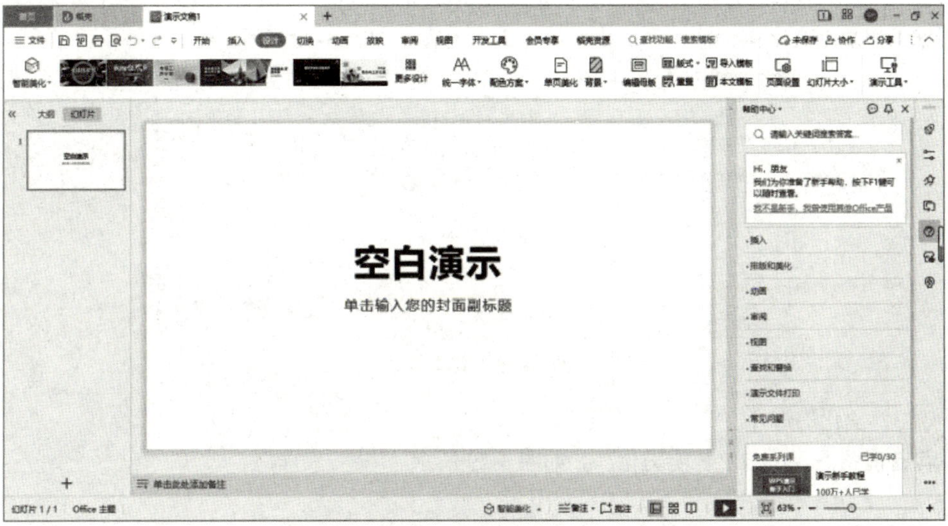

图 3-26 新建空白演示

当前 PPT 中有一张幻灯片，是封面页，“空白演示”是幻灯片的标题，还有一行是副标题。不改变字体字号，仅将标题和副标题替换为总结文字稿内容，如图 3-27 所示。

图 3-27 封面页

插入新幻灯片有以下五种方法。

方法一：使用【Ctrl+M】快捷键，会在当前位置之后创建一张新的幻灯片。

方法二：在幻灯片 / 大纲窗格中右击，在弹出的快捷菜单中选择“新建幻灯片”命令。

方法三：在“开始”选项卡中，单击“新建幻灯片”右下角倒三角按钮。根据需要选择需要的样式（如：空白页）。

方法四：在“插入”选项卡中，单击“新建幻灯片”右下角倒三角按钮。根据需要选择需要的样式（如：空白页）。

方法五：在幻灯片 / 大纲窗格中，单击“+”号，根据需要选择需要的样式（如：空白页）。

幻灯片的删除、复制和页码调整，可以在“大纲 / 幻灯片”窗格中完成，也可以在幻灯片浏览视图完成。

步骤 2：编辑制作幻灯片。

根据工作总结文字稿，输入每一张幻灯片文本内容，如图 3-28 所示。

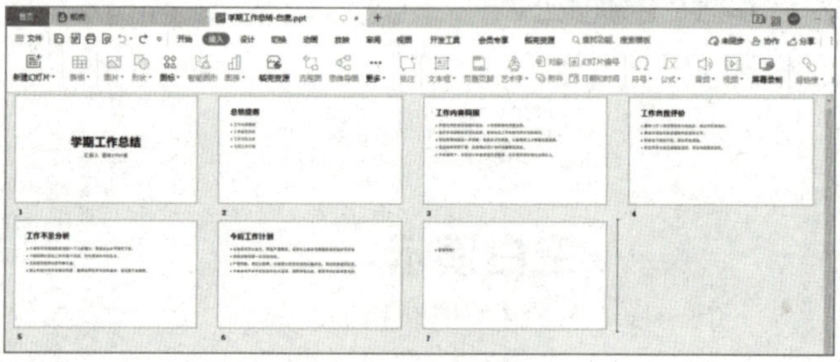

图 3-28　文本输入

步骤 3：美化幻灯片。

在普通视图下，单击“智能美化”，如图 3-29 所示。

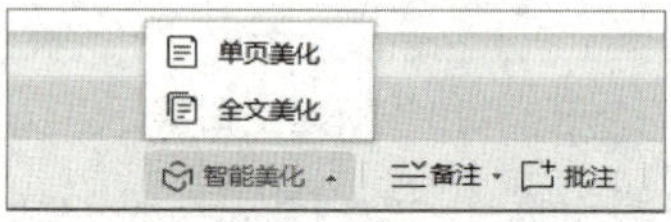

图 3-29　智能美化

选择“全文美化”，在“全文换肤”中应用极简大气通用模板，如图 3-30 所示。

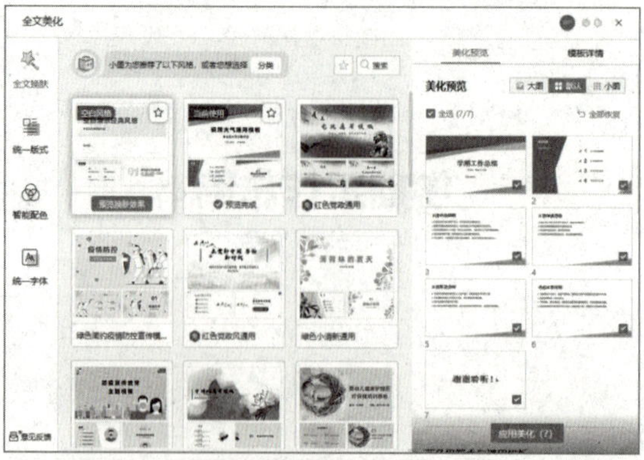

图 3-30　全文美化

还可以“统一版式”、“智能配色”以及“统一字体”，如图 3-31 所示。

图 3-31　统一字体

有很多模板可以使用，本任务选择一款免费模板，如图 3-32 所示。

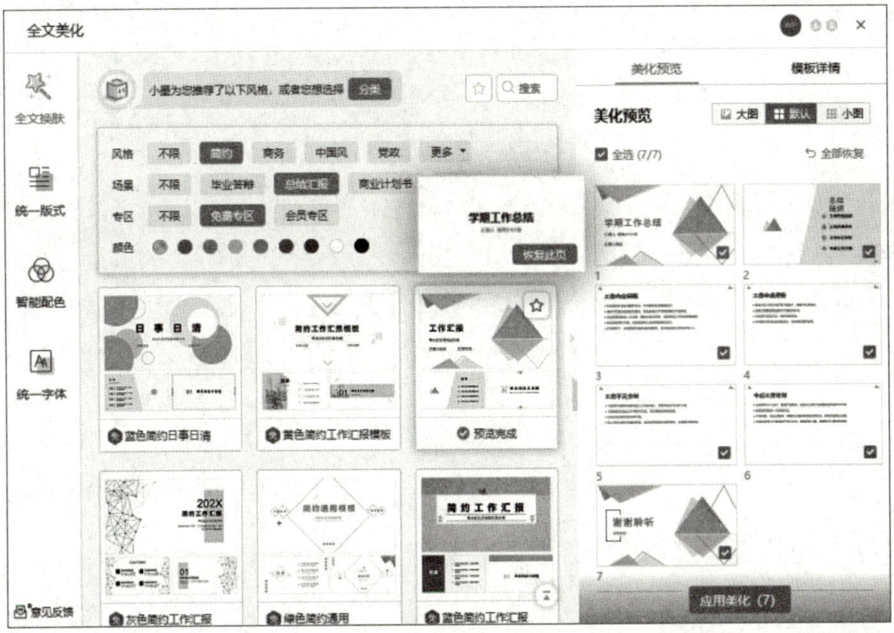

图 3-32　选择免费模板

步骤 4：保存文档。

任务考评

【任务 3】用 WPS 演示制作演示文稿——制作学期工作总结考评记录

学生姓名		班级		任务评分	
实训地点		学号		完成日期	
任务实现步骤	序号	考核内容		标准分	评分
	1	创建演示		5	
	2	编辑制作幻灯片		40	
	3	美化幻灯片		50	
	4	保存文档		5	
教师评语					

3.5 【任务4】创建一个船务公司员工档案表

任务描述与分析

情境描述	船务公司一般涉及国际航运、船舶及船员管理、海事服务，为客户提供一站式船舶运营管理方案，是综合性的航运服务企业，员工人事档案的重要性不言而喻，它为员工薪资调整、绩效考核、招聘录用、员工升降、背景调查等工作提供了原始依据。如何才能做好员工人事档案管理呢？
技术分析	本次任务需要掌握以下技能： （1）基本操作：文档的创建、打开、复制、保存和关闭等。 （2）输入文本：数据格式的规范，快速填充的应用等。 （3）文档的保存：文档的自动保存，保存文档，保护文档。
任务分解	分析上面的工作情境，我们需要完成以下任务： （1）创建空白文档。 （2）设置表格标题。 （3）添加列标题。 （4）数据录入。 （5）保存和关闭文档。
知识准备	使用WPS表格，只需要规范填写好员工源数据，就能做成一张优秀的源数据表，表中的数据应该描述简洁、字段完整、录入规范、逻辑关系清楚。 （1）在创建船务公司员工档案表前，首先需要根据任务需求设计出合适的表格表头，了解船务公司对海员岗位的需求，确定员工个人和业务流程中需要包含的基本信息。例如员工教育状况、证书（海员证书、海船船员健康证书、海船船员适任证书、海船船员培训合格证书、护照等）、履历、在船信息（船上职务、适任证等级、适任证职务、上船日期、上船港口）等。 （2）数据格式需要规范，否则会给后期创建和使用数据带来层层阻碍，甚至无法进行数据分析。

学习笔记

任务实现

操作步骤

视频

创建一个船务公司员工档案表

步骤 1：创建表格。

利用 WPS 表格创建空白文档。

（1）到官网下载 WPS 2019，下载完成后，双击打开 WPS，此时我们会进入工作台界面。

（2）在新建页面单击“新建”→“新建表格”→“新建空白表格”，如图 3-33 所示进入表格的主界面。或者选择“文件”→“新建”命令，创建一个表格，并保存在 E 盘中的“船务公司人事管理”文件夹中，文件名为“船务公司员工档案表 .xlsx”，如图 3-34 所示。

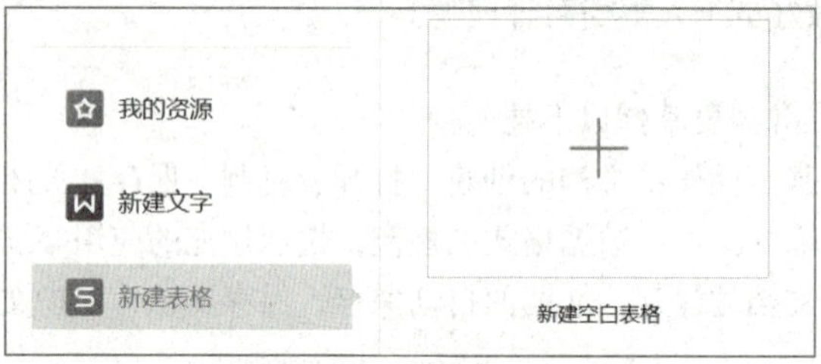

图 3-33　新建空白表格

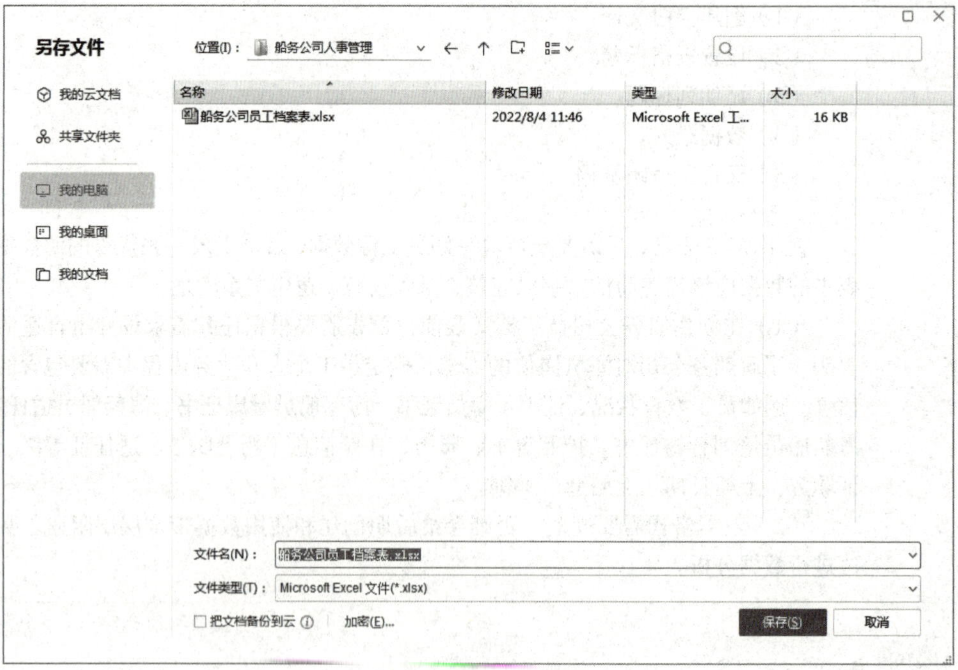

图 3-34　保存文件

步骤 2：标题设置。

可在首行或页眉设置表格标题。

（1）选中 A1 单元格，输入表格标题“船务公司员工档案表”。

（2）依次在 A2 ~ V2 中输入工作表的列标题，如图 3-35 所示。

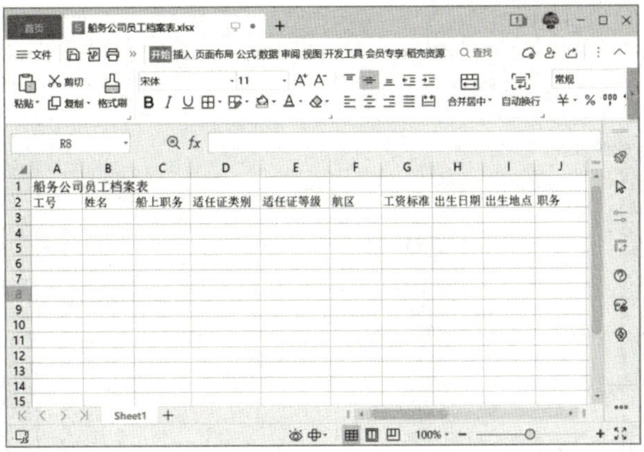

图 3-35　输入工作表的列标题

（3）表格的大标题一般添加在列名上方。如果将标题设置在首行，可先将标题区域的单元格（A1 ~ V1）使用“合并居中”的功能，单击菜单栏“开始”→“合并居中”按钮。也可在页眉部分设置标题。

（4）调整标题字体。选中合并后的标题单元格，在菜单栏“开始”可以调整标题的字体。较常用的是“微软雅黑”“黑体”，标题字号常使用 20 或 24 号字体，如图 3-36 所示。

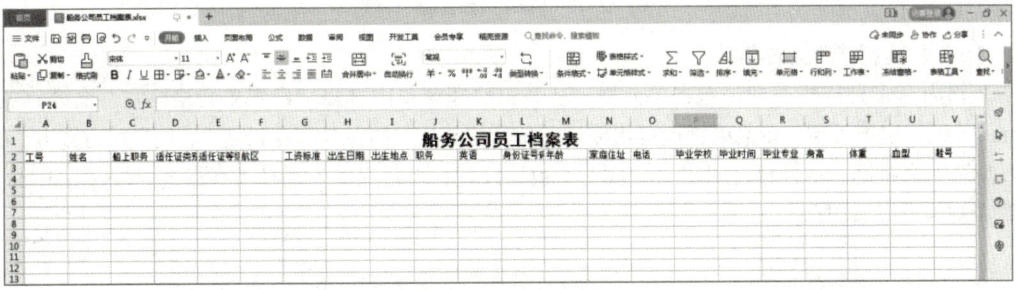

图 3-36　调整标题字体

步骤 3：确定表头。

添加列标题，注意输入法的切换和键盘常见按键的使用。

（1）填充柄快速录入。

在 WPS 表格单元格中填写数据时，经常会遇到一些在结构上有规律的数据，例如，2020、2021、2022；周一、周二、周三等。对这些数据我们可以采用数据的填充技术，让它们自动弹出在一系列的单元格中。

填充功能是通过“填充柄”或“序列”对话框来实现的。单击一个单元格或拖动鼠标选定一个连续的单元格区域时，框线的右下角会弹出一个黑色“+”号，这个黑色“+”号就是填充柄。打开“序列”对话框的方法是：选择“开始”→“填充”→“序列”命令即可。

遇到“序号”“工号”“学号”这样连续排序的数据，很多初学者使用鼠标单击输入法，既耗时又耗力。填充柄可以帮助我们快速输入数据。选中 A2 单元格，在 A2 单元格中输入“2022001”。将鼠标指针指向 A2 单元格右下角的填充柄上，如图 3-37 所示，鼠标指针由空心“十”字变成实心“十”字时，向下拖动填充柄，从下拉选项中选择“填充序列”，则从单元格 A3 ~ A22 自动填充员工工号“2022002 ~ 2022020”。

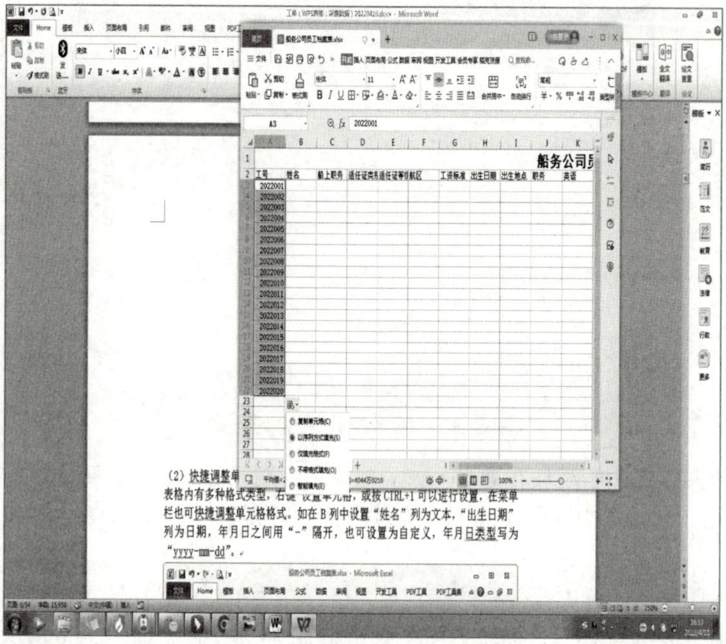

图 3-37　自动填充员工工号

（2）快捷调整单元格格式。

表格内有多种格式类型，右击单元格，从弹出快捷菜单中选择"设置单元格格式"命令，或按【Ctrl+1】可以进行设置，在菜单栏也可快捷调整单元格格式。如在 B 列中设置"姓名"列为文本，"出生日期"列为日期，年月日之间用"-"隔开，也可设置为自定义，年月日类型写为"yyyy-mm-dd"，如图 3-38 ~图 3-41 所示。

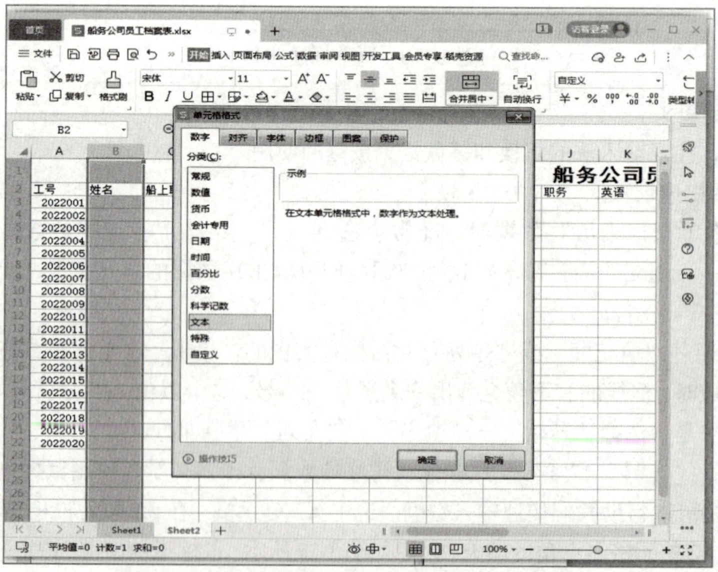

图 3-38　设置"姓名"列为"文本"类型

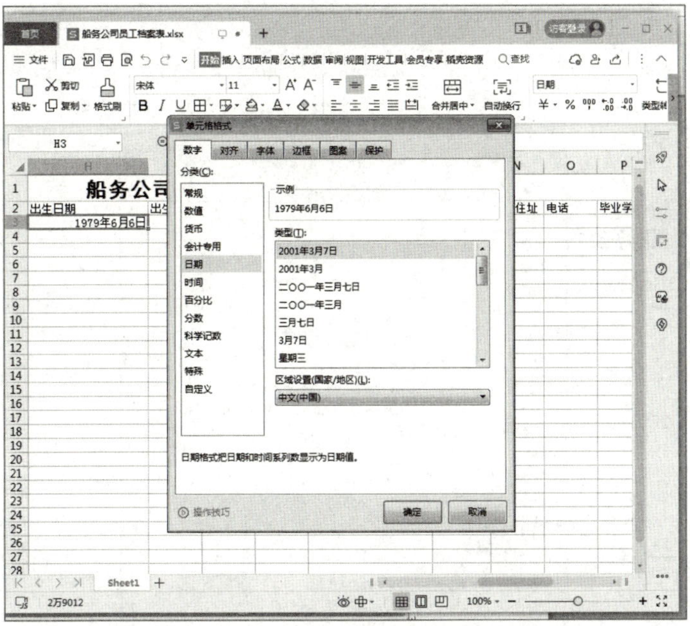

图 3-39　设置“出生日期”列为“日期”类型

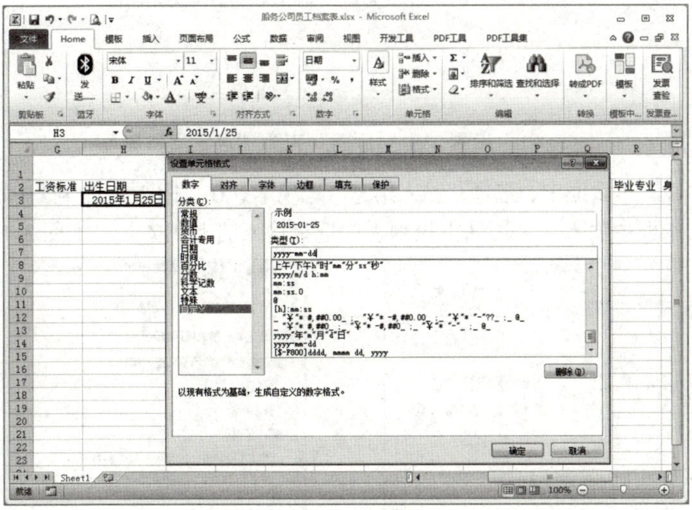

图 3-40　选择日期显示类型

（3）应用数据有效性设置。

在表格设置“数据有效性”，可以提高我们输入数据的速度和准确性。如强制从指定的下拉列表中选择输入“船上职务”列的数据。

单击“船上职务”列第一个要输入的单元格 C3。选择“数据”→“数据工具”→“数据有效性”命令，在弹出的“数据有效性”对话框中选择“设置”选项卡，在“允许”下拉列表中选择“序列”选项，在“来源”文本框中输入船上职务的名称：“船长，大副，二副，三副，轮机长，大管轮，二管轮，电机员，三管轮，水手长，机工长，水手，机工”，如图 3-42 所示，单击“确定”按钮。

注意：职务之间用英文半角的逗号隔开。

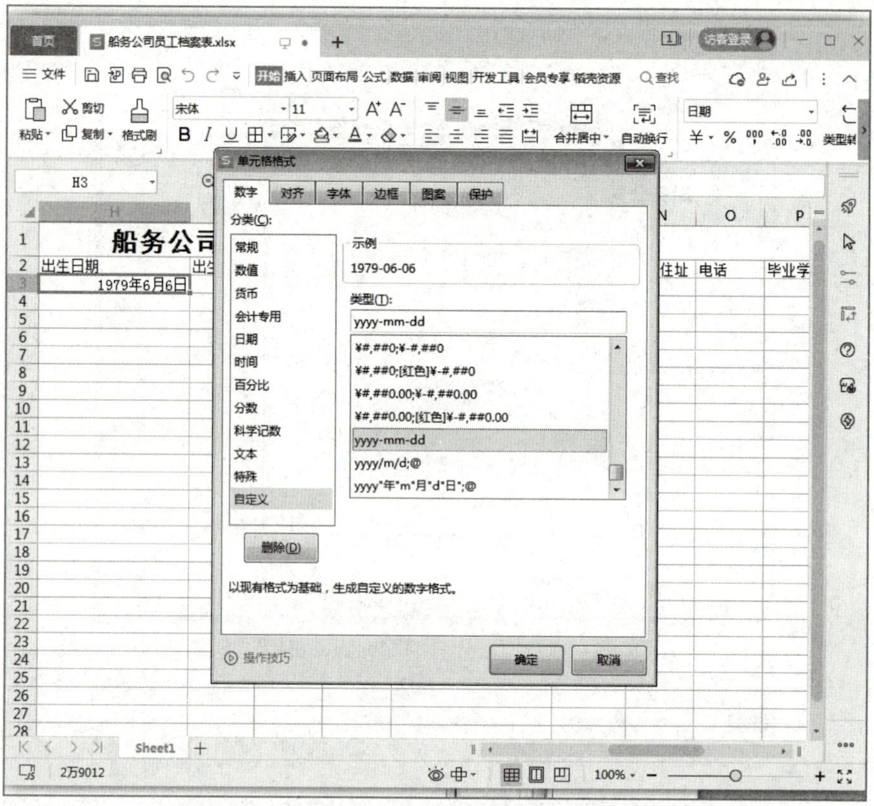

图 3-41　设置“出生日期”列为“自定义”类型

在“数据有效性”对话框中，选择“输入信息”选项卡，在“标题”文本框中输入“船上职务”，在“输入信息”文本框中输入：“请从下拉列表中选择输入船上职务”，如图 3-43 所示。

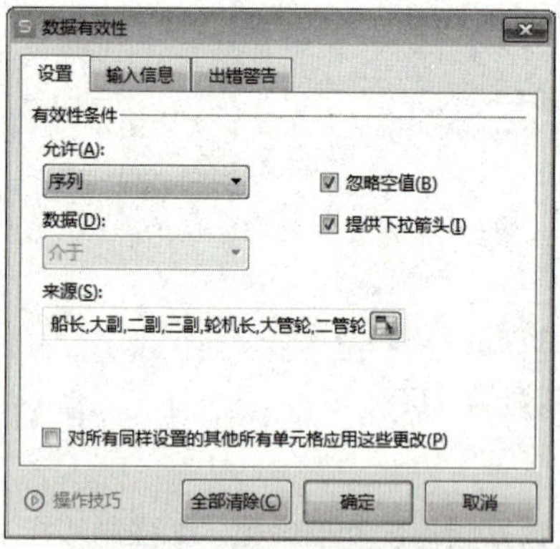

图 3-42　应用数据有效性设置

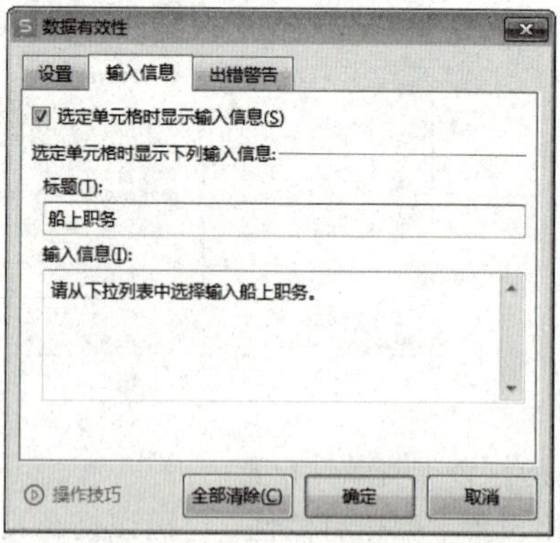

图 3-43　设置“输入信息”选项卡

选择“出错警告”选项卡，如图 3-44 所示，设置出错提示信息。在“标题”文本框中输入“船上职务”，在“错误信息”文本框中输入“输入有误！”。

选中 C3 单元格，向下拖动填充柄，将数据有效性设置复制到其他单元格。数据录入过程中，从下拉列表中选择每个职员的“船上职务”。利用相同的方法对其他列内容进行有效性设置，如图 3-45 所示。

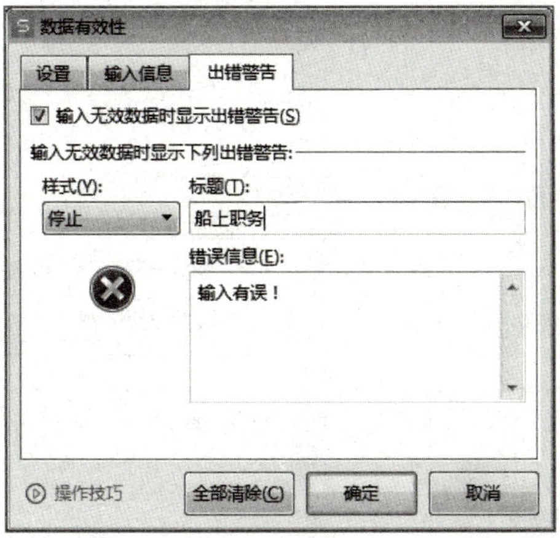

图 3-44 设置“出错警告”选项卡

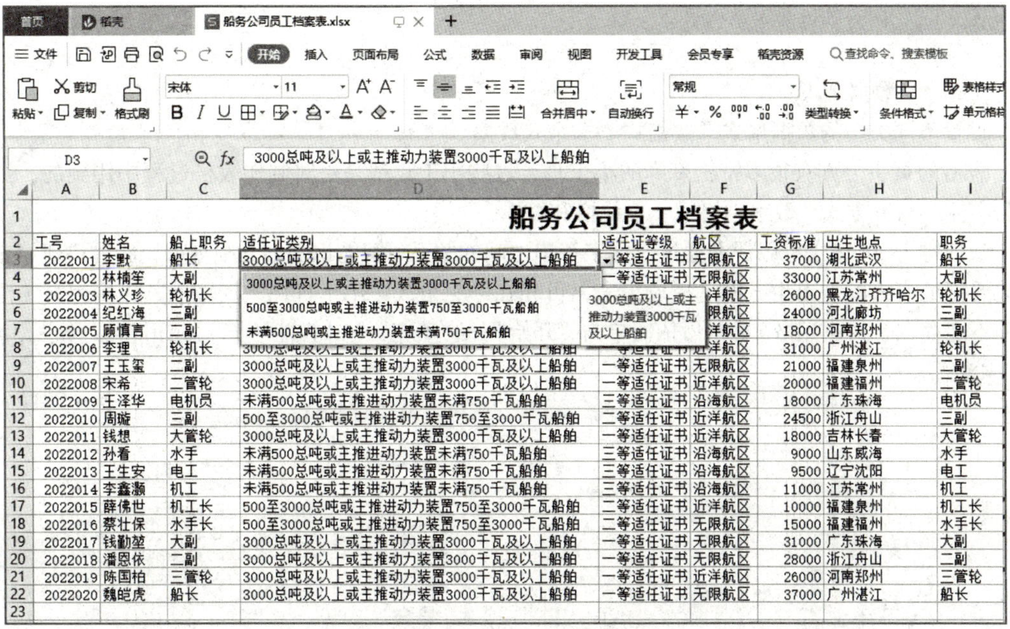

图 3-45 将数据有效性设置复制

输入员工的联系电话。由于手机号码位数是 11 位，为了防止输错位数，在输入号码前先用有效性限定手机号码为 11 位，具体步骤如下；

选中 O3 单元格，选择“数据”→“数据工具”→“有效性”命令，在弹出的“数据有效性”对话框中，选择“设置”选项卡，在“允许”下拉列表中选择“文本长度”选项，在“数据”下拉列表中选择“等于”选项，在“数值”文本框中设置“11”，如图 3-46 所示，单击“确定”按钮。

依次输入员工的手机号码。当输错位数时，如输入“138111122223”，系统会弹出报错信息，如图 3-47 所示。

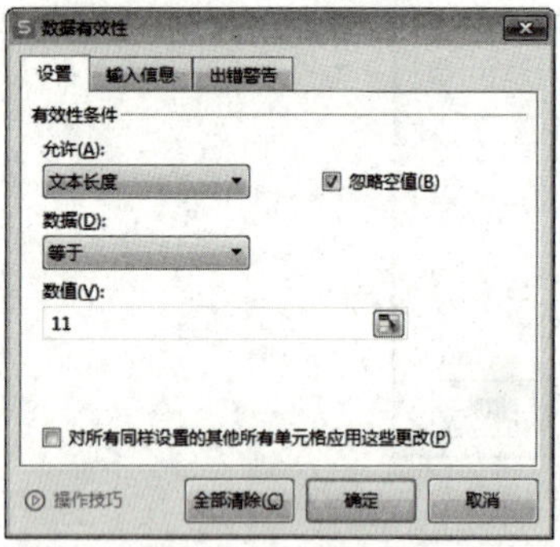

图 3-46　用有效性限定手机号码位数

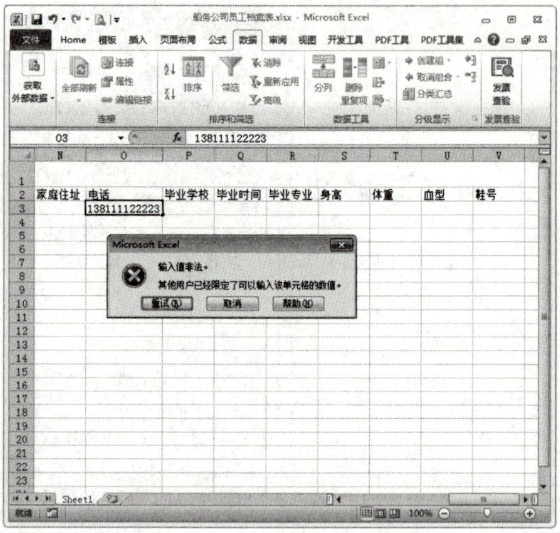

图 3-47　弹出报错信息

步骤 4：数据录入。

设置不同类型的数据格式，按格式要求录入数据。

表格的页头上方有很多密密麻麻的小工具，这些小工具都是平时制作表格过程中用到的，主要分为字体、对齐方式、数字、格式、单元格和编辑。

快捷键【Ctrl+E】可以帮助通过对比字符串之间的关系，智能识别出其中规律，然后快速填充。如果要把所有人的“出生日期”提取出来，可先在第一个人“出生日期”列输入其正确生日（注意列项不能存在合并单元格）。然后依次单击“开始”→“填充”→“智能填充”按钮即可，如图 3-48、图 3-49 所示。

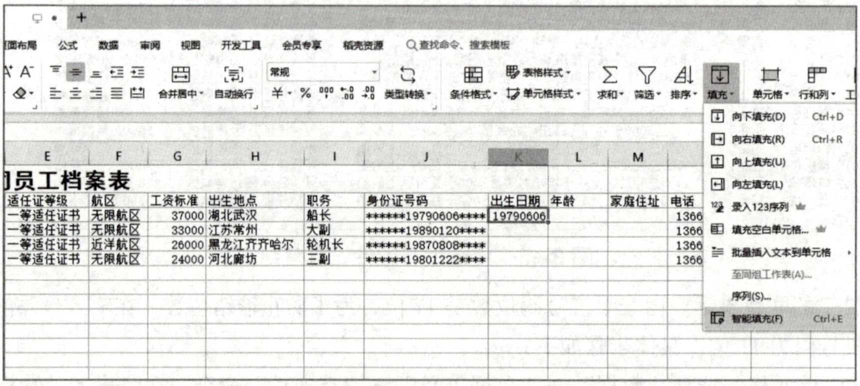

图 3-48　快捷键【Ctrl+E】智能识别规律

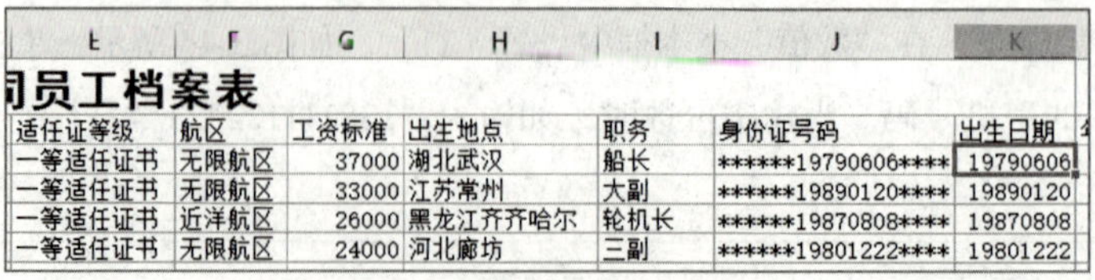

图 3-49　数据录入效果

步骤 5：保存文档。

按需要保存在磁盘具体位置，注意文档名的命名规则、文档的格式。

文档保存的快捷键为【Ctrl+S】，全选的快捷键为【Ctrl+A】。用快捷键可以大大地提高工作的效率，保存文档如图 3-50 所示。

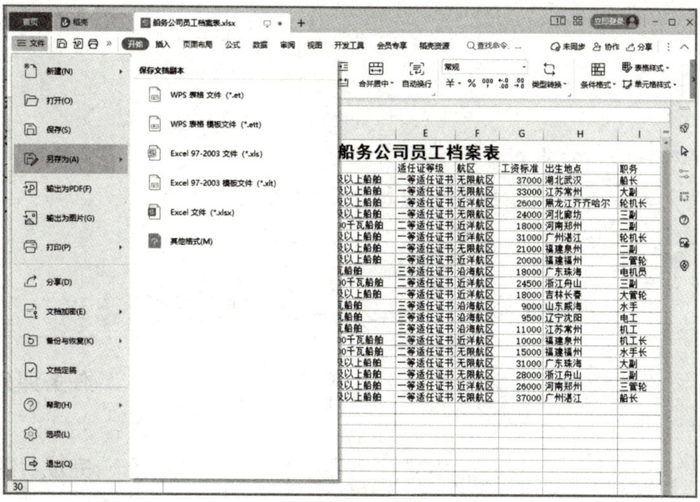

图 3-50　保存文档

步骤 6：文档安全。

制作的员工档案表若不希望被别人修改，可以进行修改保护。通过加密机制与权限控制相结合的方式，保护文档全生命周期安全，实现重要信息安全流转，防止重要信息泄露，如图 3-51、图 3-52 所示。

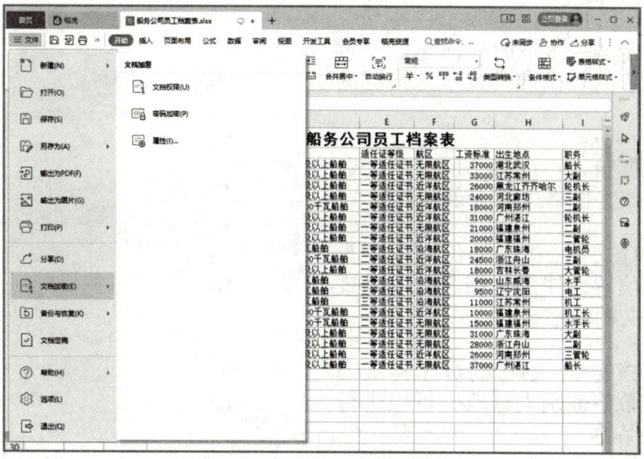

图 3-51　文档加密

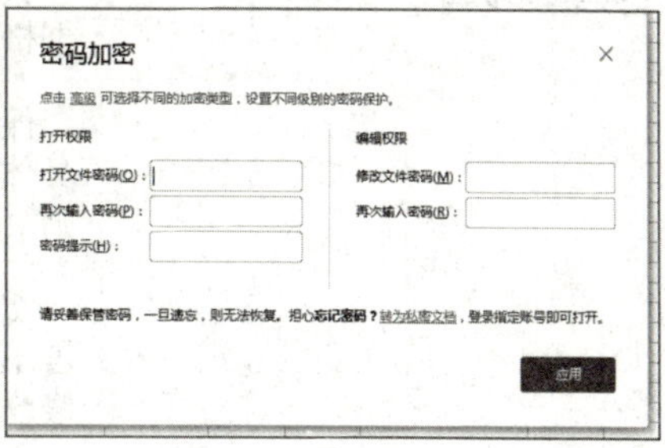

图 3-52　密码加密

步骤 7：关闭文档。

员工档案表制作完成后，关闭文档。

学习笔记

想一想

（1）有合并单元格的工作表，如何快速整理呢？

（2）要替换整个工作簿中的数据，如何操作?

任务考评

【任务 4】创建一个船务公司员工档案表考评记录

学生姓名		班级		任务评分	
实训地点		学号		完成日期	
任务实现步骤	序号	考核内容		标准分	评分
	1	创建表格：利用 WPS 表格创建空白文档		10	
	2	标题设置：可在首行或页眉设置表格标题		15	
	3	确定表头：添加列标题，注意输入法的切换和键盘常见按键的使用		10	
	4	数据录入：设置不同类型的数据格式，按格式要求录入数据		40	
	5	保存文档：按需要保存在磁盘具体位置，注意文档名的命名规则、文档的格式		10	
	6	文档安全：制作的员工档案表若不希望被别人修改，可以进行修改保护		10	
	7	关闭文档：员工档案表制作完成后，关闭文档		5	
教师评语					

3.6 【任务 5】美化、打印船务公司员工档案表

任务描述与分析

情境描述	将员工信息输入和整理完成后，为了美观和显示清晰，便于查阅，需要对工作表进行一些格式设置。
技术分析	本次任务需要掌握以下技能： （1）掌握格式的设置。 （2）掌握条件格式的设置。 （3）掌握工作表的页面设置。 （4）掌握工作表的打印。
任务分解	分析上面的工作情境，我们需要完成以下任务： （1）单元格设置。 （2）标题设置。 （3）表头设置。 （4）数据设置。 （5）打印设置。
知识准备	在我们日常工作中，WPS 电子表格并不仅仅是处理储存数据，有时还要充当汇报工具的角色，所以 WPS 电子表格的美化也是学习的一环。 线条美化。一般做的表格可设置标题居中对齐，表格主题内容设置统一框线；或者通过线条简化、增加底色来达到美化的目的。 条件格式。在改变表格框线以及填充色美化的基础上，添加条件格式让表中的数据表达更加直观。 表格样式。使用表格样式达到底纹深浅交错方式，避免错行、下拉数据自动显示表头、首列加粗、自动汇总等目的。

学习笔记

任务实现

操作步骤

步骤 1： 设置单元格。

单元格区域选择对齐方式。

字符格式包括字体、字号、字形、字体颜色等，可以使用“开始”→“单元格”→“设置单元格格式”命令来完成。默认情况下，WPS 表格根据输入的数据自动调节数据的对齐格式，比如说文本内容是左对齐、数值型数据是右对齐等。用户也可以通过“单元格格式”对话框中的“对齐”选项卡，对单元格的对齐方式进行设置。

选中 A1:K1 单元格区域，单击“开始”→“单元格格式：对齐方式”按钮，弹出“单元格格式”对话框，如图 3-53 所示。

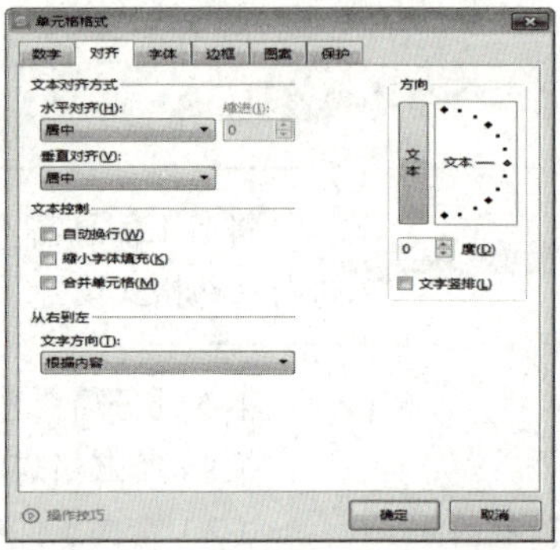

图 3-53　“单元格格式”对话框

步骤 2： 标题设置。

标题字体、字号设置。

选中标题文字，选择“开始”→“字体设置”组，设置字体为“黑体”，字号为 20，填充颜色为“浅灰色”。

步骤 3： 表头设置。

表头列标题字体、字号设置。

选中 A2:I2 单元格区域，用相同的方法设置列标题文字格式为“黑体”，14 号。

步骤 4： 数据设置。

不同类型的数据格式按格式要求设置字体、字号和对齐方式。

对 WPS 表格中数据表行高和列宽的设置通常有 3 种方法进行：拖拉法、双击法、设置法。对已设置的条件格式可以利用“删除”按钮进行格式删除。

选中第 1 行，选择“开始”→“行和列”→“最适合的行高”命令，如图 3-54 所示。利用同样的办法，调整各列为最合适列宽。选中第 3 行至 22 行，选择“开始”→“行和列”→“行高”命令，在弹出的“行高”对话框中，输入行高值为 18。也可以将最左边行号全选中，拖动其中一行到合适位置，释放鼠标左键后，选中的各行都会间隔同样的行高，如图 3-54、图 3-55 所示。

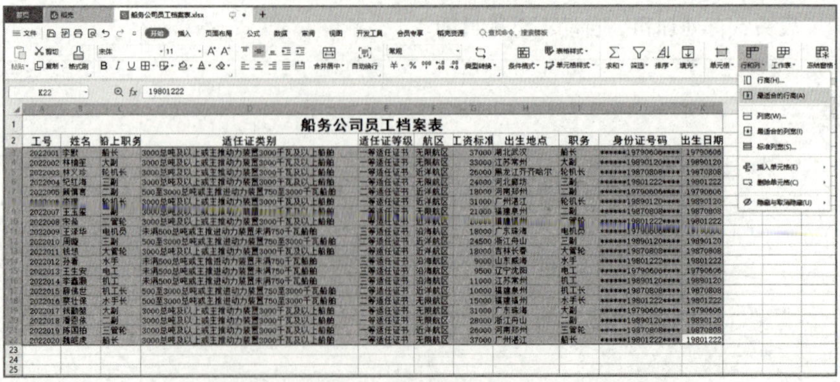

图 3-54　调整适合的行高

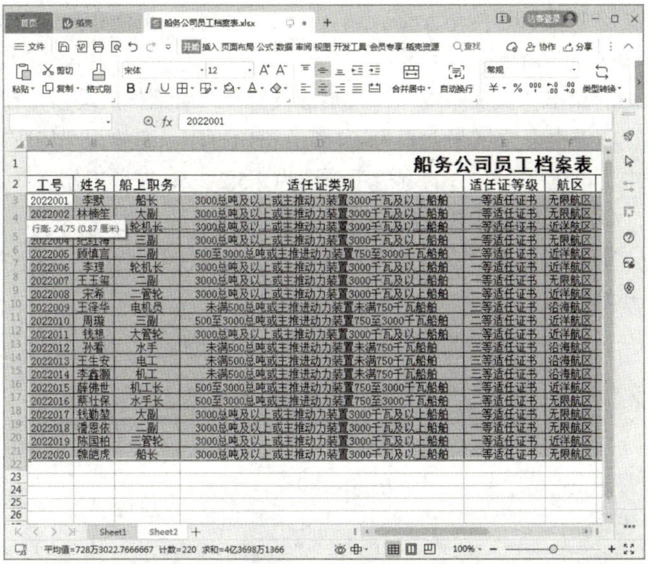

图 3-55　同时调整相同的行高

选中 A2:K22 单元格区域，选择“开始”→“单元格”→“设置单元格格式”命令，在弹出的“设置单元格格式”对话框中选择“对齐”选项卡，在“水平对齐”方式中选择“居中”，同样在“垂直对齐”方式中也选择“居中”。

选中 G3:G22 单元格区域，选择“开始”→“条件格式”→“新建规则”命令，弹出“编辑规则”对话框，设置条件为“单元格值”“大于”“20000”用橙色填充，如图 3-56 所示。

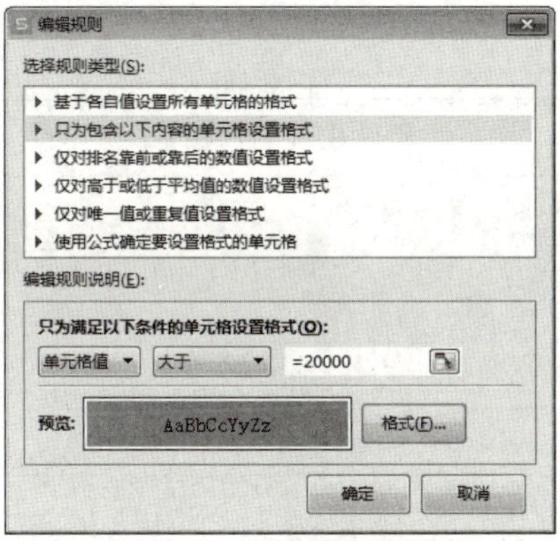

图 3-56　新建格式规则

步骤 5：打印设置。

设置打印区域、纸张选择、页边距等。

默认情况下，工作表中默认的边框在打印时是不能显示的，它的作用是区隔行、列和单元格。为了使单元格中的数据显示更加清晰，增加工作表的视觉效果，可以对单元格进行边框和底纹的设置。设置好打印区域后，为了使打印出的页面更加美观、符合要求，需要对打印页面的页边距、纸张大小、页眉页脚等项目进行设定。在 WPS 表格的处理中，页码和总页数的打印设置是通过对页眉和页脚的设置实现的。

单击工作表标签，选中要打印的单元格区域 A1:K22，选择“页面布局”→“页面设置”→“打印区域”→“设置打印区域”命令。

依然选中打印区域，单击“页面布局”→“页面设置”→对话框启动器按钮，弹出“页面设置”对话框。在“页面”选项卡中设置纸张大小为 A4 纸，横向打印，缩放为“将所有列打印在一页”；在“页边距”选项卡中，设置上下左右的页边距分别为 2.5,2,2,2；在“工作表”选项卡中，设置“顶端标题行”为 \$2:\$2，即选中工作表中的第 2 行，单击“确定”按钮。

选择“文件”→“打印预览”命令，查看打印效果，如图 3-57 所示。设置打印份数为“10”，单击“打印”按钮，开始打印。

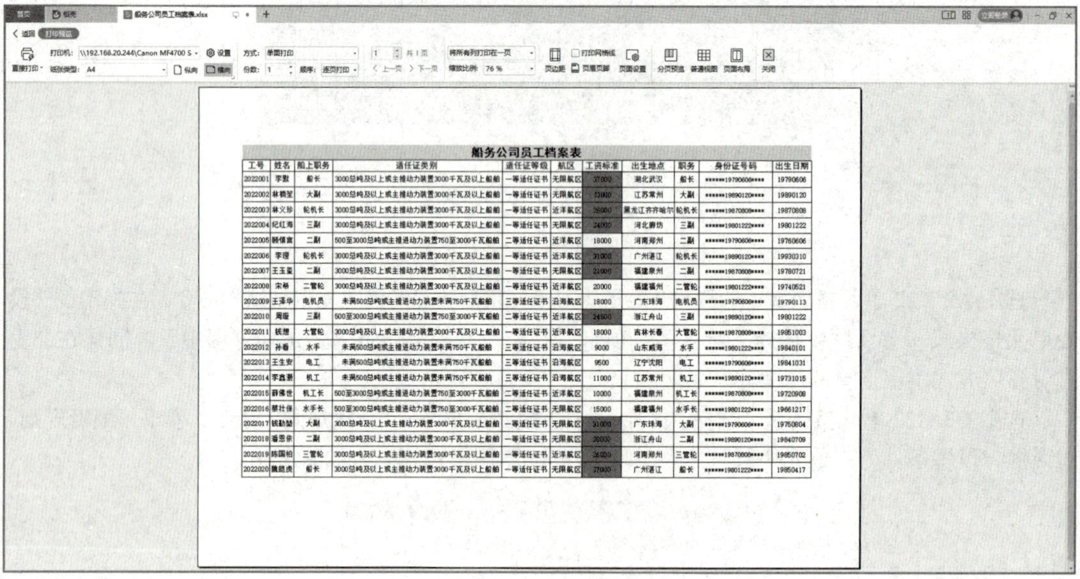

图 3-57　打印设置

学习笔记

想一想

（1）打印预览时，会出现有一列单独在另外一页显示了，这时候如何调整将所有列打印在一页呢？

（2）如何冻结、重排窗口？

任务考评

【任务 2】美化、打印船务公司员工档案表考评记录

学生姓名		班级		任务评分	
实训地点		学号		完成日期	
任务实现步骤	序号	考核内容		标准分	评分
	1	单元格：单元格区域选择对齐方式		20	
	2	标题设置：标题字体、字号设置		20	
	3	表头设置：表头列标题字体、字号设置		20	
	4	数据设置：不同类型的数据格式按格式要求设置字体、字号和对齐方式		20	
	5	打印设置：设置打印区域、纸张选择、页边距等		20	
教师评语					

学习笔记

第四章 数据处理与数据分析

随着大数据技术深入发展，在我们的日常工作无论是工作汇报、产品设计还是后台运维，越来越多的行业需要和数据打交道，数据几乎无处不在。然而同一组数据不同的展现方式也会给人带来千差万别的感受，或冰冷枯燥，或生动有趣。数据通过特别的方式来展示，让人们一目了然理解其背后的含义，这就是数据可视化。电子表格处理是大数据分析重要前期准备工作，新一代大数据分析的 FineBI 工具旨在帮助企业的业务人员充分了解和利用他们的数据，凭借强劲的大数据引擎，用户只需简单拖动便能制作出丰富多样的数据可视化信息，自由地对数据进行分析和探索，让数据释放出更多未知潜能，感受数据可视化之美。

学习目标

- 能够熟练运用各类运算符编辑公式。
- 了解基础数据处理和模型建立。
- 能进行简单的数据可视化分析。

4.1 【任务 1】数据处理——海船船员科目考试成绩统计

任务描述与分析

情境描述	根据中华人民共和国海船船员适任考试要求，驾驶专业（沿海航区 500 总吨及以上船舶的三副）考试科目为船舶结构与货运、船舶操纵与避碰、航海学和船舶管理（驾驶），需要对成绩进行统计，最基本的统计就是算出每个员工成绩的总分，也就是对每科成绩求和，还要根据单科成绩判断适任考试是否合格。
技术分析	本次任务需要掌握以下技能： （1）函数使用基本方法。 （2）对数据进行函数应用技巧。
任务分解	分析上面的工作情境，我们需要完成以下任务： （1）创建表格。

任务分解	（2）格式设置。 （3）计算总分。 （4）公式判断。 （5）保存文档。 WPS表格常用来进行统计分析和数据分析，常使用的功能为排序、筛选、分类汇总、数据透视表、图表、公式等。
知识准备	在WPS表格中，各种运算都可通过公式来完成。公式是在工作表中对数据进行分析计算的等式，它可对工作表的数值进行加法、减法、乘法、除法和乘方运算等。在一个公式中可能包含多种运算，进行计算时，必须遵从一定的顺序，即根据运算的级别来确定运算顺序。

学习笔记

任务实现

操作步骤

步骤1： 创建表格。

利用WPS表格创建“海船船员适任考试成绩单”，打开该成绩单。

步骤2： 格式设置。

对单元格数据进行基本格式设置。

在四科成绩之后设置一个“平均分”列，H3单元格输入“平均分”作为该列列名。在单元格G11输入“平均分最高分”，G12输入“平均分最低分”，G13输入“参加考试人数”，如图4-1所示。

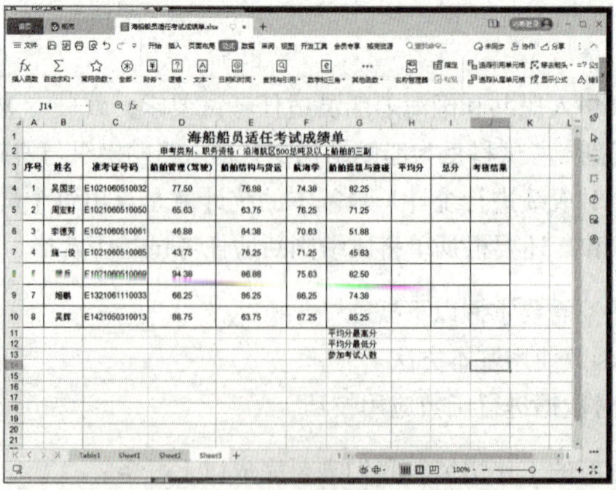

图4-1　插入分数计算列后的效果

步骤 3：计算总分。

利用填充柄或公式计算个人总分、平均分。

（1）选中单元格 H4。选择“公式”→“函数库”→“插入函数”命令，在弹出“插入函数”的对话框的“常用函数”列表中选择 AVERAGE 函数，单击“确定”按钮，弹出“函数参数”对话框，单击“数值 1”文本框右侧的折叠面板按钮，将“函数参数”对话框折叠起来，用鼠标拖动选中 D4:G4 单元格区域，按两次【Enter】键，得出计算结果，如图 4-2 所示。

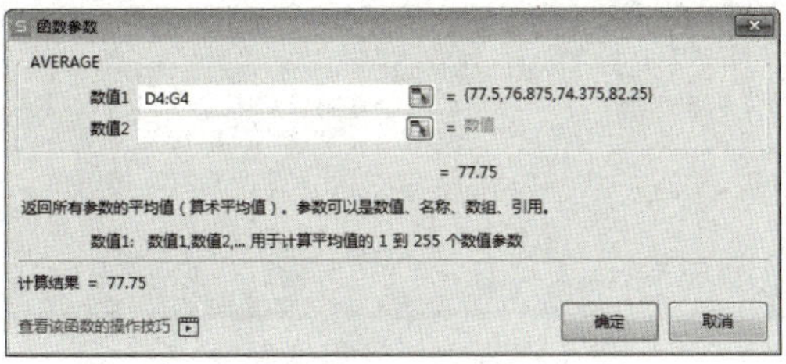

图 4-2　利用公式计算个人平均分

（2）通过拖动填充柄复制公式，自动计算出其他考生的平均分，如图 4-3 所示。

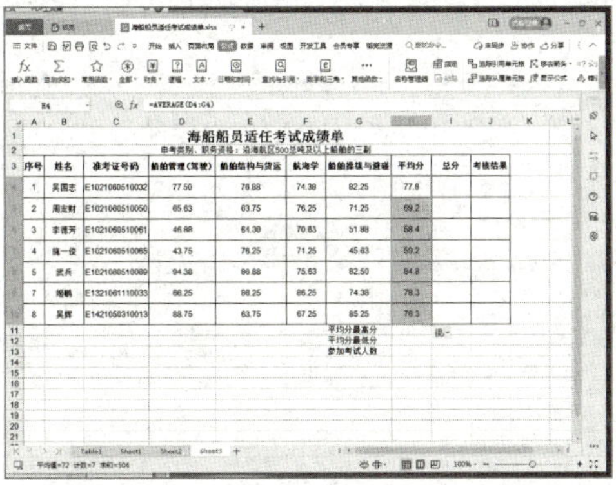

图 4-3　拖动填充柄复制公式

（3）选中 H11 单元格，在“公式”→“函数库”→“自动求和”下拉列表中选择“最大值”选项，选取 H4:H10 作为函数的参数，按【Enter】键，计算出结果，如图 4-4 所示。

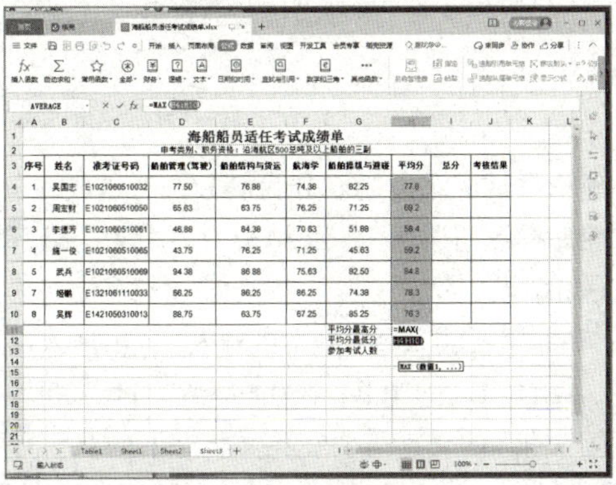

图 4-4　平均分最高分

重复步骤，用同样的方法计算出“平均分最高分”和“参加考试人数”，如图 4-5 所示。

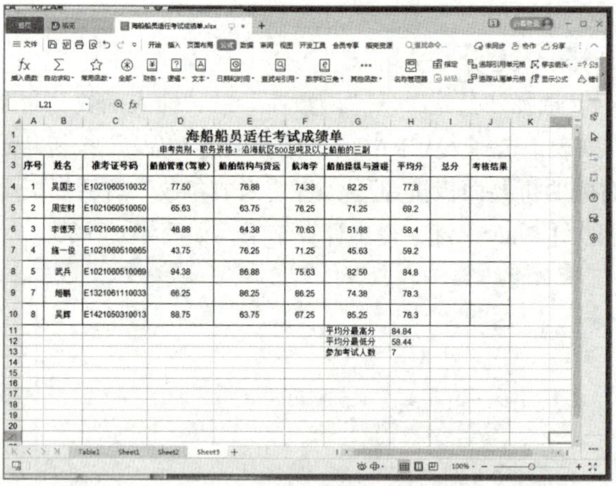

序号	姓名	准考证号码	船舶管理（驾驶）	船舶结构与货运	航海学	船舶操纵与避碰	平均分	总分	考核结果
1	吴国志	E1021060510032	77.50	76.88	74.38	82.25	77.8		
2	周宏财	E1021060510050	65.63	63.75	76.25	71.25	69.2		
3	李德芳	E1021060510061	46.88	64.38	70.63	51.88	58.4		
4	施一俊	E1021060510065	43.75	76.25	71.25	45.63	59.2		
5	武兵	E1021060510069	94.38	86.88	75.63	82.50	84.8		
7	姬鹏	E1321061110033	66.25	86.25	86.25	74.38	78.3		
8	吴辉	E1421050310013	88.75	63.75	67.25	85.25	76.3		

图 4-5　计算结果

选中单元格 I4。选择“公式”→“函数库”→“自动求和”命令，在 f_x 公式编辑框改为 =SUM（D4:G4），按【Enter】键，得出计算结果。通过拖动填充柄复制公式，自动计算出其他考生的总分，如图 4-6 所示。

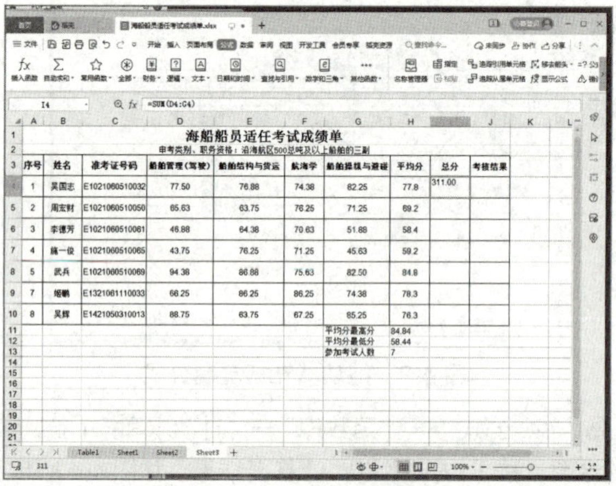

图 4-6　函数求值后的效果图

步骤 4：公式判断。

利用公式判断考试是否合格。

根据考核要求，各科目理论考试成绩以 100 分为满分，考试成绩分为合格和不合格。沿海航区 500 总吨及以上船舶的三副“船舶操纵与避碰”科目 80 分及以上为合格，其余科目 70 分及以上为合格，成绩考核需要根据分数判断得出结果。

函数的输入方式有三种：在编辑栏输入、在单元格输入、单击插入函数。选中 J4 单元格，单击“插入函数”。在测试条件中输入 AND（D4>=70,E4>=70,F4>=70,G4>=80），真值和假值中分别输入“合格”“不合格”。此处要注意，输入的文字需要在英文状态下的双引号中，并且 J4 单元格数据格式不能为文本，如果为文本，应先进行“分列”操作，将 J 列数据类型设置为“常规”。单击“确定”得出结果，将光标放在 J4 右下角呈“十”字形下拉填充公式。就可以批量得出其他考生考核结果了，如图 4-7 ~ 图 4-9 所示。

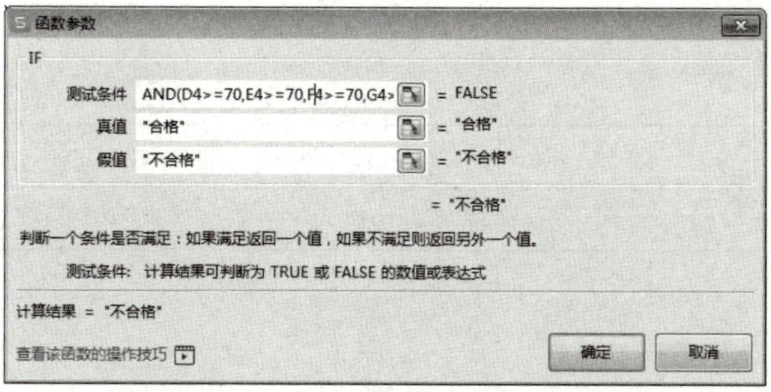

图 4-7　利用公式判断考试是否合格

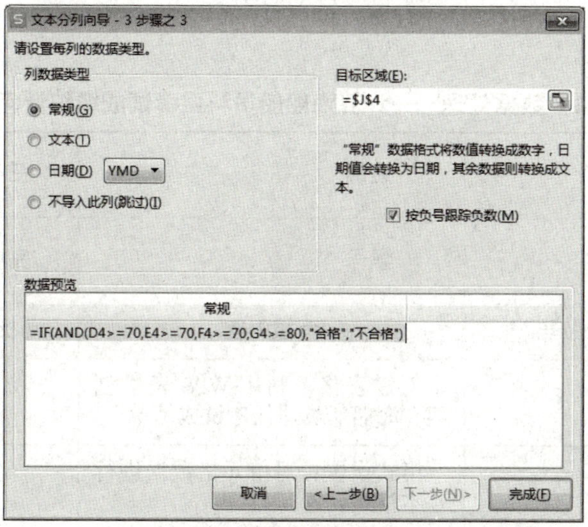

图 4-8　数据分列操作

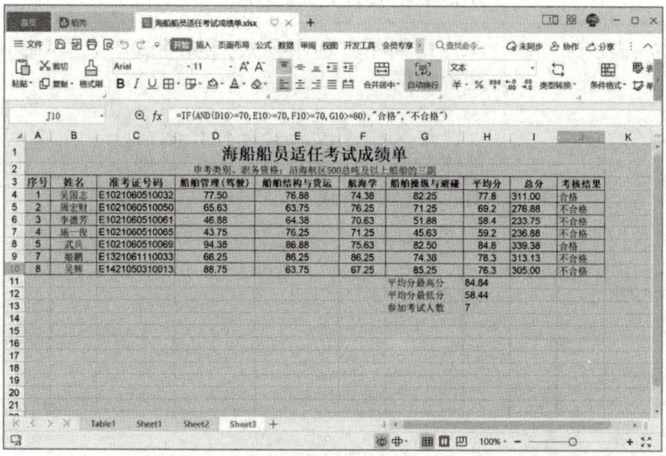

图 4-9　利用填充柄批量得出其他考生考核结果

步骤 5： 保存文档。

按需要保存在磁盘具体位置，注意文档名的命名规则、文档的格式。

学习笔记

想一想

（1）有合并单元格的工作表，如何快速整理呢？

（2）要替换整个工作簿中的数据，如何操作？

任务考评

【任务 1】数据处理——计算海船船员科目考试成绩统计考评记录

<table>
<tr><td>学生姓名</td><td></td><td>班级</td><td></td><td>任务评分</td><td></td></tr>
<tr><td>实训地点</td><td></td><td>学号</td><td></td><td>完成日期</td><td></td></tr>
<tr><td rowspan="6">任务实现步骤</td><td>序号</td><td colspan="2">考核内容</td><td>标准分</td><td>评分</td></tr>
<tr><td>1</td><td colspan="2">创建表格：利用 WPS 表格创建“海船船员适任考试成绩单”</td><td>10</td><td></td></tr>
<tr><td>2</td><td colspan="2">格式设置：对单元格数据进行基本格式设置</td><td>30</td><td></td></tr>
<tr><td>3</td><td colspan="2">计算总分：利用填充柄或公式计算个人总分、平均分</td><td>20</td><td></td></tr>
<tr><td>4</td><td colspan="2">公式判断：利用公式判断考试是否合格</td><td>30</td><td></td></tr>
<tr><td>5</td><td colspan="2">保存文档：按需要保存在磁盘具体位置，注意文档名的命名规则、文档的格式</td><td>10</td><td></td></tr>
<tr><td>教师评语</td><td colspan="5"></td></tr>
</table>

4.2 【任务 2】数据透视表与统计分析

任务描述与分析

情境描述	虽然很多企业信息化水平已经很高，但依然存在将 WPS 表格作为手工账使用的情况。其实 WPS 相当于一个小型的数据库，可利用 WPS 表格强大的数据筛选、排序、分类汇总和数据透视等功能，并遵循基本数据库规范进行数据分析。
技术分析	本次任务需要掌握以下技能： （1）对数值数据进行分类汇总和聚合。 （2）按分类和子分类对数据进行汇总。 （3）对数据子集进行筛选、排序和分组。 （4）数据透视表分析。 （5）常用图表的应用。
任务分解	分析上面的工作情境，我们需要完成以下任务： （1）多角度分析数据。 （2）用数据透视表方法进行分析。 （3）常用图表的应用。 （4）保存文档。
知识准备	在 WPS 表格中，数据透视表是一个强大的数据处理分析工具，通过数据透视表可以对大量的明细数据进行快速分类汇总，并且可以根据用户的业务需求，快速变换分析维度来查看统计结果。其中“快速汇总”和“统计”是数据处理的核心，是不同条件下统计汇总数据的前提。图表能够直观的表达数据反馈出来的变化，制作数据看板是对数据透视表掌握能力的综合考核，主要涉及“切片器”“透视图”“图表应用”“统计汇总”等功能。

学习笔记

任务实现

操作步骤

步骤 1：模仿数据库，用数据透视表方法进行分析。

当面对几万行数据使用公式计算时，计算机经常处于死机状态；当需要进行多角度分析时，却要重新设置公式。WPS 表格提供了“数据透视表”工具，可快速多角度分析汇总大量数据。

视频

数据透视表

数据透视表功能位于“插入”选项卡，单击数据源任意单元格，如 A1，在“插入”选项卡单击“数据透视表”按钮，弹出“创建数据透视表”对话框，保持默认设置不变，单击“确认”按钮，如图 4-10 所示。

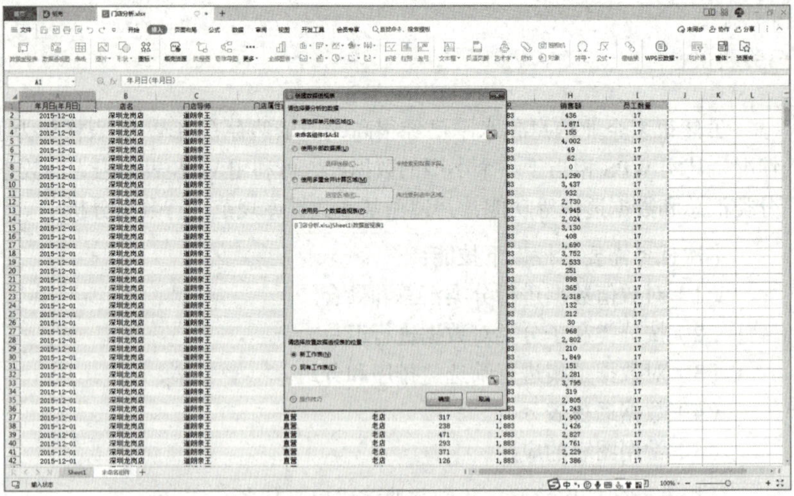

图 4-10　插入数据透视表

步骤 2：多角度分析数据。

通过数据透视表，可从用户友好的方式查询大量数据，对数值数据进行分类汇总和聚合，按分类和子分类对数据进行汇总，对行移动到列或列移动到行进行“透视”，对最有用和最关注的数据子集进行筛选、排序、分组和有条件地设置格式，聚焦关注的所需信息。WPS 表格中的一个表以具有相同结构方式存储的数据集合，例如电话簿、公司的客户名录、库存账等。例如，公司的客户名录中，每一条客户信息就是一个记录，它是由字段组成。所有记录的同一字段存放相似的信息（例如，公司名称、街道地址、电话号码等）。WPS 表格提供了一整套功能强大的命令集，使得管理数据清单（数据库）变得非常容易。我们能完成数据记录单、排序、筛选、分类汇总等工作。

如图 4-11 所示，勾选店名和利润，数据透视表很聪明地帮你把项目放在相应的字段里，轻松完成了按店名汇总利润金额。

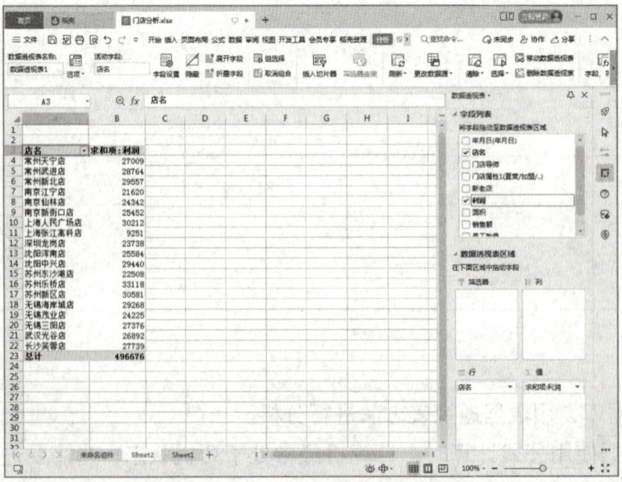

图 4-11　按店名汇总利润金额

如图 4-12 所示，右击“求和项：利润”的任意单元格，如 B4，在弹出的快捷菜单中选择“排序”中的“降序”命令，最终效果如图 4-13 所示。

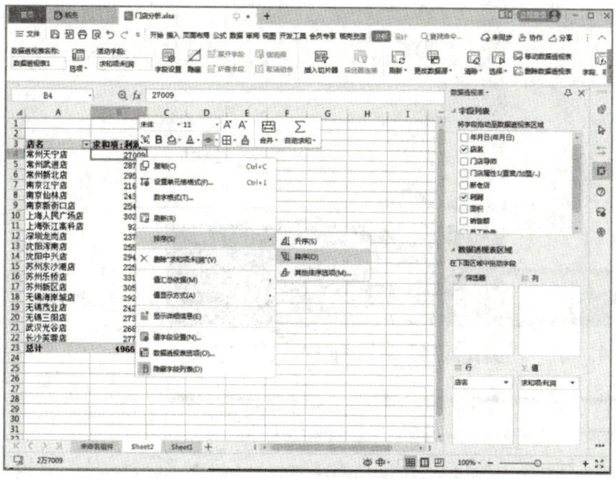

图 4-12 右击求和项降序排序

店名	求和项：利润
苏州乐桥店	33118
苏州新区店	30581
上海人民广场店	30212
常州新北店	29557
沈阳中兴店	29440
无锡海岸城店	29268
常州武进店	28764
长沙芙蓉店	27739
无锡三阳店	27376
常州天宁店	27009
武汉光谷店	26892
沈阳浑南店	25584
南京新街口店	25452
南京仙林店	24342
无锡茂业店	24225
深圳龙岗店	23738
苏州东沙湖店	22508
南京江宁店	21620
上海张江高科店	9251
总计	496676

图 4-13 降序后的效果

假如想看门店导师在各个店的利润情况，就涉及改变数据透视表的布局，可将“字段列表”中的“门店导师”勾选，再将“数据透视表区域”→“行”中的“门店导师”调整顺序至第一位，如图 4-14 所示。调整后的分析结果如图 4-15 所示。

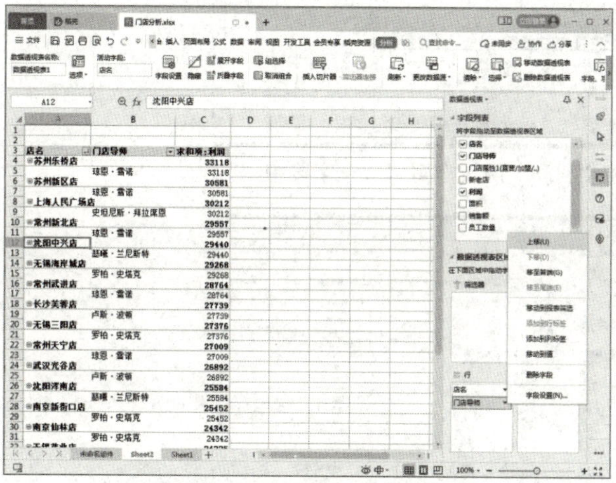

图 4-14 改变数据透视表的布局

门店导师	店名	求和项：利润
⊟道朗亲王		23738
	深圳龙岗店	23738
⊟卢斯 · 波顿		54631
	长沙芙蓉店	27739
	武汉光谷店	26892
⊟罗柏 · 史塔克		152283
	无锡海岸城店	29268
	无锡三阳店	27376
	南京新街口店	25452
	南京仙林店	24342
	无锡茂业店	24225
	南京江宁店	21620
⊟琼恩 · 雪诺		171537
	苏州乐桥店	33118
	苏州新区店	30581
	常州新北店	29557
	常州武进店	28764
	常州天宁店	27009
	苏州东沙湖店	22508
⊟瑟曦 · 兰尼斯特		55024
	沈阳中兴店	29440
	沈阳浑南店	25584
⊟史坦尼斯 · 拜拉席恩		39463
	上海人民广场店	30212
	上海张江高科店	9251
总计		496676

图 4-15 改变布局后的分析结果

右击“求和项：利润”这列中的其中一个单元格，选择“值汇总依据”命令，这时会出现多种汇总依据：求和、计数、平均值、最大值、最小值等，如图 4-16 所示。

现在除了知道每个门店导师的利润总和，还想知道最大利润、最小利润，如图 4-17 所示，将“利润”两次拖到“值”字段中。右击“求和项：利润 2”，选择“值汇总方式”中的“最大值”命令；右击“求和项：利润 3”，选择“值汇总方式”中的“最小值”命令，效果如图 4-18 所示。

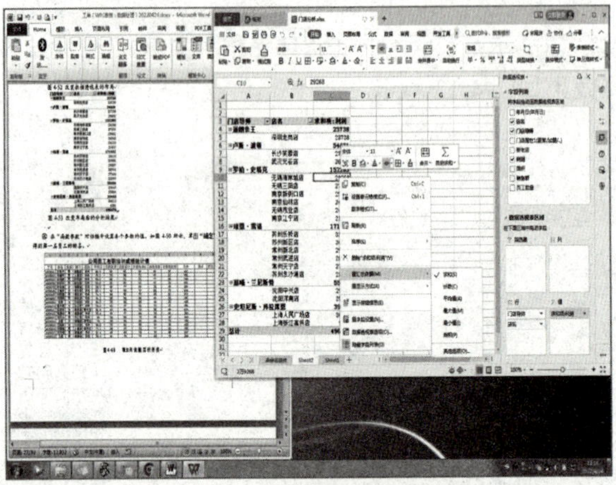

图 4-16 “值汇总依据”命令

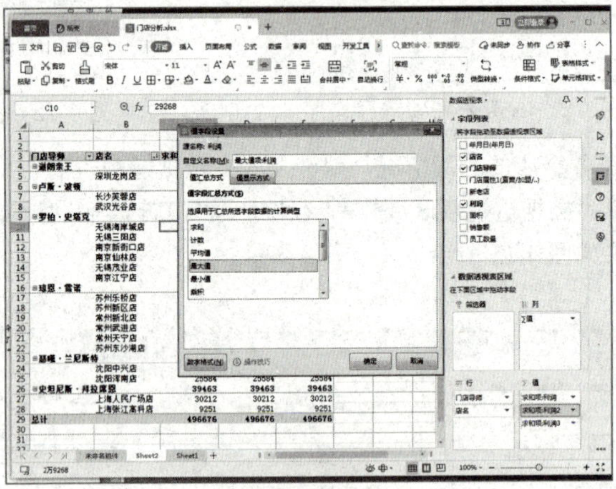

图 4-17 将“利润”两次拖到“值”字段中

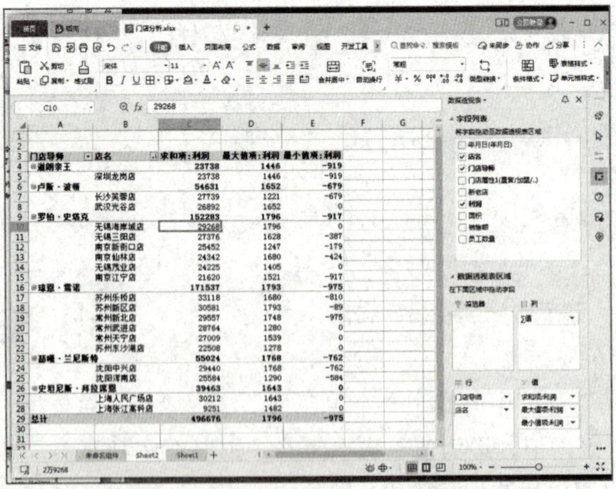

图 4-18 同一字段多种分析

了解企业的销售情况非常有必要，假如选择需要对门店销售额进行排名。可先将“数据透视表区域”→“行”选中“店名”和“门店属性”，“利润”和“销售额”放置“值”区域中，如图 4-19 所示。

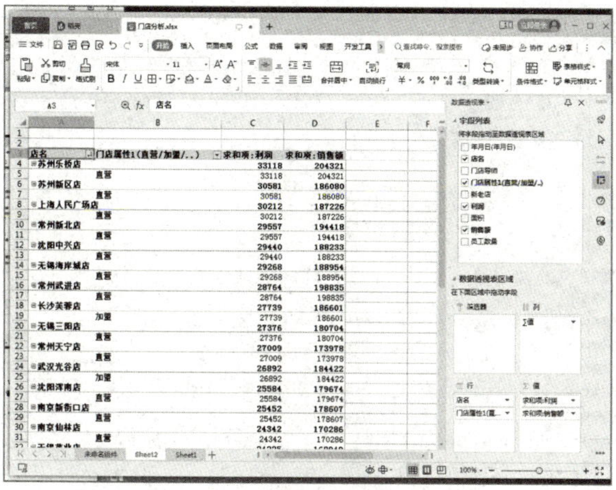

图 4-19 门店销售数据分析准备

如图 4-20 所示，右击数据透视表列“求和项：销售额”其中一个单元格，如 D9，选择“值显示方式”中的“降序”命令。

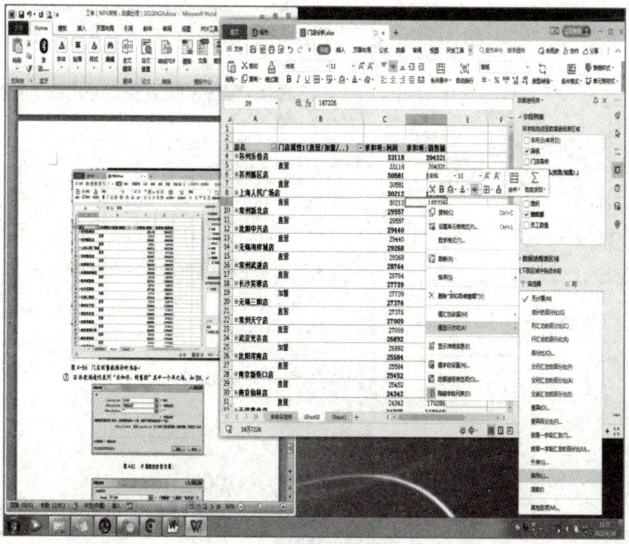

图 4-20 降序排列

如图 4-21 所示，弹出“值显示方式（求和项：销售额）”对话框，保持不变，单击“确定”按钮。

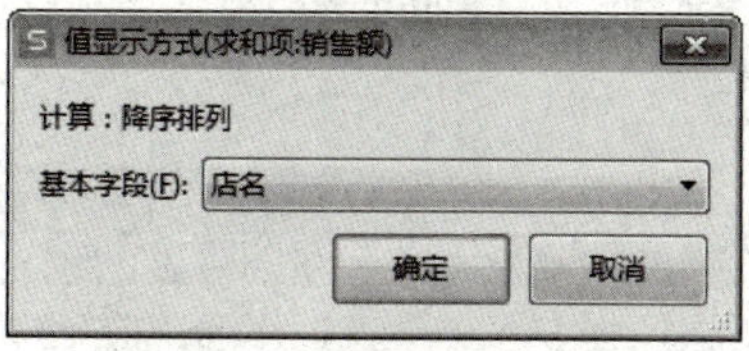

图 4-21 按店名降序排列

如图 4-22 所示，对字段进行重新排名。

如图 4-23 所示，假如需要筛选销售额最多的 5 个门店。单击“店名”的筛选按钮，从弹出的快捷菜单中选择“值筛选”中的“前 10 项”命令。

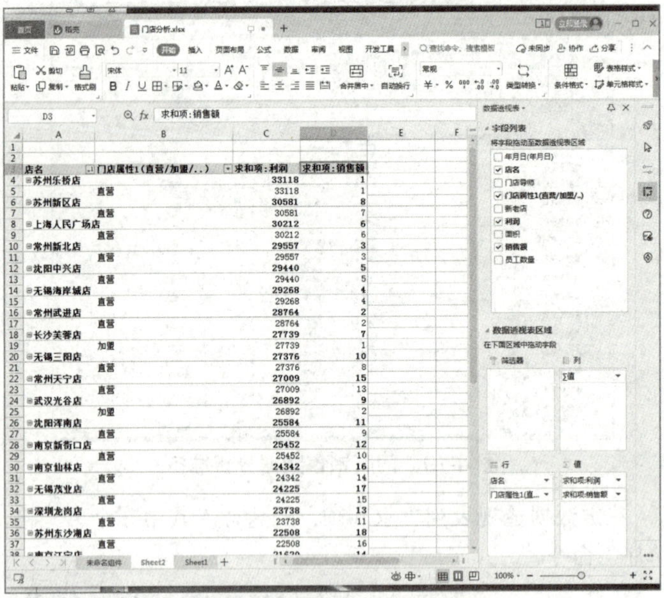

图 4-22　按“店名”销售额排名

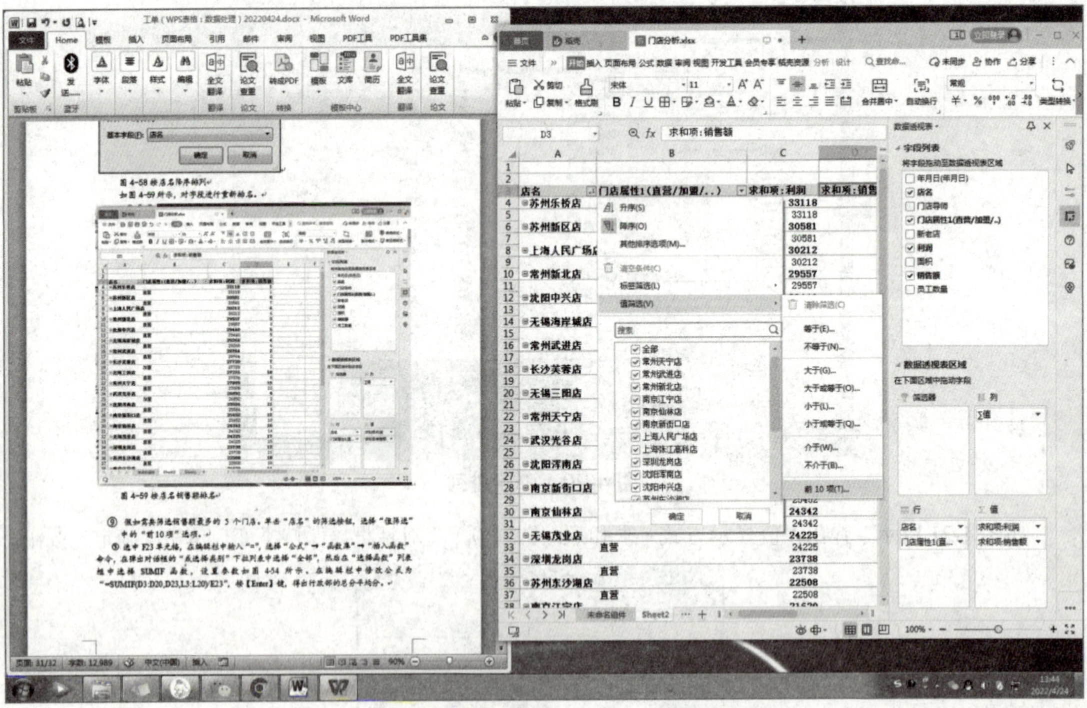

图 4-23　选择“值筛选”中的“前 10 项”

在弹出的“前 10 个筛选”对话框中，将 10 改成 5，单击“确定”按钮，效果如图 4-24 所示。最终销售额前 5 的门店如图 4-25 所示。

图 4-24　前 5 个“销售额最大”的门店

店名	门店属性1(直营/加盟/..)	求和项:利润	求和项:销售额
苏州乐桥店		33118	1
	直营	33118	1
常州新北店		29557	3
	直营	29557	3
沈阳中兴店		29440	5
	直营	29440	5
无锡海岸城店		29268	4
	直营	29268	4
常州武进店		28764	2
	直营	28764	2
总计		150147	

图 4-25　销售额前 5 的门店

知道门店销售情况还不够，还需要知道每个月的销售情况，尽量从多角度挖掘数据。将“年月日”拖到“数据透视表”区域的“行”字段，“利润”和“销售额”拖到“值”字段，效果如图 4-26 所示。

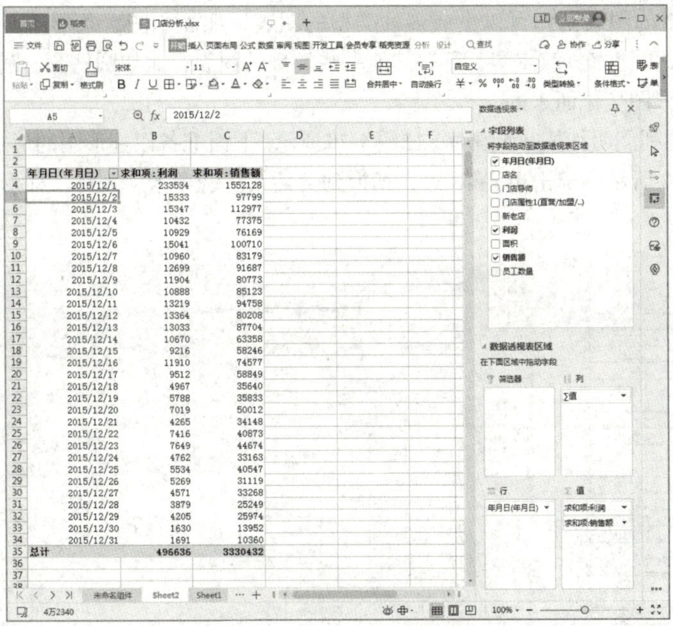

图 4-26　多角度挖掘数据

右击“年月日”任意单元格，从弹出的快捷菜单中选择“组合”命令，弹出“组合”对话框，步长有 7 种选择，如图 4-27 所示。因为“门店分析”表里为 2015 年 12 月的数据，可按日分析，起始于 2015/12/1，终止于 2015/12/30，步长选择“日”，单击“确定”按钮，得到每日销售情况，如图 4-28 所示。

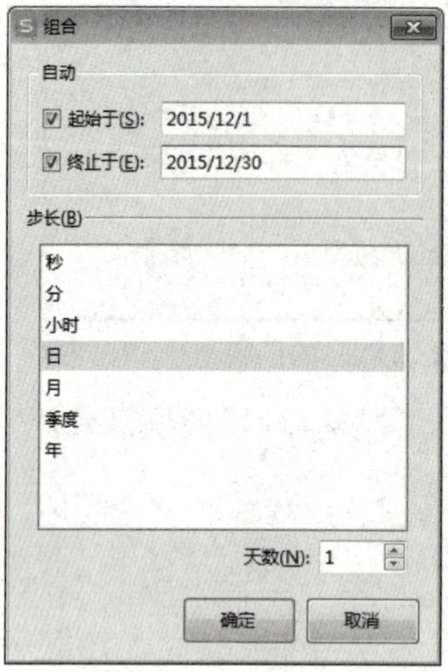

图 4-27　按日组合

年月日(年月日)	求和项:利润	求和项:销售额
12月1日	233534	1552128
12月2日	15333	97799
12月3日	15347	112977
12月4日	10432	77375
12月5日	10929	76169
12月6日	15041	100710
12月7日	10960	83179
12月8日	12699	91687
12月9日	11904	80773
12月10日	10888	85123
12月11日	13219	94758
12月12日	13364	80208
12月13日	13033	87704
12月14日	10670	63358
12月15日	9216	58246
12月16日	11910	74577
12月17日	9512	58849
12月18日	4967	35640
12月19日	5788	35833
12月20日	7019	50012
12月21日	4265	34148
12月22日	7416	40873
12月23日	7649	44674
12月24日	4762	33163
12月25日	5534	40547
12月26日	5269	31119
12月27日	4571	33268
12月28日	3879	25249
12月29日	4205	25974
12月30日	1630	13952
>2015/12/30	1691	10360
总计	496636	3330432

图 4-28　每日销售情况

步骤 3：借助数据透视表快速准确提供数据和直观的图表。

WPS 表格图表可以将数据图形化，更直观地显示数据，使数据的比较或趋势变得一目了然，从而更容易表达我们的观点。图表可以用来表现数据间的某种相对关系，在常规状态下我们一般运用柱形图比较数据间的多少关系；用折线图反映数据间的趋势关系；用饼图表现数据间的比例分配关系。运用 WPS 表格的图表制作可以生成多种类型的图表，如面积图、条形图、柱形图、折线图、股价图、饼图、雷达图、XY 散点图，还有其他一些类型的图表，比如圆柱图、圆锥图和棱锥图等，都是由条形图和柱形图变化而来的。

（1）对 12 月的利润明细按日期排序，如图 4-29 所示。下面准备以柱形图的形式将数据展示出来。

（2）如图 4-30 所示，单击单元格 A1，切换到“插入”选项卡，选择“柱形图”中的二维柱形图，就生成了图表。

	A	B
1	日期	利润
2	12月1日	23534
3	12月2日	15333
4	12月3日	15347
5	12月4日	10432
6	12月5日	10929
7	12月6日	15041
8	12月7日	10960
9	12月8日	12699
10	12月9日	11904
11	12月10日	10888
12	12月11日	13219
13	12月12日	13364
14	12月13日	13033
15	12月14日	10670
16	12月15日	9216
17	12月16日	11910
18	12月17日	9512
19	12月18日	4967
20	12月19日	5788
21	12月20日	7019
22	12月21日	4265
23	12月22日	7416
24	12月23日	7649
25	12月24日	4762
26	12月25日	5534
27	12月26日	5269
28	12月27日	4571
29	12月28日	3879
30	12月29日	24205
31	12月30日	31630

图 4-29　每日利润汇总表

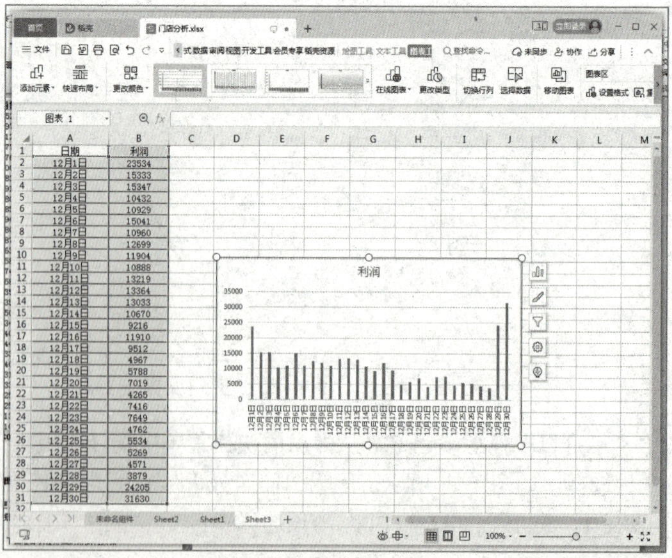

图 4-30　插入柱形图

（3）如果不满意默认样式，可重新更换样式。切换到“图表工具”，选择“样式 3”，更换“标题”，让图表更容易解读，如图 4-31 所示。

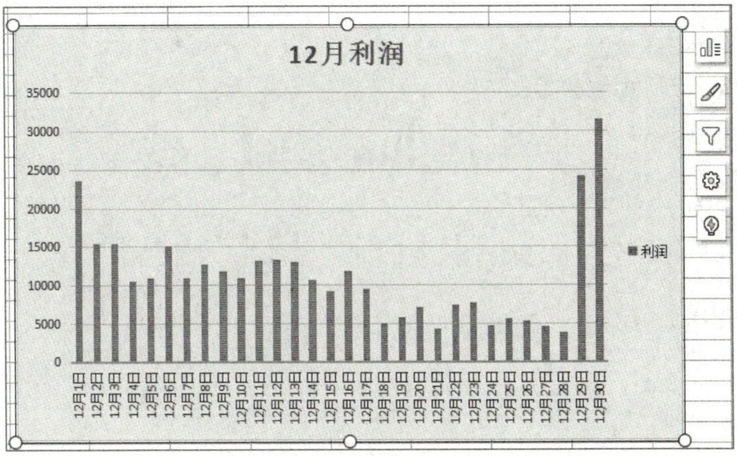

图 4-31　更换图表样式

（4）现在表中金额很多，直观看数据不清晰，如图 4-32 所示，选择区域 B2:B31，单击“条件格式”图标，选择“数据条”栏的蓝色实心填充。

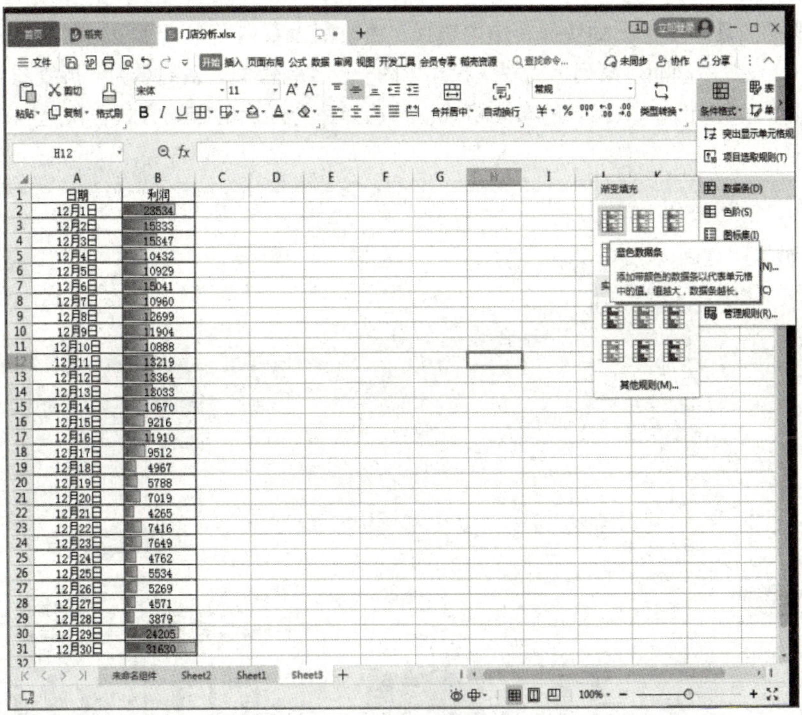

图 4-32　使用数据条

（5）假如需要进行多内容图表分析，常用到柱形图＋折线图。对“日期”、“利润”和“销售额”做分析，选中 A1：C31 区域，切换到“插入”选项卡，在“图表”功能组中，单击“全部图表”的柱形图图标，选择“簇状柱形图”，如图 4-33 所示。

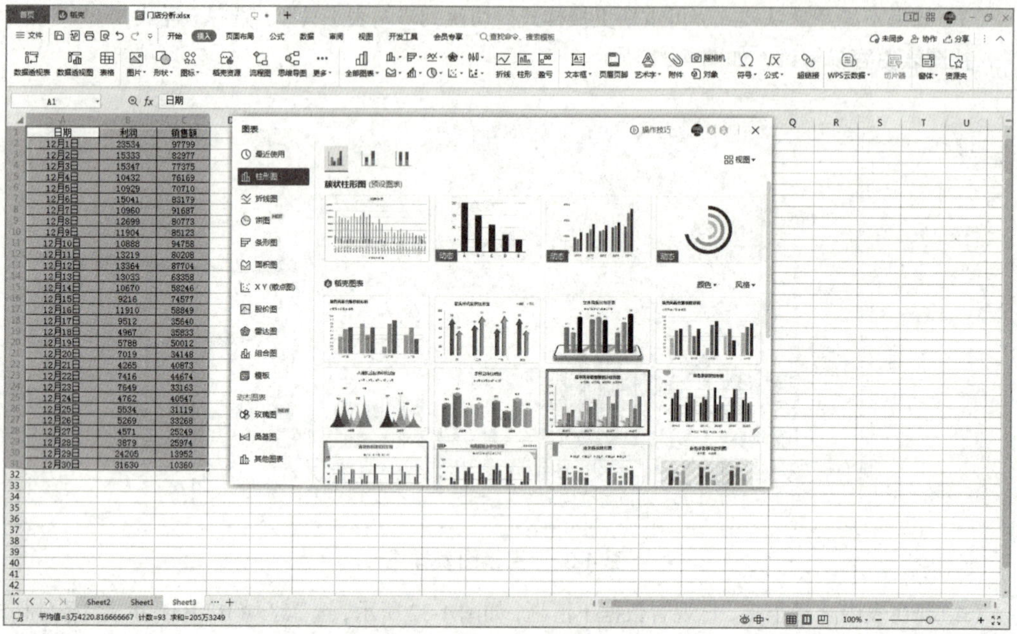

图 4-33　选择"簇状柱形图"

右击生成的图表，从弹出的快捷菜单中选择"更改图表系列类型"命令，在弹出的对话框中选择"组合图"，设置"利润"系列名为"簇状柱形图"，"销售额"系列名为"折线图"，如图 4-34 所示。选择"快速布局"，从推荐的布局格式中，选择适合图表的布局方式，快速完成图表分析，如图 4-35 所示。

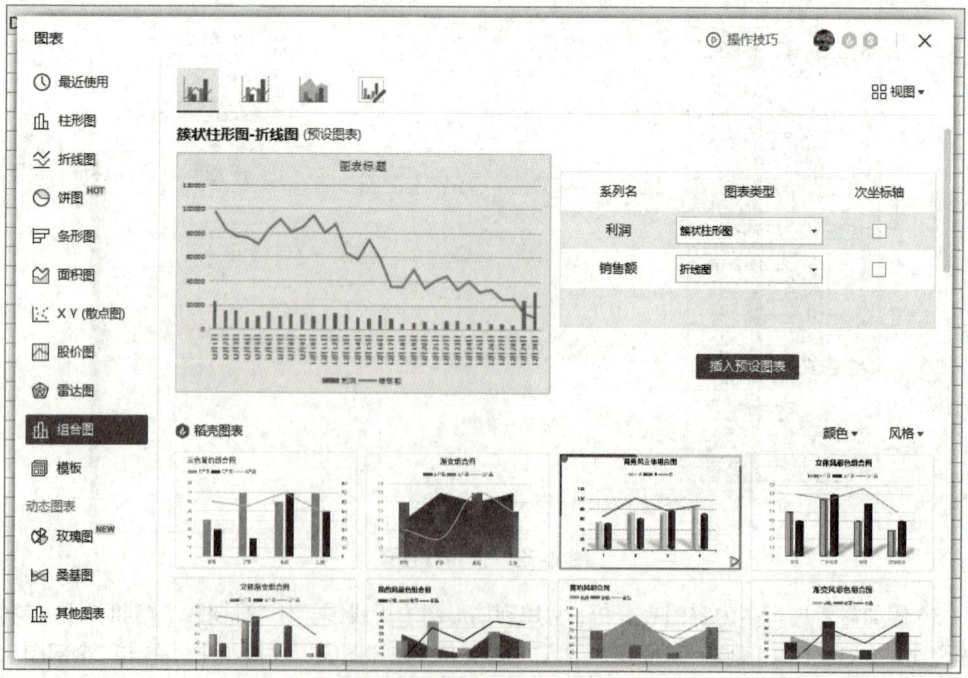

图 4-34　更改图表系列类型

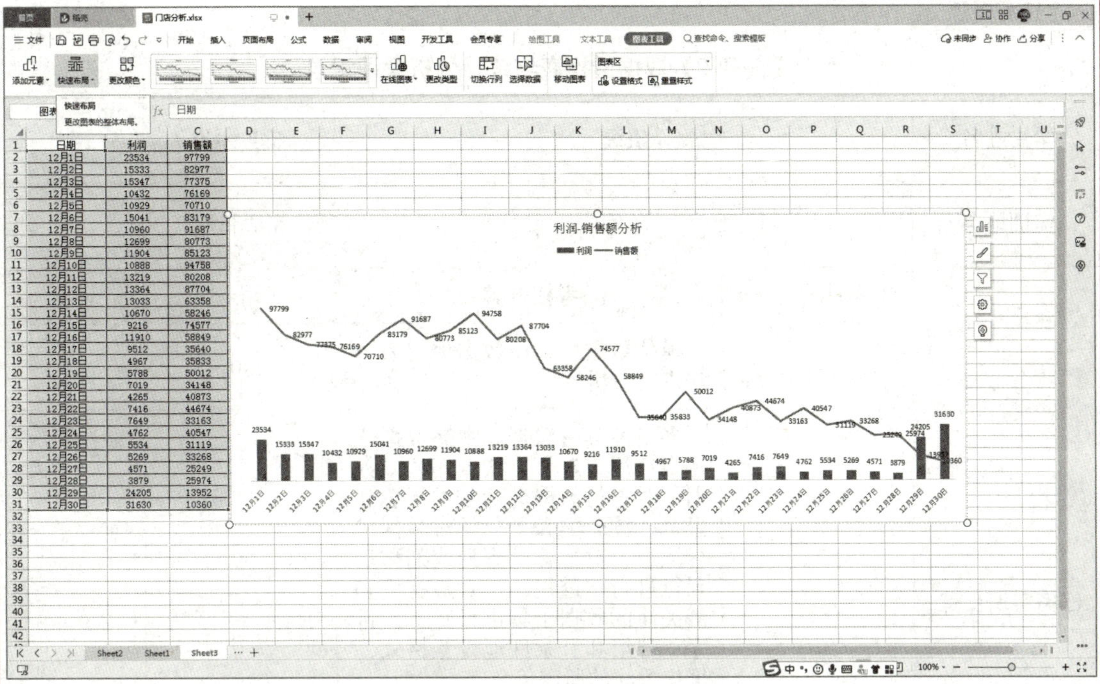

图 4-35　图表快速布局

步骤 4： 保存文档。

按需要保存在磁盘具体位置，注意文档名的命名规则、文档的格式。

学习笔记

想一想

（1）查查资料，总结一下经典的南丁格尔图、桑基图，人口比例图、纵向折线图是怎么做出的？

（2）理解各种基础图表所表达的含义，想一想各类图表的常用情境、选择依据？

任务考评

【任务 2】数据透视表与统计分析考评记录

<table>
<tr><td>学生姓名</td><td></td><td>班级</td><td></td><td>任务评分</td><td></td></tr>
<tr><td>实训地点</td><td></td><td>学号</td><td></td><td>完成日期</td><td></td></tr>
<tr><td rowspan="5">任务实现步骤</td><td>序号</td><td colspan="2">考核内容</td><td>标准分</td><td>评分</td></tr>
<tr><td>1</td><td colspan="2">模仿数据库，用数据透视表方法进行分析</td><td>30</td><td></td></tr>
<tr><td>2</td><td colspan="2">多角度分析数据。掌握数据透视表从用户友好方式查询大量数据，对数值数据进行分类汇总和聚合，按分类和子分类对数据进行汇总，对行移动到列或列移动到行进行“透视”，对最有用和最关注的数据子集进行筛选、排序、分组和有条件地设置格式，聚焦关注的所需信息</td><td>30</td><td></td></tr>
<tr><td>3</td><td colspan="2">借助数据透视表快速准确提供数据和直观的图表，完成常用图表的应用，实现数据本身的价值</td><td>30</td><td></td></tr>
<tr><td>4</td><td colspan="2">保存文档。按需要保存在磁盘具体位置，注意文档名的命名规则、文档的格式</td><td>10</td><td></td></tr>
<tr><td>教师评语</td><td colspan="5"></td></tr>
</table>

4.3 【任务 3】数据分析与可视化——FineBI 的快速计算功能

任务描述与分析

情境描述	随着大数据技术深入发展，在我们的日常工作中无论是工作汇报、产品设计还是后台运维，越来越多的行业需要和数据打交道，数据几乎无处不在。然而同一组数据不同的展现方式也会给人带来千差万别的感受。数据通过特别的方式展示，能让人们一目了然的理解其背后的含义，这就是数据可视化。通过对销售额的求和、排名、组内排名，学习 FineBI 的快速计算功能和分组表的使用。
技术分析	本次任务需要掌握以下技能： （1）数据准备。 （2）数据处理。 （3）数据可视化分析。
任务分解	分析上面的工作情境，我们需要完成以下任务： （1）FineBI 的下载安装及初始化。 （2）连接到数据。 （3）使用自助数据将做数据处理。 （4）借助快速计算——排序以及组内排序，快速便捷地完成分析操作
知识准备	FineBI 是新一代大数据分析的 BI 工具，旨在帮助企业的业务人员充分了解和利用他们的数据。FineBI 凭借强劲的大数据引擎，用户只需简单拖动便能制作出丰富多样的数据可视化信息，自由地对数据进行分析和探索，让数据释放出更多未知潜能。FineBI 支持丰富的数据源连接，以可视化的形式帮助企业进行多样数据管理，极大地提升了数据整合的便利性和效率。 可视化探索分析使用流程： （1）数据准备：管理员进行基础数据处理和模型建立。 （2）自助数据集：用户自行根据需求选择数据，过滤增加计算指标，合并数据进行关联分析。 （3）探索分析：用户基于基础数据或自助数据集，通过拖拽操作，以图表表格形式进行多维分析。 （4）仪表盘驾驶舱：将分析组件按照分析主题组合成美观易读的数据驾驶舱，通过钻取 / 联动 / 筛选的操作对数据进行主题级别的分析。

学习笔记

任务实现

操作步骤

步骤 1：FineBI 下载安装及初始化。

打开 FineBI 官网，页面上方选择“产品”→“产品下载”，进入 FineBI 安装包下载页面，如图 4-36 所示。

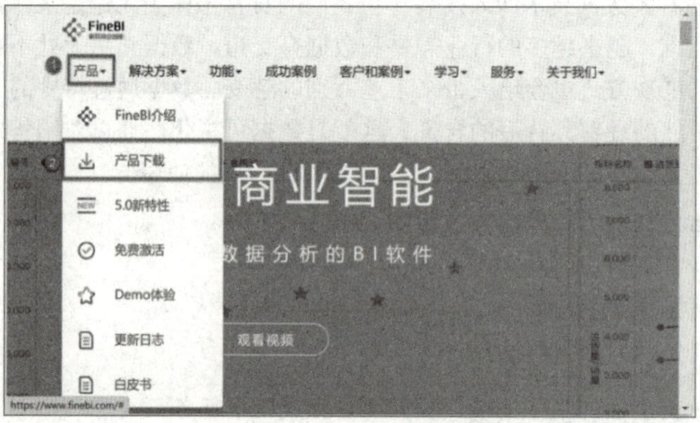

图 4-36　选择“产品下载”

双击 FineBI 安装文件，会加载安装向导，如图 4-37 所示。

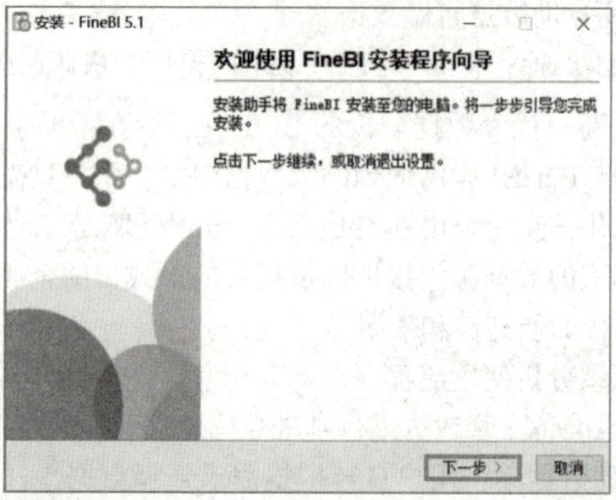

图 4-37　安装文件

启动 FineBI 有两种方式：

方法一：通过单击桌面上的快捷图片。

方法二：单击 finebi.exe 文件启动，如图 4-38 所示。

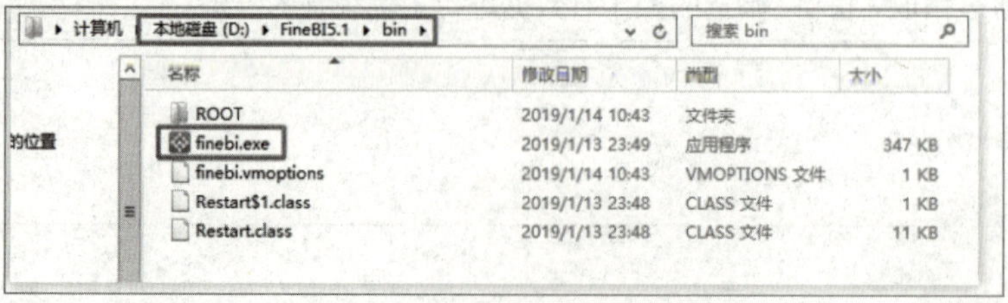

图 4-38　启动 FineBI 方式

FineBI 安装包本身配置了 Tomcat 的服务器环境，单击此文件即弹出加载页面，随后出现 Tomcat 打开 BI 服务器。当 Tomcat 服务器开启以后，会自动弹出浏览器地址，打开 FineBI 平台进入初始化设置，如图 4-39 所示。

图 4-39　初始化设置

配置系统管理员的用户名和密码，管理员负责统筹整个系统，包含用户、数据、权限、系统信息等，如图 4-40 所示。

图 4-40　配置系统管理员的用户名和密码

步骤 2：连接到数据。

数据分析之前，我们需要将需要分析的外部数据添加到 FineBI 中，做好数据准备工作，完成数据上传和更新，如图 4-41 所示。

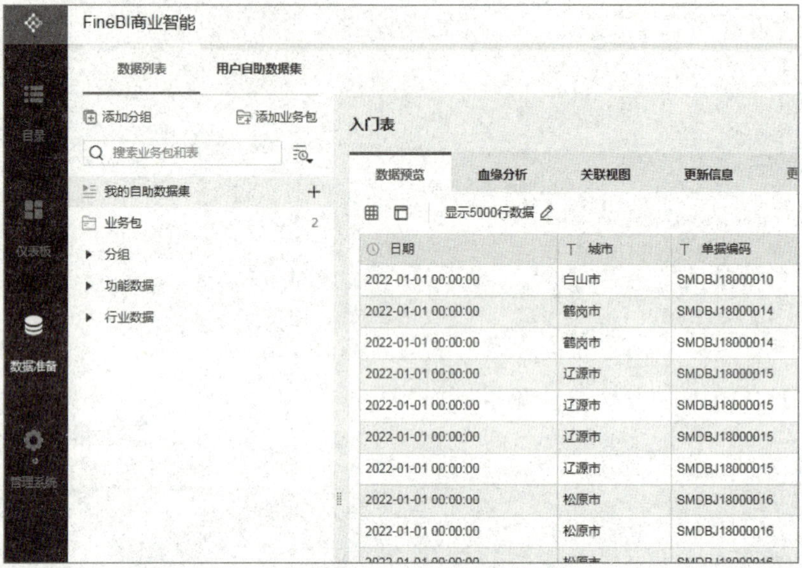

图 4-41　添加外部数据

把 .xls 或 .xlsx 表格上传到 FineBI 中，做好数据分析的准备工作。

（1）数据都存在业务包中，所以需要先新增业务包。单击“数据准备”→“添加业务包”然后在数据列表中出现了“业务包”。

（2）添加完业务包后，单击“业务包”→“添加表”，可以选择自己需要添加的表类型，示例选择“Excel 数据集”，如图 4-42 所示。

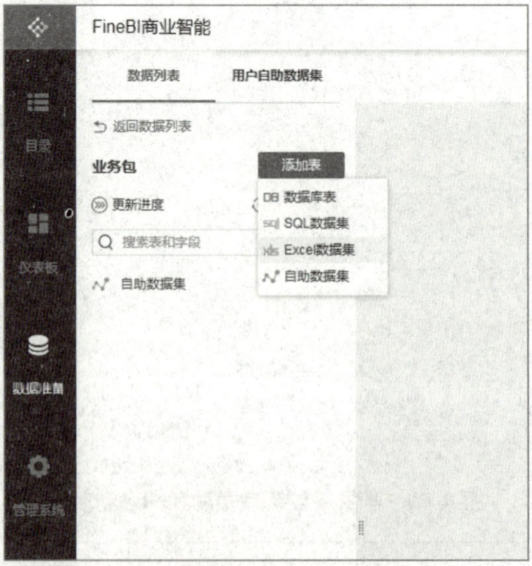

图 4-42　添加业务数据包和数据表

（3）下载示例数据后，进入新建的 Excel 数据集中，单击“快速上传”，上传后单击“确定”按钮完成，如图 4-43 所示。

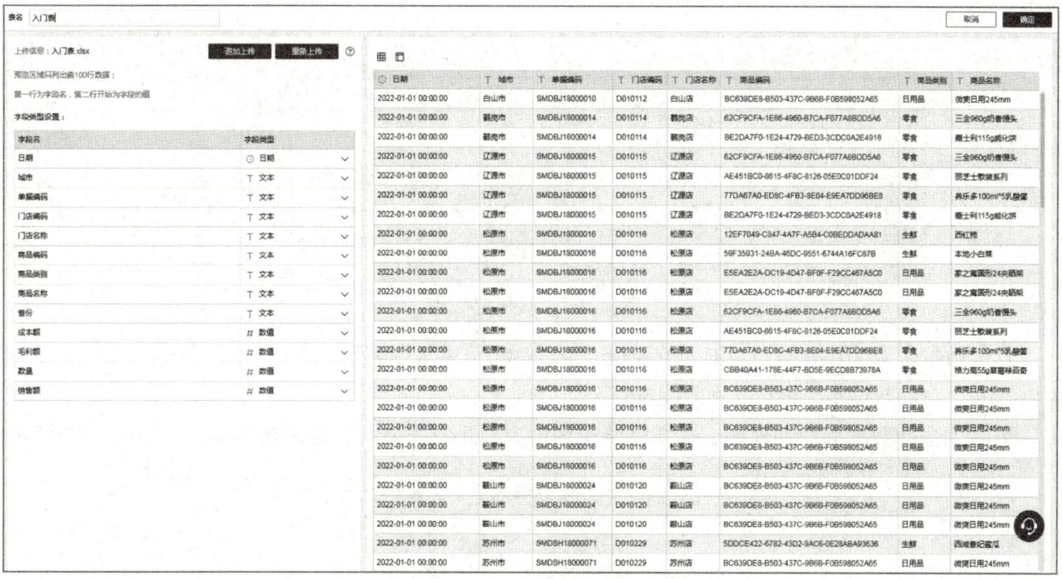

图 4-43　上传数据集

回到“业务包”下，看到新增的“入门表”，“数据预览”处提示正在更新数据，未更新的数据是无法进行下一步操作的，更新完即可查看数据，如图 4-44 所示。

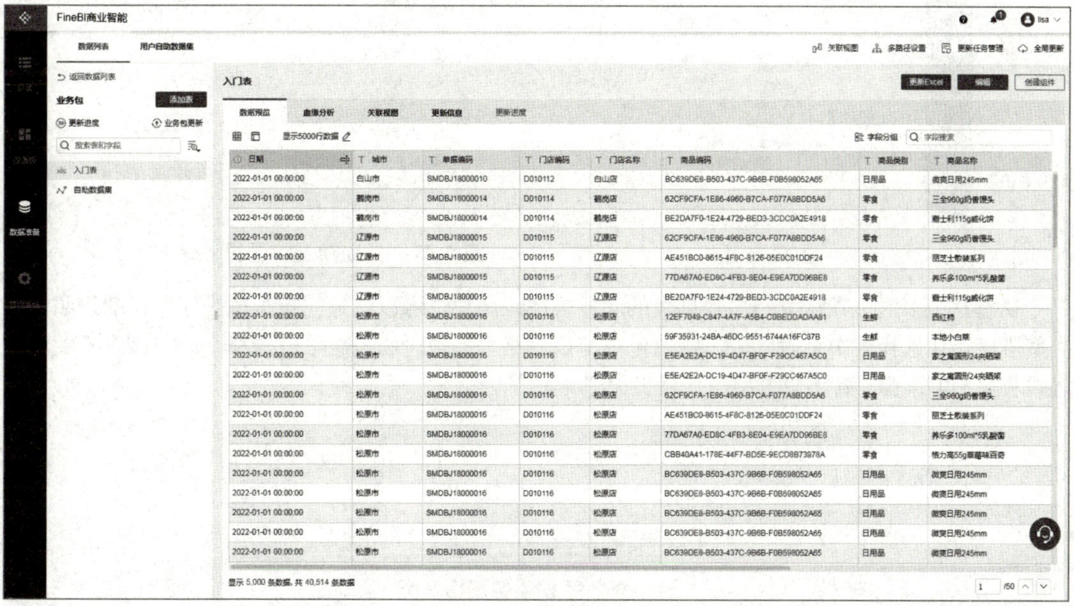

图 4-44　数据预览

步骤 3：使用自助数据将做数据处理。

数据存在瑕疵时，需要进行数据处理。例如，数据存在一些需要删除的不规律数据，如图 4-45 所示。

T 省份	T 城市	T 门店名称	T 门店编码	T 商品编码	T 商品类别
				67E818C0-3E49-4010-A453-20BF466D9DF0	零食
福建省	泉州市	泉州店	D010101	12EF7049-C847-4A7F-A5B4-C0BEDDADAA81	生鲜
福建省	泉州市	泉州店	D010101	12EF7049-C847-4A7F-A5B4-C0BEDDADAA81	生鲜
福建省	泉州市	泉州店	D010101	12EF7049-C847-4A7F-A5B4-C0BEDDADAA81	生鲜
福建省	泉州市	泉州店	D010101	12EF7049-C847-4A7F-A5B4-C0BEDDADAA81	生鲜
福建省	泉州市	泉州店	D010101	12EF7049-C847-4A7F-A5B4-C0BEDDADAA81	生鲜
福建省	泉州市	泉州店	D010101	12EF7049-C847-4A7F-A5B4-C0BEDDADAA81	生鲜

图 4-45　不规律数据

自助数据集意为用户自行处理加工后得到的新表。可进入“数据准备”，选择一个业务包，选择“添加表”→“自助数据集”命令，如图 4-46 所示。

进入到自助数据集配置界面，选择需要使用的表，并勾选表中需要使用的字段，如图 4-47 所示。

图 4-46　数据准备

图 4-47　自助数据集配置

在选择字段时，默认按照原数据表的顺序排序，用户也可以选择“按类型排序”，即按照字段类型排序。在选择表中字段以后，业务包中与该表相“关联”的表还可以选择，而与该表不关联的表则灰化不可选择。各字段类型图标意义如图 4-48 所示。

图标	意义
#	数值字段
T	文本字段
🕓	时间字段

图 4-48　字段类型图标意义

字段选择结束后，若还需要进行进一步的加工，单击左侧的■，即可对已形成的自助数据集实现包括“过滤”、“分组汇总”、“新增列”、“字段设置”、“排序”、“左右合并”和“上下合并”功能，如图 4-49 所示。

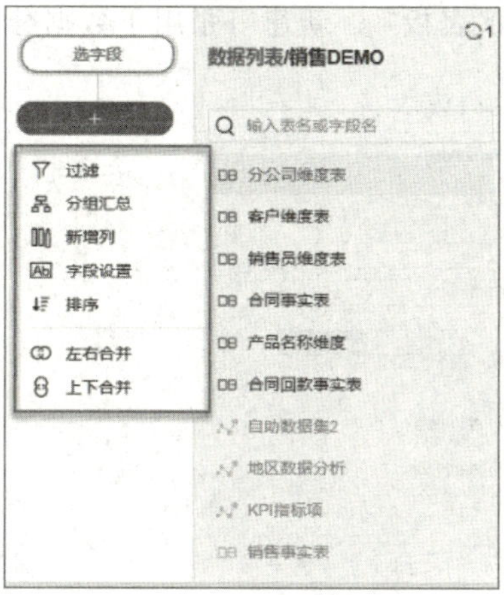

图 4-49　自助数据集功能

选择完字段并完成所需要的数据加工后，单击上方的“保存”或“另存为”保存自助数据集。

步骤 4：创建组件和分析数据。

FineBI 可以为客户实现数据可视化，进行可视化分析。可视化的展现结果就是一张张的仪表板，而仪表板是由不同类型的组件构成的。通过对于销售额的求和、排名、组内排名学会 FineBI 的快速计算功能，并学会分组表的使用。制作可视化组件流程如图 4-50 所示。

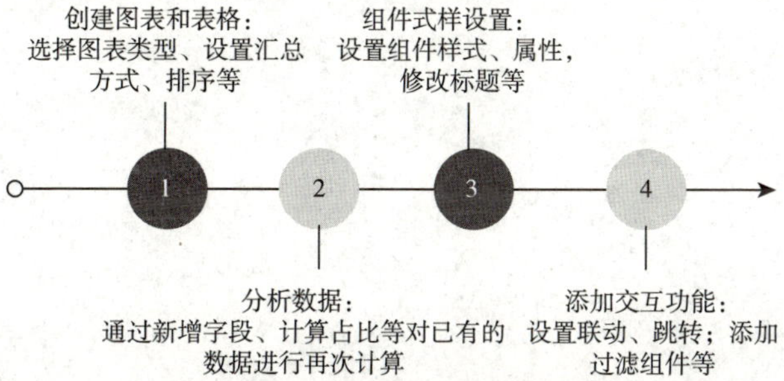

图 4-50　制作可视化组件流程

图表和表格组件是可视化仪表板的主体组成部分。FineBI 中通过将“指标字段”和“维度字段”拖入分析区域实现图表或者表格的创建，如图 4-51 所示。

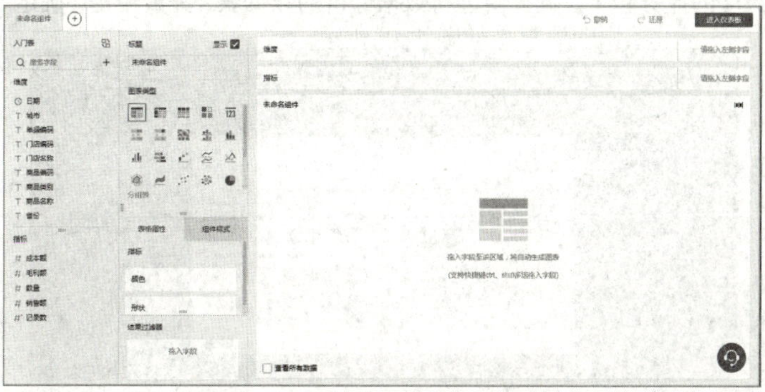

图 4-51　图表或者表格的创建

选择“仪表板”→“新建仪表板”，新建一张用于数据分析的仪表板，为该仪表板命名为 test，如图 4-52 所示。

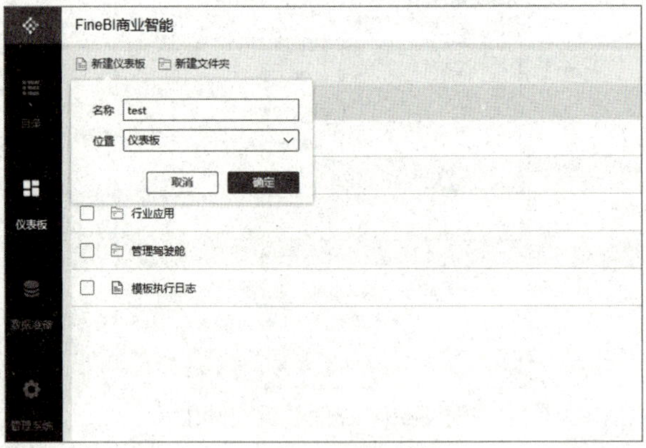

图 4-52　新建仪表板

单击“确定”后，即可进入该新建仪表板的编辑界面。

在仪表板编辑界面即可添加组件，有三种方式：

方法一：单击页面中间的“添加组件”按钮。

方法二：单击页面左侧的“+ 组件”按钮，如图 4-53 所示。

图 4-53　添加组件

方法三：单击左侧组件栏中的“+ 组件”，拖至编辑页面中可将组件添加到指定位置，选择需要分析的数据表。在对应的业务包下，选择要进行数据分析的数据表，完成单击“确定”，如图 4-54 所示。

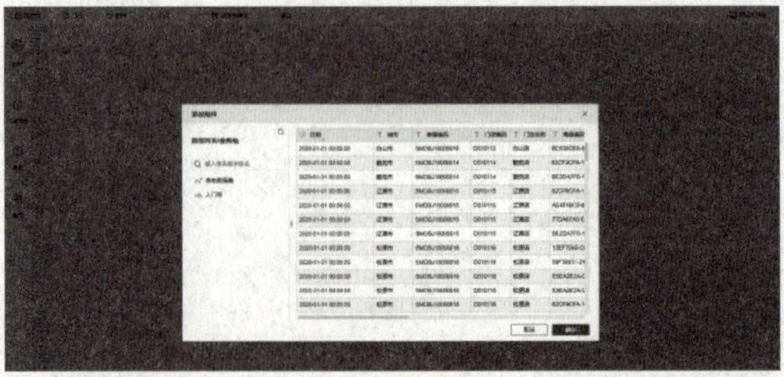

图 4-54　将组件添加到指定位置

调整仪表板样式，设置仪表板背景为星空，如图 4-55 所示。

图 4-55　调整仪表板样式

进入组件设置界面，用户需要先选择自己要制作的图表，然后将字段拖入分析区域。

例如：将“省份”“城市”“门店名称”拖入维度；将“销售额”拖入三次到指标，如图 4-56 所示。

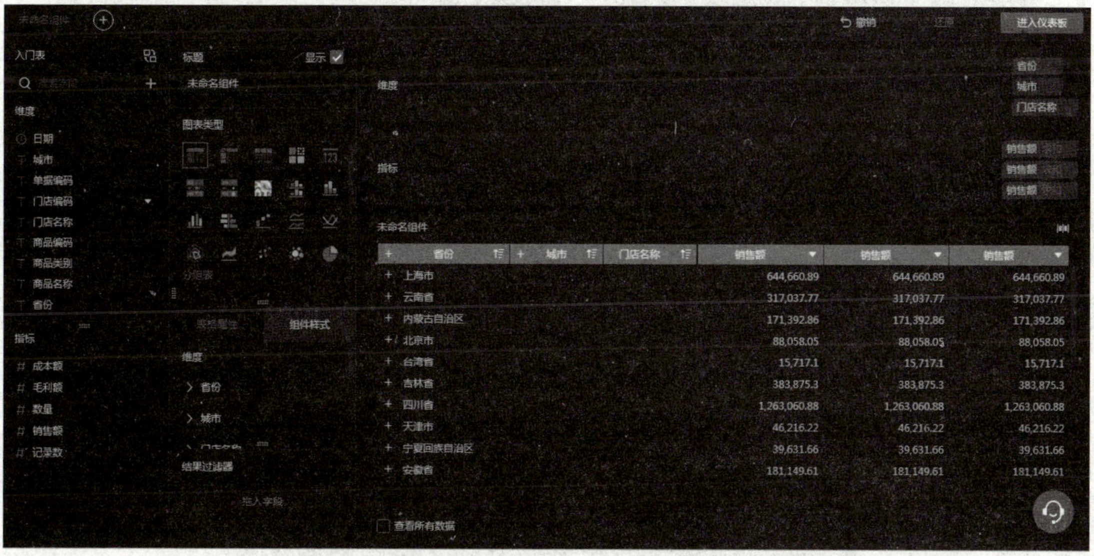

图 4-56　将字段拖入分析区域

步骤 5： 可视化组件。

设置图形属性和组件样式，对组件进行美化。在组件样式中，设置隐藏合计行；展开行表头结点，如图 4-57、图 4-58 所示。

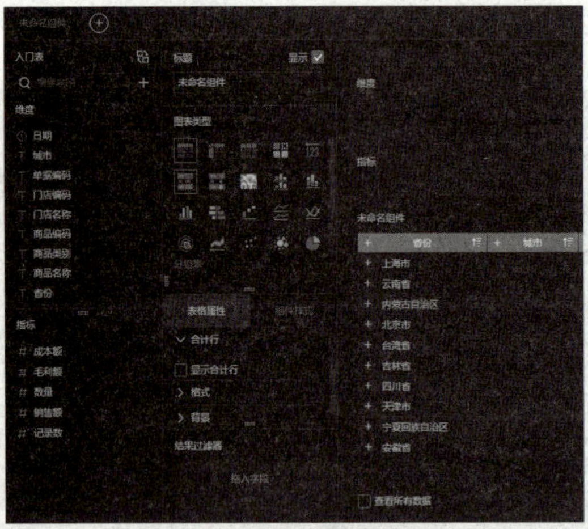

图 4-57　设置隐藏合计行

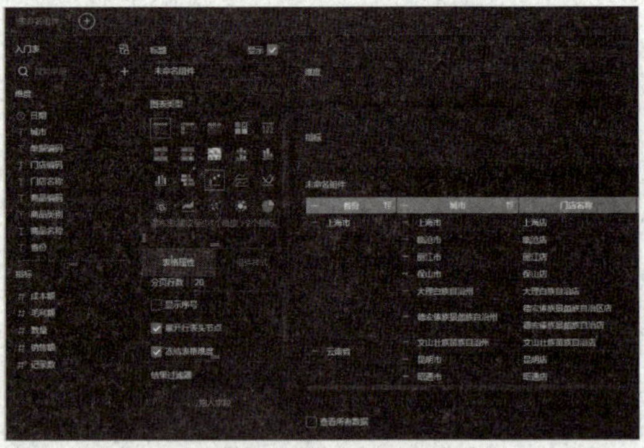

图 4-58　展开行表头结点

为指标框中后两个“销售额”添加快速计算，分别添加组内升序排名和升序排名，如图 4-59、图 4-60 所示。

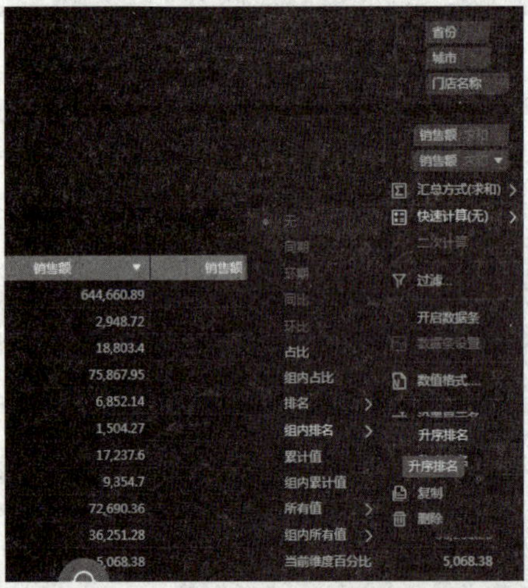

图 4-59　添加快速计算

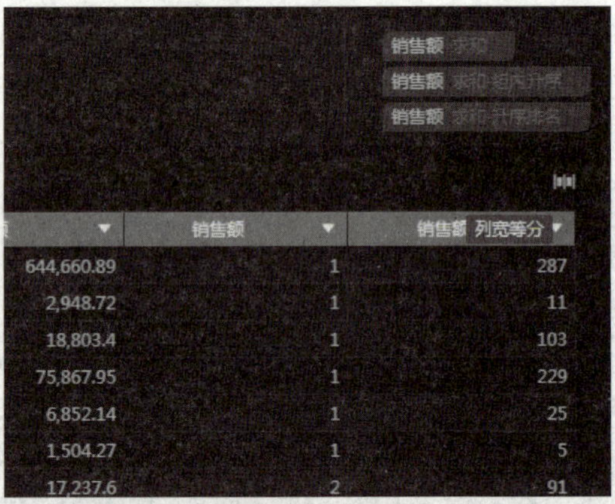

图 4-60　添加组内升序排名和升序排名

设置显示名，如图 4-61 所示。将“销售额（求和）”的显示名修改为“销售额”；将“销售额（求和—组内升序）”修改为“销售额组内升序”；将“销售额（求和—升序排名）”修改为“销售额总排名”。

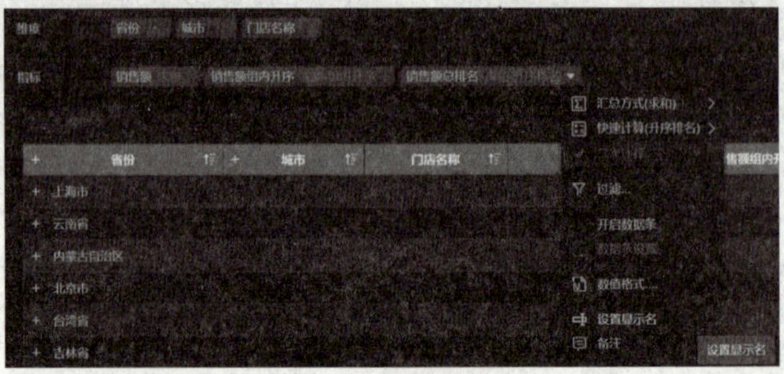

图 4-61　设置显示名

设置“销售额组内升序”的颜色为粉红色；设置“销售额总排名”的颜色为金色，如图4-62、图4-63所示。

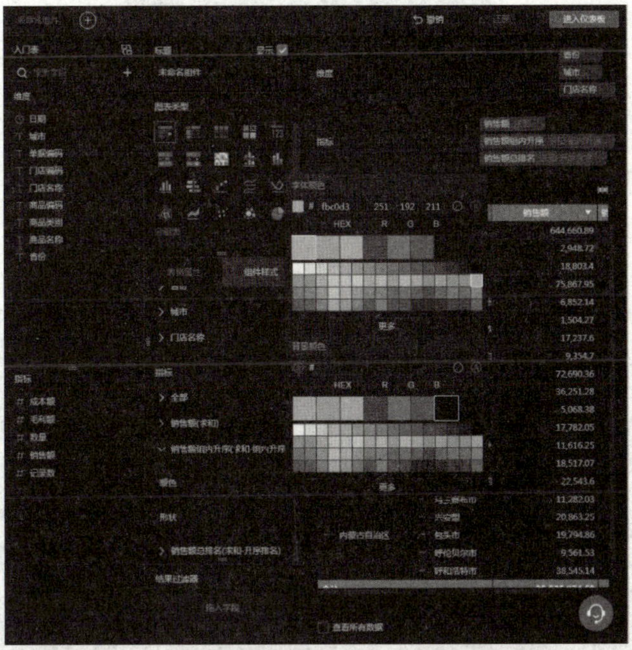

图 4-62　设置“销售额组内升序”的颜色为粉红色

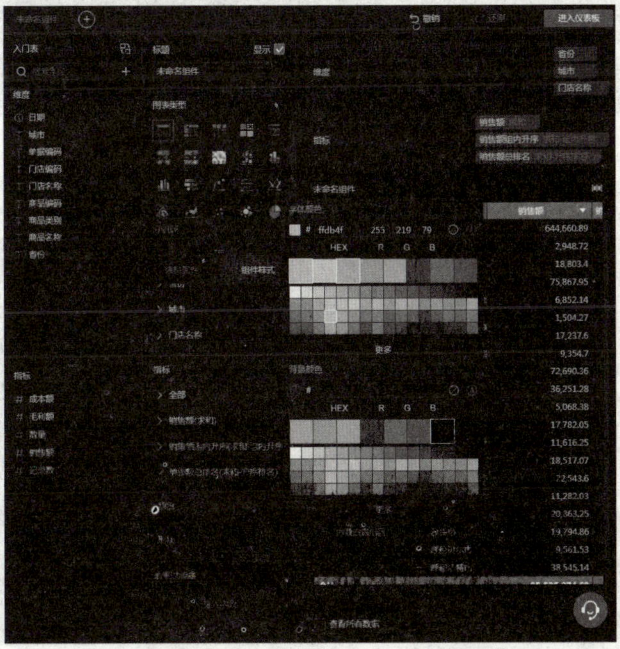

图 4-63　设置“销售额总排名”的颜色为金色

编辑标题为“销售额排名 & 组内排名”，如图 4-64、图 4-65 所示。

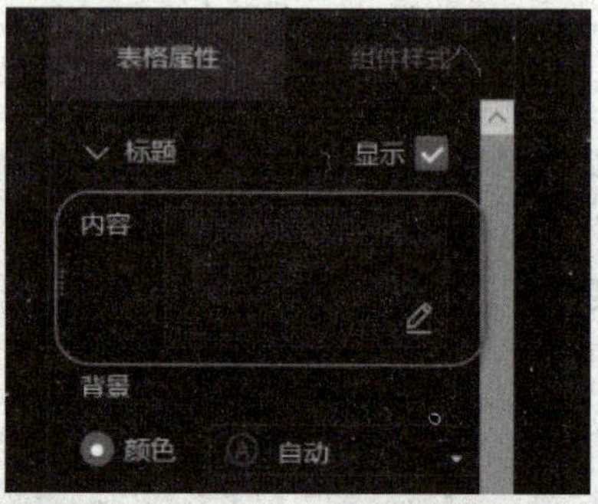

图 4-64 编辑标题为“销售额排名 & 组内排名”

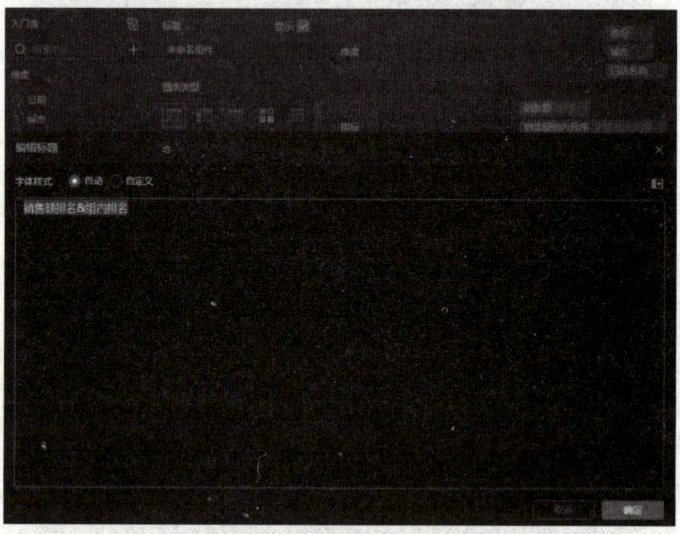

图 4-65 编辑标题对话框

进入仪表板调整大小、位置，效果图如图 4-66 所示。

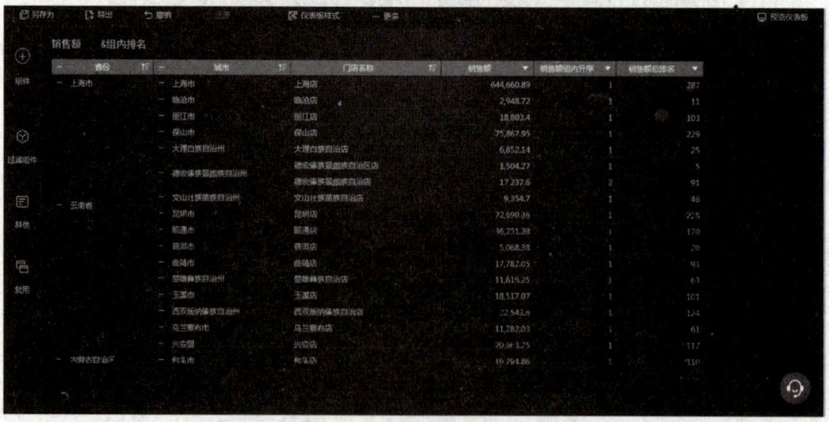

图 4-66 效果图

学习笔记

想一想

（1）除了 FineBI，你还了解哪些数据可视化分析工具？

（2）你了解哪些数据可视化分析的成功案例？

任务考评

【任务 3】数据分析与可视化——FineBI 的快速计算功能考评记录

学生姓名		班级		任务评分	
实训地点		学号		完成日期	
任务实现步骤	序号	考核内容		标准分	评分
	1	FineBI 下载安装及初始化		20	
	2	连接到数据		20	
	3	使用自助数据将做数据处理		20	
	4	创建组件和分析数据		20	
	5	可视化组件		20	
教师评语					

学习笔记

第五章 Python程序设计基础

随着大数据时代的来临，数据的采集和处理已成为关键。Python以其简洁易学、移植性强、可扩展、程序库丰富和管理工具完善而受到了程序开发者的追捧。作为一种面向对象的高级语言，Python支持多线程调度，对于海量数据的采集和处理有独特的优势，是一种适用于大数据开发和分析的重要语言，目前，Python已广泛应用于云计算、人工智能、数据分析等众多领域。

学习目标

- 了解Python基础语法知识。
- 掌握元组、列表、等差数列、字典的用法。
- 掌握单分支、两分支和多分支结构的用法。
- 掌握for循环和while循环的用法。
- 掌握函数的定义和调用方法。
- 能综合运用多种数据类型和多种结构组合解决实际问题。

5.1 Python简介

Python是一种功能强大的高级语言，由荷兰人Guido van Rossum设计，它基于ABC语言并吸收了C、C++、Algol-68、SmallTalk、Unix shell和其他脚本语言的优点，是结合解释性、编译性、互动性并面向对象的脚本语言。

Python具有简单易学、移植性强、可扩展、程序库丰富和管理工具完善等特点。Python语言结构简单，保留字少，适合编程初学者学习，它是一种开源语言，用户可免费的查看、下载、修改、发布及使用。Python作为一门解释型的语言，它天生具有跨平台的特征，只要为平台提供了相应的Python解释器，Python就可以在该平台上运行，还可以把Python嵌入C/C++程序，从而向程序用户提供脚本功能。Python的可扩展性体现在它的模块上，Python具有脚本语言中最丰富和强大的程序库。

5.1.1 【任务1】运行第一个 Python 程序

任务描述与分析

情境描述	小明准备开始学习程序设计，听说 Python 简单易学，准备安装 Python 集成开发环境，并运行第一个 Python 程序。
技术分析	本次任务需要掌握以下技能： （1）下载并安装 Python。 （2）使用 IDLE 编写 Python 程序。
任务分解	分析上面的工作情境，我们需要完成以下任务： （1）下载 Python 安装文件。 （2）安装 Python。 （3）启动 Python IDLE。 （4）编写 print。
知识准备	Python 安装包里集成了开发和学习环境（Integrated Development and Learning Environment，IDLE），安装 IDLE 后可方便实现程序的编译、连接、执行等功能。

学习笔记

任务实现

视频

Python安装

操作步骤

步骤 1： 百度搜索“Python 官网”，打开 Python 官网下载网址，下载 Python 安装文件，如图 5-1 所示。

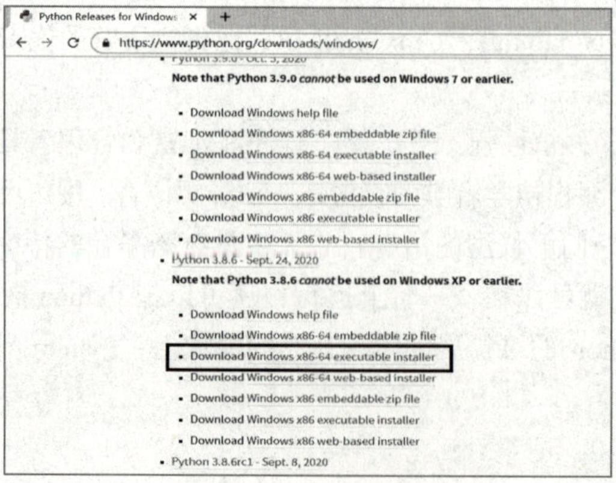

图 5-1　Python 下载页面

步骤 2：下载并安装 Python。

Python 有适用于 Windows、Linux、Mac OS 的不同版本，本章选用 Windows 的 3.8.6 版为例。

下载安装包完成后，双击安装文件，选中“Add Python 3.8 to PATH”复选框，单击“Install Now”开始安装，如图 5-2 所示。

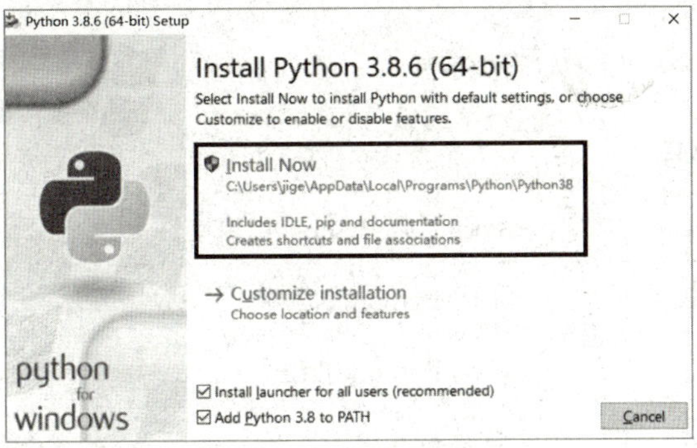

图 5-2　Python 安装

步骤 3：运行 Python IDLE。从“开始”菜单执行 Python IDLE，运行界面如图 5-3 所示。

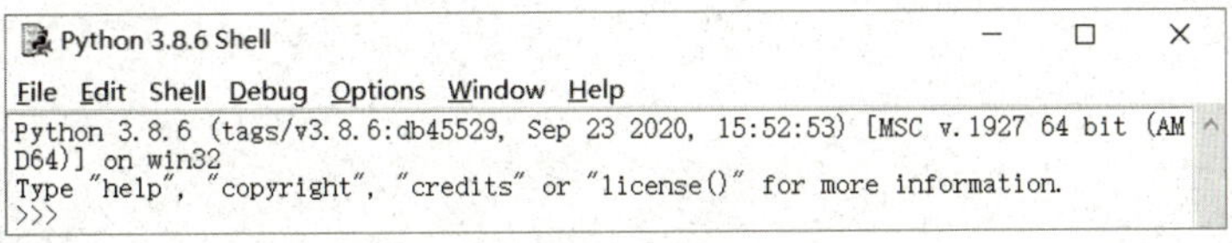

图 5-3　Python 运行界面

其中 >>> 是命令提示符，等待输入命令。

步骤 4：输入命令 print（'hello world'），运行效果如图 5-4 所示。

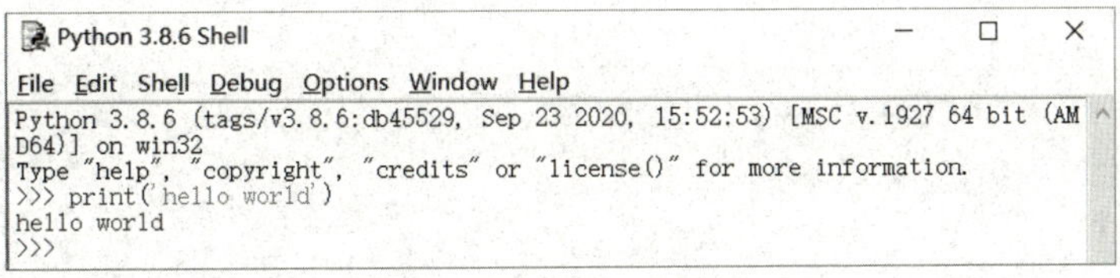

图 5-4　使用 print 函数

输入命令 print（'hello world'）后，Python IDLE 会交互式反馈运行结果，print 会输出括号里的内容。

学习笔记

想一想

（1）编译器编译后的代码，程序员是否还能看得懂？

（2）都有哪些编程语言，他们又对应哪些编译器？

任务考评

【任务 1】运行第一个 Python 程序考评记录

<table>
<tr><td>学生姓名</td><td></td><td>班级</td><td></td><td>任务评分</td><td></td></tr>
<tr><td>实训地点</td><td></td><td>学号</td><td></td><td>完成日期</td><td></td></tr>
<tr><td rowspan="5">任务实现步骤</td><td>序号</td><td colspan="2">考核内容</td><td>标准分</td><td>评分</td></tr>
<tr><td>1</td><td colspan="2">准确下载 Python 安装文件</td><td>20</td><td></td></tr>
<tr><td>2</td><td colspan="2">完成 Python 的安装</td><td>40</td><td></td></tr>
<tr><td>3</td><td colspan="2">启动 Python IDLE</td><td>10</td><td></td></tr>
<tr><td>4</td><td colspan="2">编写 print 程序</td><td>30</td><td></td></tr>
<tr><td>教师评语</td><td colspan="5"></td></tr>
</table>

5.1.2 Python 基础语法知识

Python 是一门简单易学的高级语言，其借鉴吸收了 ABC 语言、C 语言等众多编程语言的优点，在编程规则部分与这些语言相似。初学者需了解 Python 的固定语法要求，掌握 Python 的编程规则 。Python 的基础语法知识主要包括：注释、代码缩进、保留字与标识符、变量、转义字符、字符串的基本操作和 Python 常用的操作运算符。

1. 注释

单行注释以“#”开头，注释行不会被机器编译执行，只是起到提示作用，不参与程序运行，如图 5-5 所示。

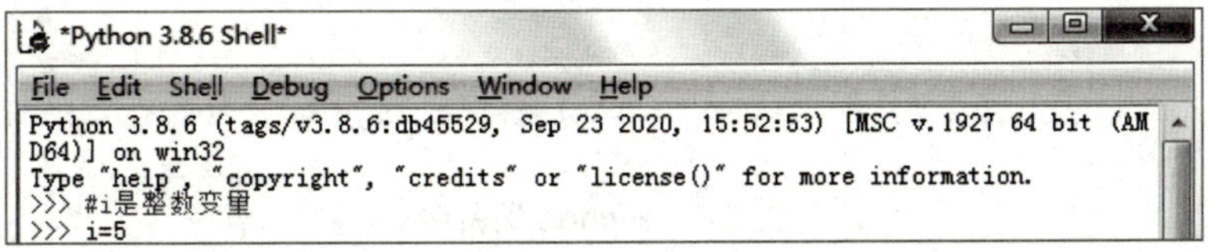

图 5-5 单行注释

多行注释在注释行前和末尾分别使用三个单引号，其本质是将多行表示为一个字符串，如图 5-6 所示。

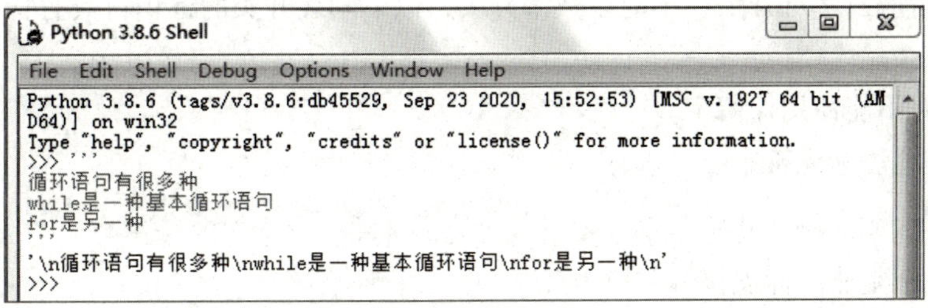

图 5-6 多行注释

2. 代码缩进

Python 代码简洁，无须用花括号（{ }）来标识程序段，但同一程序段必须保持相同的缩进，如图 5-7 是正确的缩进形式。

图 5-7 正确的缩进形式

错误的缩进会导致程序无法编译执行，如图 5-8 所示。图中有两处缩进错误，print 必须和第一行 s 对齐，else 必须和 if 对齐。

```
s=1
    print(s)
if s>0:
    s=s+1
    else:
        s=s-1
```

图 5-8　错误的缩进

3. 保留字与标识符

保留字又称为关键字，是 Python 中已经被赋予特殊含义的单词，如保留字“if”用于流程控制，可使用 kwlist 函数查看 Python 的所有保留字，如图 5-9 所示。

```
>>> import keyword
>>> keyword.kwlist
['False', 'None', 'True', 'and', 'as', 'assert', 'async', 'await', 'break', 'class', 'continue', 'def', 'del', 'elif',
'else', 'except', 'finally', 'for', 'from', 'global', 'if', 'import', 'in', 'is', 'lambda', 'nonlocal', 'not', 'or',
'pass', 'raise', 'return', 'try', 'while', 'with', 'yield']
```

图 5-9　Python 保留字

标识符是 Python 中用于为变量、函数、类、对象、模块等命名的字符串，一个合法的标识符必须符合以下条件。

（1）标识符只能由字母、数字或下画线组成。

（2）标识符应以字母开头，不能以数字开头，以下画线开头的标识符具有特殊含义，如表示类中的属性或方法。

（3）标识符不能使用保留字。

以下几个是合法标识符。

```
a_1  aB123  myName  ab1C_
```

而下面这几个是非法标识符。

a*b4：不符合规则（1），标识符不能由 * 组成。

3d_M：不符合规则（2），标识符以数字开头。

else：不符合规则（3），else 是保留字，标识符中不能存在保留字。

此外还需注意，标识符区分大小写，如变量 A 和变量 a 会被认为是不同的变量。

4. 变量

Python 变量根据取值不同可分为 6 种标准数据类型：数字、字符串、列表、元组、字典和集合。其中数字型变量和字符串型变量属于基本型变量，列表、元组、字典和集合型变量属于复合数据类型变量。变量在创建时无需声明，但必须赋值，Python 能根据变量取值自动识别数据类型。

变量使用“=”进行赋值，如 a=3，将 3 的值赋予变量 a。

当创建变量时，系统会根据变量的不同取值分配不同的存储空间，如 x=3，y=3，则变量 x，y 在内存中指向同一个地址，使用 id 函数可查看变量的内存地址，如图 5-10 所示。

若变量的值不同，如 a=5，b=6，则变量 a，b 在内存中指向不同地址，如图 5-11 所示。

```
>>> x=3
>>> y=3
>>> id(x)
8791385442016
>>> id(y)
8791385442016
```

图 5-10 相同取值的变量指向同一内存地址

```
>>> a=5
>>> b=6
>>> id(a)
8791385442080
>>> id(b)
8791385442112
```

图 5-11 变量取值不同指向内存位置不同

在以上两个例子中，若继续改变 a 的取值，使其与 x 相同，如 a=3，则 a 指向的内存地址将和 x 相同，因为 a=x=3。

（1）数字型变量。

数字型变量分为整型（int）、浮点型（float）、布尔型（bool）及复数型（complex）4 种，其中布尔型变量取值可以是 True 或 False，并且布尔型变量可以和整型变量间相互转换，True 等价于 1，False 等价于 0，所有的非 0 数也可以看作是 True。复数型变量用于存储复数，如 a=1.2+0.5j。

不同的数据类型可以相互转换，Python 提供了 int、float、bool 函数进行数据类型转换，如图 5-12 所示。

int 函数可以将浮点数进行取整运算后，转换为整数，float 函数可以将整数变成浮点数，bool 函数可以将非 0 数转换为 True，将 0 转换为 False。

（2）字符串型变量。

字符串型变量取值为字符串，字符串的表示可以用单引号（'）、双引号（"）或三引号（'''）来表示，其中三引号多用于多行字符串的表示，如图 5-13 所示。

```
>>> a=2
>>> b=2.5
>>> c=True
>>> int(b)
2
>>> float(a)
2.0
>>> bool(a)
True
```

图 5-12 不同数据类型转换

```
>>> 'hello'
'hello'
>>> "hello"
'hello'
>>> '''hello
world'''
'hello\nworld'
```

图 5-13 字符串的表示

5. 转义字符

当字符串内出现单引号（'）、双引号（"），需要用转义字符来表示。如要表示字符串 I'm a student 时，若直接表示为 'I'm a student' 就会报错，原因是语句单引号的匹配会出错，语句被解析为 'I' 及后面的 m a student' 部分，正确的表示是在 'I' 后加转义字符 '\'，表示为 'I\'m a student'，如图 5-14 所示。

```
>>> 'I\'m a student'
"I'm a student"
>>> 'he is a \"thief\"'
'he is a "thief"'
```

图 5-14 转义字符

6. 字符串基本操作

字符串的基本操作包括定位字符，截取字符段及字符串连接等。

定位字符首先需了解字符串索引的概念，如定义字符串变量 s='helloworld'，这里第一个字符 'h' 的位置从 0 开始计数，即 s[0]='h'，s[1]='e'，…]，s[9]==，即索引位置从 0 开始，到 n-1 结束，其中 n 为字符串长度。注意，不能通过索引赋值形式直接改变字符串内的字符值，如直接赋值 s[0]='b'，Python 不支持这种形式的用法。

截取字符段可以 s[i:j] 的形式来表示，i 为起始索引，j 为结束索引（字符串不包含 s[j]），如在上段定义的 s 中，s[2:5]='llo'。若字符段持续到字符串末尾，则可以表示为 s[i:] 的形式，结束索引可以不写，如 s[2:]='lloworld'。

字符串的连接可以通过加号（ + ）来连接，如 st=s+'welcome to python'。字符串基本操作如图 5-15 所示。

```
>>> s='helloworld'
>>> s[0]
'h'
>>> s[2]
'l'
>>> s[2:5]
'llo'
>>> s[2:]
'lloworld'
>>> s[0]='b'
Traceback (most recent call last):
  File "<pyshell#30>", line 1, in <module>
    s[0]='b'
TypeError: 'str' object does not support item assignment
```

图 5-15　字符串基本操作

7. Python 常用操作运算符

（1）算术运算符。

常用的算术运算符有加（ + ）、减（ - ），乘（ * ），除（ / ），此外，还有求余（ % ），乘方（ ** ）。现以几个计算为例：3+30-5*6/2，34%10，4**3，运算结果如图 5-16 所示。

在第 1 个混合运算中，由于式子里有除法，结算结果自动转化为浮点数，第 2 个式子的含义是求 34 除以 10 的余数，第 3 个式子的含义是求 4 的 3 次方。

```
>>> 3+30-5*6/2
18.0
>>> 34%10
4
>>> 4**3
64
```

图 5-16　算术运算

（2）逻辑运算符。

逻辑运算符包括 and、or、not，其含义如下。

and：与运算，x and y，若 x 为 0 或 False，返回 x 值，否则，返回 y 值。

or：或运算，x or y，若 x 非 0 或为 True，返回 x，否则返回 y 值。

not：非运算，not x，若 x 为 0 或 False，返回 True，否则，返回 False。

具体运算结果如图 5-17 所示。

8. 实例

【实例 1】输入 5 个整数，求平均数。

此案例中，待输入的 5 个整数分别用变量 a，b，c，d，e 表示，平均数用 avg 表示，如图 5-18 所示。

```
>>> x=0
>>> y=1
>>> z=2
>>> x and y
0
>>> y and z
2
>>> x or y
1
>>> y or z
1
>>> not x
True
>>> not y
False
```

图 5-17　逻辑运算

```
>>> a=88
>>> b=92
>>> c=89
>>> d=96
>>> e=90
>>> avg=(a+b+c+d+e)/5
>>> avg
91.0
```

图 5-18　求平均数

【实例 2】判断表达式的值。

判断 not（5>8）and（3>5）and（7>3）or（3<7）的值，如图 5-19 所示。

```
>>> not(5>8) and (3>5) and (7>3) or (3<7)
True
```

图 5-19　判断表达式的值

此案例中，需认真分析结果生成过程，5>8 值为 False，not（5>8）值为 True，3>5 值为 False，7>3 值为 True，3<7 值为 False，因此原式 =True and False and True or True，结果为 True。

5.2　Python 常用数据类型

虽然 Python 数据类型不需要显式声明，但其数据在内存中存储时仍然有具体的类型。前面一节介绍了 Python 数据类型的数字型与字符串型，Python 常用的数据类型远不止这两类。Python 原生数据类型可以分为字符串（String）、逻辑类（Boolan）、元组（Tuple）、列表（List）、字典（Dictionary）和集合类（Set）。对于初学者来说，切勿贪大求全，掌握其中常用类型的使用方式是一个较好的切入点。

5.2.1　【任务 2】认识列表

任务描述与分析

情境描述	列表是序列类的一种重要类型，小明要对一批数据进行处理，准备用列表来对数据进行增、删、改、查工作。
技术分析	本次任务需要掌握对列表的增、删、改、查操作技能。
任务分解	分析上面的工作情境，我们需要完成以下任务： （1）掌握如何创建列表。 （2）掌握如何修改列表元素。 （3）掌握如何修改列表元素。 （4）掌握如何查询列表元素。 （5）了解等差数列。
知识准备	列表是可变序列，常用来存储同类数据序列，也可以用来存储不同类的数据序列。

学习笔记

任务实现

操作步骤

步骤 1：创建了一个等差数列，并使用切片运算符（ : ）取列表中下标为 2 到下标为 4 之间的所有元素，如图 5-20 所示。

```
>>> li = [1,2,3,4,5,6]
>>> print(li[2])
3
>>> print(li[2:4])
[3, 4]
```

图 5-20　等差数列切片

列表使用方括号（ [ ] ）声明。li[2] 表示列表中下标为 2 的元素，即是 3，而 li[2:4] 表示取出 li[2] 到 li[4]（不包含 li[4]）中所有的元素，既 [3，4]。

步骤 2：列表对象使用 append 方法来增加元素，只需向 append 传入元素值即可在列表末尾增加一个元素，如图 5-21 所示。

若要再指定位置增加元素，可使用 insert 方法指定插入元素的位置索引和元素值，如图 5-22 所示。

```
>>> s=[1,3,5,7];
>>> s.append(9);
>>> s
[1, 3, 5, 7, 9]
```

图 5-21　列表增加元素

```
>>> s.insert(3,6);
>>> s
[1, 3, 5, 6, 7, 9]
```

图 5-22　列表插入元素

其中，3 是位置索引，即插入到第 4 个位置，6 为插入的元素。

步骤 3：删除列表中的元素。列表对象使用 pop 方法来删除元素，传入列表位置索引删除指定位置的元素，如图 5-23 所示。

删除列表位置索引为 4 的元素，即将元素 7 从列表中删除。也可用 remove 方法删除指定元素，传入列表指定元素即可删除，如图 5-24 所示。

```
>>> s.pop(4)
7
>>> s
[1, 3, 5, 6, 9]
```

图 5-23　删除列表元素

```
>>> s
[1, 3, 5, 6, 9]
>>> s.remove(9)
>>> s
[1, 3, 5, 6]
```

图 5-24　删除列表元素

步骤 4：修改列表元素。列表是可以修改的，使用索引对元素赋值即可修改元素的值，如图 5-25 所示。

```
>>> s
[1, 3, 5, 6]
>>> s[2]=4
>>> s
[1, 3, 4, 6]
```

图 5-25　修改列表元素

步骤 5：查询列表元素。查询列表元素可使用 index 方法，传入元素来返回第一次出现元素的索引位置。所查元素不存在，则会出现错误提示，如图 5-26 所示。

若要判断某元素是否存在列表中，可使用“元素 in 列表对象”进行判断，若存在，返回值为 True，否则返回 False，如图 5-27 所示。

```
>>> s
[1, 3, 4, 6]
>>> s.index(4)
2
>>> s.index(10)
Traceback (most recent call last):
  File "<pyshell#16>", line 1, in <module>
    s.index(10)
ValueError: 10 is not in list
```

图 5-26　查询列表元素

```
>>> s
[1, 3, 4, 6]
>>> 3 in s
True
```

图 5-27　判断元素值是否在列表

步骤 6：创建等差数列。

创建 0 ～ 9 的等差数列，如图 5-28 所示。

```
>>> X = range(10)
```

图 5-28　创建等差数列

设置等差数列公差为 2，如图 5-29 所示。

```
>>> r = range(1,10,2)
>>> for i in r:
        print(i,end=' ')


1 3 5 7 9
```

图 5-29　创建公差为 2 的等差数列

Python 中为了简化代码逻辑，实现了等差数列类型数据。常用的方式有 range(n) 与 range(i，j)，前者表示 0 到 n-1 的等差数列，后者表示 i 到 j-1 的等差数列。此外等差数列型数据还能设置公差(step)。

学习笔记

想一想

（1）数组与列表的相同点与不同点？

（2）列表能直接用作数据库使用吗？

任务考评

【任务 2】认识列表考评记录

<table>
<tr><td>学生姓名</td><td></td><td>班级</td><td></td><td>任务评分</td><td></td></tr>
<tr><td>实训地点</td><td></td><td>学号</td><td></td><td>完成日期</td><td></td></tr>
<tr><td rowspan="7">任务实现步骤</td><td>序号</td><td colspan="2">考核内容</td><td>标准分</td><td>评分</td></tr>
<tr><td>1</td><td colspan="2">创建列表 [1,3,5,7,9,11,13,15]</td><td>10</td><td></td></tr>
<tr><td>2</td><td colspan="2">查看列表所有元素</td><td>10</td><td></td></tr>
<tr><td>3</td><td colspan="2">修改元素 5 的值为 15</td><td>20</td><td></td></tr>
<tr><td>4</td><td colspan="2">删除元素 9</td><td>20</td><td></td></tr>
<tr><td>5</td><td colspan="2">查看 13 是否在列表中，若在，请显示其索引位置</td><td>20</td><td></td></tr>
<tr><td>6</td><td colspan="2">使用 range 函数创建等差数列</td><td>10</td><td></td></tr>
<tr><td>教师评语</td><td colspan="5"></td></tr>
</table>

5.2.2 【任务 3】认识元组

任务描述与分析

情境描述	小明要对一批重要数据进行保存，并在需要时进行查询，拟采用元组来进行处理。
技术分析	本次任务需要掌握使用元组的技能。
任务分解	分析上面的工作情境，我们需要完成以下任务： （1）创建元组。 （2）查询元组元素。
知识准备	元组是不可改变的序列数据集合，一旦创建就不能对元组元素值进行赋值修改，也不能进行增加和删除等操作。

学习笔记

任务实现

操作步骤

步骤 1：元组可使用圆括弧（ ）来创建，元素间用逗号分隔，再用圆括弧将有序数列括起来，即可创建元组。创建元组时，圆括弧也可以省略不写，如图 5-30 所示。

```
>>> yuanzu1=(1,3,"hello",[3,5]);
>>> yuanzu1
(1, 3, 'hello', [3, 5])
>>> yuanzu2=2,4,["python","good"];
>>> yuanzu2
(2, 4, ['python', 'good'])
>>>
```

图 5-30 创建元组

元组与列表类似，也是序列数据的集合，但与列表不同的是，元组是不可改变的，一旦创建就不能对元组元素值进行复制修改，也不能进行增加和删除等操作。

步骤 2：元组提取元素值的方法与列表类似，通过索引可提取元组元素值，如图 5-31 所示。

```
>>> yuanzu1
(1, 3, 'hello', [3, 5])
>>> yuanzu1[2]
'hello'
```

图 5-31 在元组中提取元素值

注意：索引位置从 0 开始。

步骤 3：查询元组元素。

查询元组元素可使用 index 方法，传入元素来返回第一次出现元素的索引位置。若所查元素不存在，则会出现错误提示，如图 5-32 所示。

若要判断某元素是否存在元组中，可使用“元素 in 列表对象”进行判断，若存在，返回值为 True，否则返回 False，如图 5-33 所示。

```
>>> yuanzu1=(1,3,"hello",[3,5]);
>>> yuanzu1
(1, 3, 'hello', [3, 5])
>>> yuanzu1.index(3)
1
>>> yuanzu1.index(10)
Traceback (most recent call last):
  File "<pyshell#3>", line 1, in <module>
    yuanzu1.index(10)
ValueError: tuple.index(x): x not in tuple
```

图 5-32 查询元组元素

```
>>> yuanzu1
(1, 3, 'hello', [3, 5])
>>> 3 in yuanzu1
True
```

图 5-33 判断元素是否在元组中

学习笔记

想一想

（1）元组与列表的相同点与不同点？

（2）如何遍历一个固定类型元组？

任务考评

【任务 3】认识元组考评记录

学生姓名		班级		任务评分	
实训地点		学号		完成日期	
任务实现步骤	序号	考核内容		标准分	评分
	1	创建列表 [1,3,5,7,9,11,13,15]		20	
	2	查看列表所有元素		20	
	3	查找 11 是否在元组中，若在显示其索引位置		30	
	4	查找 16 是否在元组中，若在显示其索引位置		30	
教师评语					

5.2.3 【任务 4】认识字典

任务描述与分析

情境描述	小明要对一批具有映射关系的数据进行处理，包括值的增、删、改、查操作。
技术分析	本次任务需要掌握字典的增、删、改、查操作技能。
任务分解	分析上面的工作情境，我们需要完成以下任务： （1）创建字典。 （2）增加键值对。 （3）删除键值对。 （4）修改元素值。 （5）查询元素值。
知识准备	字典使用键值对来表示一个元素，字典元素建立了从键到值的映射关系。键在字典中必须唯一，并且建立后不可修改。

学习笔记

任务实现

操作步骤

步骤 1：创建字典。

字典创建的格式为：{key1:value1, key2:value2, key3:value3}。为学生创建一个字典的实例如图 5-34 所示。

```
>>> student={'name':'John','age':18,'score':90}
>>> student
{'name': 'John', 'age': 18, 'score': 90}
```

图 5-34　使用字典类数据保存信息

步骤 2：提取键名对应的值。

字典采用‘字典名 [键名]’的方式来提取元素值，如图 5-35 所示，提取关键字 age 的键值。

```
>>> student['age']
18
```

图 5-35　提取键值

步骤 3：增加字典元素。

增加字典元素采用为新键赋值的方式来添加，如为学生增加一个键值对“country:China”可表示如图 5-36 所示。

```
>>> student['country']='China';
>>> student
{'name': 'John', 'age': 18, 'score': 90, 'country': 'China'}
```

图 5-36 增加字典元素

步骤 4：删除字典元素。

删除字典元素用 pop 方法，传入键值，即可删除对应的元素，代码如图 5-37 所示。

```
>>> student.pop('age');
18
>>> student
{'name': 'John', 'score': 90, 'country': 'China'}
```

图 5-37 删除字典元素

步骤 5：修改字典元素。

修改字典元素采用为直接赋值法，为对应的键赋值即可改变元素值，如图 5-38 所示，通过为键 score 赋值修改学生成绩为 92。

```
>>> student['score']=92;
>>> student
{'name': 'John', 'score': 92, 'country': 'China'}
```

图 5-38 修改字典元素

步骤 6：查询字典中的键。

若判断某键是否在字典中，可用‘键 in 字典名’来判断，如图 5-39 所示。

```
>>> student
{'name': 'John', 'score': 92, 'country': 'China'}
>>> 'score' in student
True
```

图 5-39 判断某键是否在字典中

若要查看所有的键，则可用方法 keys 来查询。查询字典 student 中的键值如图 5-40 所示。

```
>>> student
{'name': 'John', 'score': 92, 'country': 'China'}
>>> student.keys()
dict_keys(['name', 'score', 'country'])
```

图 5-40 查询键值

学习笔记

想一想

（1）元组与列表的相同点与不同点？

（2）如何遍历一个固定类型元组？

任务考评

【任务 4】认识字典考评记录

<table>
<tr><td>学生姓名</td><td></td><td>班级</td><td></td><td>任务评分</td><td></td></tr>
<tr><td>实训地点</td><td></td><td>学号</td><td></td><td>完成日期</td><td></td></tr>
<tr><td rowspan="7">任务实现步骤</td><td>序号</td><td colspan="2">考核内容</td><td>标准分</td><td>评分</td></tr>
<tr><td>1</td><td colspan="2">创建字典</td><td>20</td><td></td></tr>
<tr><td>2</td><td colspan="2">提取键值</td><td>10</td><td></td></tr>
<tr><td>3</td><td colspan="2">增加字典元素</td><td>20</td><td></td></tr>
<tr><td>4</td><td colspan="2">删除字典元素</td><td>20</td><td></td></tr>
<tr><td>5</td><td colspan="2">修改字典元素</td><td>20</td><td></td></tr>
<tr><td>6</td><td colspan="2">查询字典中的键</td><td>10</td><td></td></tr>
<tr><td>教师评语</td><td colspan="5"></td></tr>
</table>

5.3 Python 程序流程控制

顺序、选择和循环是 Python 的三种基本结构，其中顺序结构是最简单的程序结构，只要按照解决问题的顺序写出相应的语句就行，它的执行顺序是自上而下依次执行。本节重点讲解选择结构和循环结构，通过采用选择结构或循环结构编程解决中国古代的几个经典数学问题，如鸡兔同笼、百鸡问题、韩信点兵等。

5.3.1 选择结构

选择结构又称为分支结构，通过条件判断控制程序走向不同分支，选择结构可分为单分支，两分支和多分支。

1. 单分支结构

if 是选择结构的基本保留字，对于单分支结构，其用法格式为：

```
if 布尔表达式:
    语句
```

注意： 表达式右边的冒号不能缺少，此程序段的含义是：若表达式为真，则执行语句，否则，则不执行，程序运行例子如图 5-41 所示，当考试成绩 x 大于或等于 60 时，输出 'pass'，而当 x 小于 60 时，不做处理。

```
>>> x=70
>>> if x>=60:
        print('pass')


pass
>>> x=50
>>> if x>=60:
        print('pass')
```

图 5-41 单分支结构

2. 两分支结构

两分支结构的用法格式为：

```
if 布尔表达式1:
    语句1
else:
    语句2
```

注意： else 后的冒号不能缺少，程序段的含义是，若表达式 1 成立，则执行语句 1，否则执行表达式 2，程序运行例子如图 5-42 所示，当 x 大于或等于 60 时，输出 'pass'，而当 x 小于 60 时，输出 'fail'。

```
>>> x=70
>>> if x>=60:
        print('pass')
else:
        print('fail')


pass
>>> x=50
>>> if x>60:
        print('pass')
else:
        print('fail')


fail
```

图 5-42 两分支结构

3. 多分支结构

多分支结构的用法格式为：

```
if 布尔表达式1:
    语句1
elif 布尔表达式句2:
    语句2
……
elif 布尔表达式句n-1:
    语句n-1
else:
    语句n
```

程序段的含义是，若表达式 1 成立，则执行语句 1，其他语句不再执行，若表达式 1 不成立而表达式 2 成立，则执行语句 2，其他语句不再执行，以此类推，若前 n-1 个表达式都不成立，则执行语句 n。程序运行例子如图 5-43 所示，程序段的含义是若 x 大于 0，输出“正数”，若 x 等于 0，输出“0”，若 x 小于 0，输出“负数”。图 5-43 中显示了 x=-1 时的输出结果。

```
>>> x=-1
>>> if x>0:
        print('正数')
elif x==0:
        print('0')
else:
        print('负数')

负数
```

图 5-43 多分支结构

5.3.2 循环结构

1. for 语句

for 循环依次取出序列中的每一个元素进行处理，常用的序列有字符串、列表、元组等，其基本格式为：

```
for变量 in序列:
    语句
```

下面演示用 for 循环计算 1+2+3+4+5+6+7+8+9+10，如图 5-44 所示，首先将 1 ~ 10 存入列表中 L 中，赋初值 s=0，利用 for 循环将列表中的每个数取出并加入到 s 中。

若数据量很大，则列表存储数输入量大，此时，可以使用 range 函数生成数据序列，用 for 配合 range 函数进行循环控制，如求和 s=1+2+3+…+100，程序运行结果如图 5-45 所示。

```
>>> L=[1,2,3,4,5,6,7,8,9,10]
>>> s=0
>>> for i in L:
        s=s+i


>>> print(s)
55
```

图 5-44 使用列表作为计数器的 for 循环

```
>>> s=0
>>> for i in range(1,101):
        s=s+i


>>> print(s)
5050
```

图 5-45 用 range 函数实现 for 循环

2. while 循环

while 循环基本格式如下：

```
while 布尔表达式:
    语句
```

当布尔表达式为真时，执行语句，语句执行完后，再次进行布尔表达式计算，若为真，则再次执行语句，重复以上过程，直到布尔表达式值为假时退出。改用 while 循环实现 s=1+2+3+…+100，程序运行例子如图 5-46 所示。

值得注意的是，在 while 循环语句中，一定要加入改变布尔表达式中的变量值的语句，否则，容易产生死循环，如上例中，若不写 i=i+1，则表达式的值始终为真，将产生死循环。

```
>>> s=0
>>> i=1
>>> while i<=100:
        s=s+i
        i=i+1


>>> print(s)
5050
```

图 5-46 while 循环实现 1 ~ 100 求和

3. break 和 continue

（1）break。

当循环语句执行的过程中，若已达到理想效果或找到编程所需要的答案时，可使用 break 从当前循环中立刻退出，如计算 5，6，7，8，9 的最小公倍数，如图 5-47 所示。

```
>>> i=1
>>> while i<=10000:
        if(i%5==0)&(i%6==0)&(i%7==0)&(i%8==0)&(i%9==0):
            print(i)
            break
        i=i+1

2520
```

图 5-47　计算 5，6，7，8 的最小公倍数

若去掉 break，将算出 10 000 以内的所有公倍数 2 520，5 040 和 7 560。

（2）continue。

continue 的作用是跳出本次循环，进入下一轮循环，在当前判断不符合条件时，提前结束其他无效语句的执行，进入到下一轮循环判断中，如用 continue 求 10 以内 3 的倍数，如图 5-48 所示。

```
>>> i=0
>>> while i<10:
        i=i+1
        if i%3!=0:
            continue
        print(i)


3
6
9
```

图 5-48　用 continue 语句求 10 以内 3 的倍数

5.3.3　【任务 5】鸡兔同笼

任务描述与分析

情境描述	小明学了这么久编程，希望解决经典的鸡兔同笼问题：在大约一千五百年前，我国古代数学名著《孙子算经》中记载了一道数学趣题，这就是著名的“鸡兔同笼”问题。“今有鸡兔同笼，上有三十五头，下有九十四足，问鸡兔各几何？”
技术分析	本次任务需要掌握使用 for 循环解决实际问题的技能。
任务分解	分析上面的工作情境，我们需要完成以下任务： （1）for 循环。 （2）range 函数。 （3）if 判断。 （4）print 输出。
知识准备	for 循环是一种简单的穷举算法，依次取出序列中的每一个元素进行处理。

学习笔记

任务实现

操作步骤

步骤 1： 使用 range 生成从 1 ~ n 的等差数列，并用 for 循环进行遍历。

```
for i in range(1,35):
```

注意： range（n）不包含 n，i 是鸡的数量。

步骤 2： 判断脚是否满足条件。

```
for i in range(1,35):
      if(2*i+(35-i)*4==94):
```

注意： if 判断中使用 '==' 而不是赋值符 '='。

步骤 3： 若满足条件，则输出鸡和兔的数量，并使用 break 退出循环，如图 5-49 所示。

```
>>> for i in range(1,35):
        if i*2+(35-i)*4==94:
                print('鸡：',i,"兔：",35-i)
                break


鸡：23 兔：12
```

图 5-49　鸡兔同笼

学习笔记

想一想

（1）此处是使用列表好还是使用元组更好？

（2）如何进行从 1 ~ n 的遍历？

任务考评

【任务5】认识字典考评记录

学生姓名		班级		任务评分	
实训地点		学号		完成日期	
任务实现步骤	序号	考核内容		标准分	评分
	1	for 循环的用法		30	
	2	range 函数使用		30	
	3	if 的用法		20	
	4	break 的用法		20	
教师评语					

拓展任务

中国古代数学名著《张丘建算经》中记载了著名的百鸡问题，题目是“今有鸡翁一，值钱五；鸡母一，值钱三；鸡雏三，值钱一。今百钱买鸡百只。问鸡翁、鸡母、鸡雏各几何？”，翻译成现代文就是“现在公鸡一只值 5 钱，母鸡一只值 3 钱，小鸡三只值 1 钱，现在用 100 钱买 100 只鸡，问公鸡，母鸡和小鸡各多少只？”。

操作步骤

步骤 1：定义 i 代表公鸡的数量，遍历 i 从 1 至 99。

```
for  i in range(1,100)
```

步骤 2：定义 j 代表母鸡数量，遍历 j 从 1 至 99，使用循环嵌套。

```
for  i in range(1,100)
    for  j in range(1,100)
```

步骤 3：根据脚判断是否满足条件，若满足条件，则输出公鸡、母鸡和小鸡的数量，如图 5-50 所示。

```
>>> for i in range(1,100):
        for j in range(1,100):
            if 5*i+3*j+1/3*(100-i-j)==100:
                print("公鸡：",i,"母鸡：",j,"小鸡：",100-i-j)


公鸡： 4 母鸡： 18 小鸡： 78
公鸡： 8 母鸡： 11 小鸡： 81
公鸡： 12 母鸡： 4 小鸡： 84
```

图 5-50　百鸡问题

5.4 Python 函数

5.4.1 Python 函数简介

Python 使用函数提高代码效率，减少冗余代码。函数是封装起来的一段代码，用户可以根据函数定义好的格式传入一些数据进程序，程序对数据进行处理后返回结果。

函数从数学的角度看，是输入到输出的映射；从计算机程序的角度看，是将不连续且重复的代码使用一句话代替的编程方式。简单来说，函数需要先声明、再调用。

两次调用函数，第一次计算 f(2)，结果是 17，第二次计算 f(3)，结果是 34。

1. 定义函数

Python 中函数定义使用“def ”关键字其格式如下：

```
def函数名（参数列表）：
    函数体
    return 返回值
```

如图 5-51 所示，使用函数实现数学中的一元二次方程 $f(x)=3x^2+2x+1$。函数名字是 f，参数列表只有一个参数为 x，返回值是 $3x^2+2x+1$ 的计算结果。

2. 调用函数

向函数的参数列表中传入值，即可完成函数的调用，例如将 2 作为参数传递给 x，即可计算 f(2) 的值，如图 5-52 所示

```
def f(x):
    return 3*x*x+2*x+1
```

图 5-51　定义函数

```
>>> f(2)
17
```

图 5-52　调用函数

3. 函数使用默认参数

Python 函数参数列表比较灵活，定义函数时可以设置“默认参数”，如图 5-53 所示，将（a+b）的平方写成一个函数结果作为返回值，a 与 b 分别设置默认值 1 和 2。第一次调用函数没有使用任何参数，结果为 a=1，b=2 的默认参数计算结果。第二次调用只给了一个参数 3，并将其赋值给了 a，b 沿用了默认值 2。第三次调用函数指定了参数 b 为 1，a 沿用了默认值 1。

4. 递归函数

递归函数是在函数定义过程中，调用函数自身的函数，在定义递归函数时，一方面要明确递归的结束条件，否则递归函数会一直重复调用自己，陷入死循环。另一方面是要找出函数的等价关系式，通过向着结束条件不断缩小参数范围，求解出最终结果。现以斐波那契数列为例来定义递归函数。斐波那契数列是 1，1，2，3，5，8，13，21，…，数列前 2 个数为 1，从第 3 个数开始，每个数都是前两个数的的和。递归函数的定义和调用如图 5-54 所示。

```
>>> def func(a=1, b=2):
        return (a+b)**2

>>> func()
9
>>> func(3)
25
>>> func(b=1)
4
```

图 5-53　函数使用默认参数

```
>>> def fib(n):
        if (n==1 or n==2):
                return 1;
        else:
                return fib(n-2)+fib(n-1);


>>> fib(5)
5
```

图 5-54　递归函数的定义和调用

5.4.2 【任务 6】定义一个函数，求一个正整数的所有因子

任务描述与分析

情境描述	小明想动手编写函数求一个整数的所有因子，并将所有的因子存储在列表中。
技术分析	本次任务需要掌握函数的定义和调用技能。

任务分解	分析上面的工作情境，我们需要完成以下任务： （1）定义函数。 （2）创建列表。 （3）将元素加入列表。 （4）调用函数。
知识准备	什么是因子，若一个数 a 是另一个数的 b 的因子，则 b%a==0；反过来，若 b%a==0，则 a 是 b 的因子。

学习笔记

任务实现

操作步骤

步骤 1： 定义函数名和参数。

```
def f(n):
```

函数定义以 def 开始，f 为函数名，n 为参数。

步骤 2： 定义空数列

```
def f(n):
y=[]
```

步骤 3： 使用 range 生成从 1 ~ n 的等差数列，并用 for 循环进行遍历。

```
def f(n):
 y=[]
for i  in range(1/n+1):
```

步骤 4： 将满足条件的整数加入列表。

```
def f(n):
 y=[]
for i  in range(1/n+1):
    if(n%i==0)
         y.append(i)
```

步骤 5： 将列表作为返回值返回。

```
def f(n):
 y=[]
for i  in range(1/n+1):
    if(n%i==0)
         y.append(i)
        return y
```

步骤 6：调用函数。

```
f(10)
```

如图 5-55 定义并调用函数求出 10 的所有因子。

```
>>> def f(n):
        y=[]
        for i in range(1,n+1):
                if(n%i==0):
                        y.append(i)
        return y

>>> f(10)
[1, 2, 5, 10]
```

图 5-55　函数的定义及调用

学习笔记

想一想

（1）此处是使用列表好还是使用元组更好？

（2）如何进行从 1 ~ n 的遍历？

任务考评

【任务 6】认识字典考评记录

学生姓名		班级		任务评分	
实训地点		学号		完成日期	
任务实现步骤	序号	考核内容		标准分	评分
	1	函数定义命名结构		10	
	2	定义空数列		10	
	3	range 函数使用		20	
	4	for 循环的用法		30	
	5	队列加入元素		20	
	6	函数调用		10	
教师评语					

第六章 新媒体技术与应用

随着我国经济结构的不断转型优化，新媒体行业正在不断融入我国社会经济和民生生活的各个领域，成为影响中国未来发展的重要因素。新媒体平台已成为经济发展新动能，“互联网 +”成为媒体深化融合的新引擎。国家战略持续助推新媒体行业发展，传统媒体与新兴媒体通过优势互补，“一体化”发展深度影响中国社会各层面发展。在我国大力推动网络和信息化发展的背景下，新媒体助推多行业多领域发展，成为中国社会转型新阶段的关键因素，各种新技术、新理念、新形态、新模式竞相呈现。

学习目标

- 了解新媒体技术的概念。
- 了解新媒体技术的岗位要求和基本技能。
- 能够初步建立新媒体运营团队。
- 能够初步实施新媒体运营团队成员的分工。

6.1 新媒体技术

新媒体技术是指以现代化的数字技术、网络技术以及通信技术等全新技术为基础，能够向用户提供需要的信息服务的媒介手段。新媒体的概念是相对于传统媒体报刊、广播、电视而言的，其工作实质还是媒体，传播的媒介主要是以文字、语音、图片、视频为主，“新”体现在是以数字信息技术为基础，以互动传播为特点，媒体具有创新形态。“互动”是新媒体的核心，有互动有反馈，能够让媒体变得特别灵敏和迅速，相比以前的传统媒体只能是单向被动地接受信息，新媒体可以自主选择并让传播渠道无限循环。新媒体技术的类型有图像与图形信息处理技术、音频处理技术、视频信息处理技术、流媒体技术、蓝光技术和虚拟现实技术。新媒体运营侧重媒体运营领域的常用技术，主要包括新媒体平台运维技术、内容策划与加工技术、新媒体数据分析技术等。常见的新媒体技术应用场景有产品推广、品牌宣传等，营销方式通常有社交媒体、网络营销、内容营销、直播营销、短视频营销、网络推广等，其职业岗位有电子商务师、互联网营销师、全媒体运营师等。

6.1.1 【任务1】图文编创

任务描述与分析

情境描述	近日，国家乡村振兴局提出开展“万企兴万村”行动。农业强县、龙头企业、合作社、家庭农场、休闲农业和乡村旅游等涉农企业业态作为重点扶持对象，小余作为学生党员，希望帮助家乡的“农业创客园”做好新媒体运营工作。准备使用在线图文排版工具做好图文编创工作，为产品介绍、推广提前做好准备。
技术分析	本次任务需要掌握以下技能： （1）找到官网打开秀米图文排版工具。 （2）在秀米添加与修改内容的技巧。 （3）套用秀米提供的模板。
任务分解	分析上面的工作情境，我们需要完成以下任务： （1）认识在线图文排版工具。 （2）套用秀米模板，快速套用各种模板，完成图文编创。 （3）对模板进行设置，调整细节，提高排版效果。
知识准备	图文排版工具主要用于文章内容排版美化，可以帮助用户完成优化页面表现（如图文混排、样式设计、字体优化、一键排版、特效叠加等），让图文阅读体验更好。活用图文排版工具，可以让图文质量更高。使用图文排版工具可以轻松加入文字和图片，撰写出一篇完整的文章。有时光秃秃的文字和图片并不能第一时间抓住读者的眼球，图文排版工具提供了丰富的样式模板，让用户的文章更有层次地跃入读者眼帘，去吐露字里行间的韵味。 秀米是一款专用于微信平台公众号的文章编辑工具，秀米编辑器拥有很多原创模板素材，排版风格多样化、个性化，可以设计出专属风格文章排版，还内置了秀制作及图文排版两种制作模式，页面模板及组件更丰富多样化。

学习笔记

任务实现

操作步骤

步骤 1： 在互联网上找到秀米的官方网站，如图 6-1 所示。

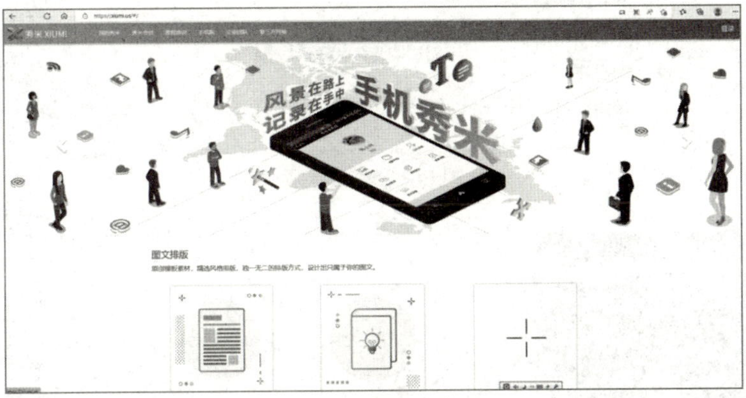

图 6-1　秀米的官方网站

步骤 2： 加入文字、图片。

把文字内容添加到秀米编辑区域的方法有 4 种：①直接输入。②复制粘贴。复制粘贴适合已经有现成的文案内容，只需要复制，然后粘贴到秀米里的编辑区域。③导入 Word 文档。导入 Word 文档不仅可以导入 Word 文档里面的文字内容，如果文档里有图片，也可以同时导入。目前只支持导入（.docx）文件，Word 的排版格式会被清除，保留文字和图片内容。④导入微信图文。如果想对已经推送过的微信图文进行重新排版，可以使用导入微信图文方法。

添加到秀米里的图片，目前只支持 jpg、png、svg、gif 格式。这 4 种格式的图片，添加到秀米图库里的方法是一样的，主要有两种：①从本地文件夹添加。②将图片拖动到秀米里添加。

在“我的图文”页面，单击“新建一个图文”，新建一篇图文排版，如图 6-2 所示。

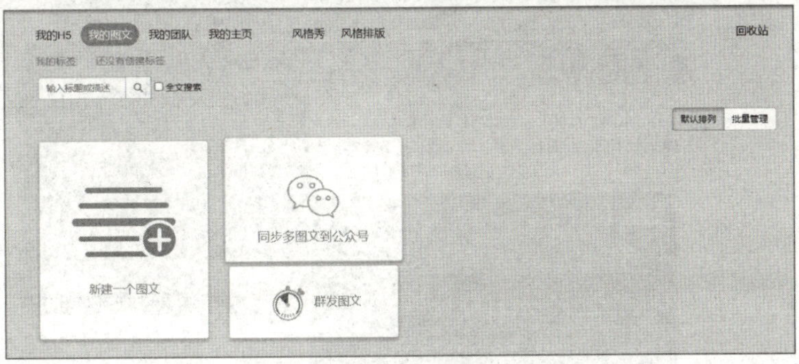

图 6-2　新建一篇图文排版

鼠标定位到编辑区域的输入框里，就可以开始输入文字，输完文字，鼠标单击编辑区域旁边的空白处即可退出输入状态，如图 6-3 所示。

单击编辑区域左边的“我的图库”→“上传图片”，在本地文件夹里面选择想要添加的图片，上传即可。可以把要添加的图片保存到磁盘，用鼠标拖动图片到秀米编辑区域里，如图 6-4 所示。

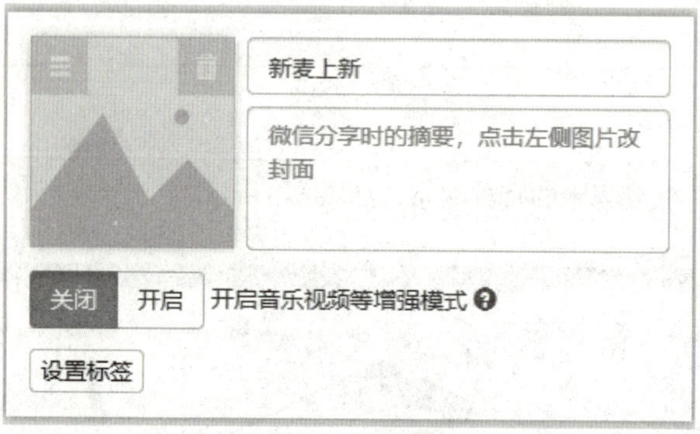

图 6-3　输入标题

图 6-4　上传图片

步骤 3：文字替换。

在编辑界面，如果有多个段落文字替换，可以选中文字段落，单击工具条上的“●●●”选项，再单击“替换文字”。如图 6-5 所示，如果需要查找文字，可使用快捷键【Ctrl+F】。

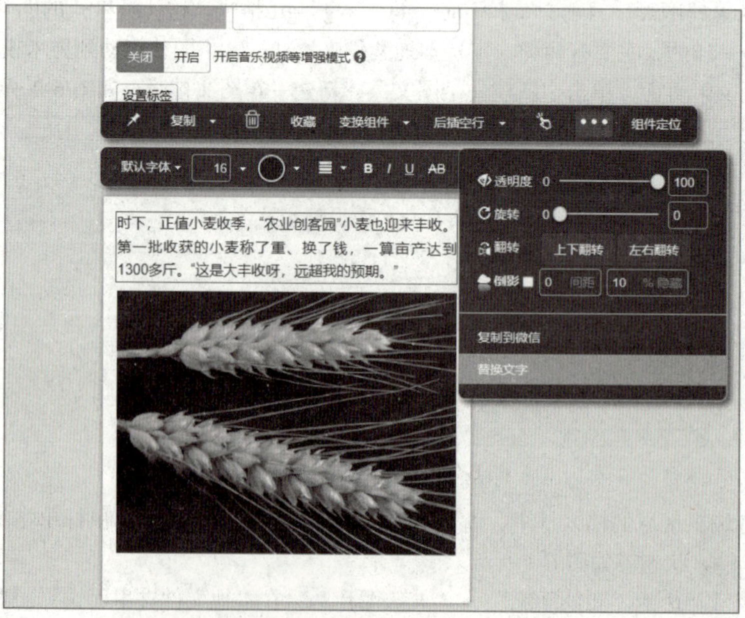

图 6-5　文字替换

步骤 4： 图片替换。

图片替换，就是将编辑区域中已有的图片或图片模板，通过操作，替换成自己的图片，如图 6-6 所示。

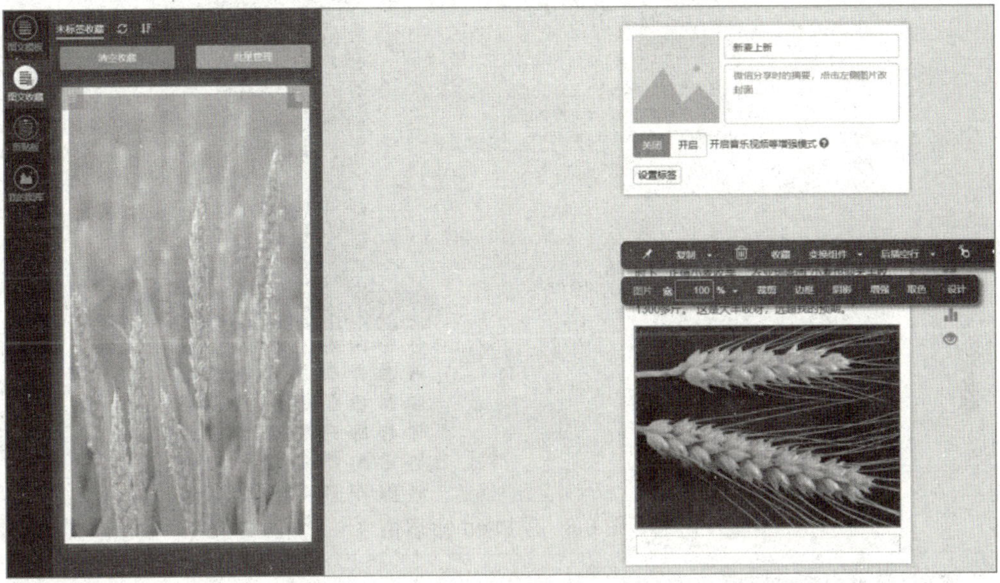

图 6-6　图片替换

步骤 5： 插入小图或表情。文字内插入小图片或模板，具体有两种操作方式，一是通过快捷键与鼠标结合操作，二是文字工具条上的行内插入模式。在文字内插入小图片的操作，可以将鼠标的文字光标定位到文字段落里，然后按住键盘快捷键【Alt+Ctrl】（Mac 为【Option+Cmd】）不松手的同时，用鼠标单击“我的图库”里面的图片即可。文字行内插入，是一种新的文字内插入内容操作，在文字工具条的格式里，如图 6-7 所示。

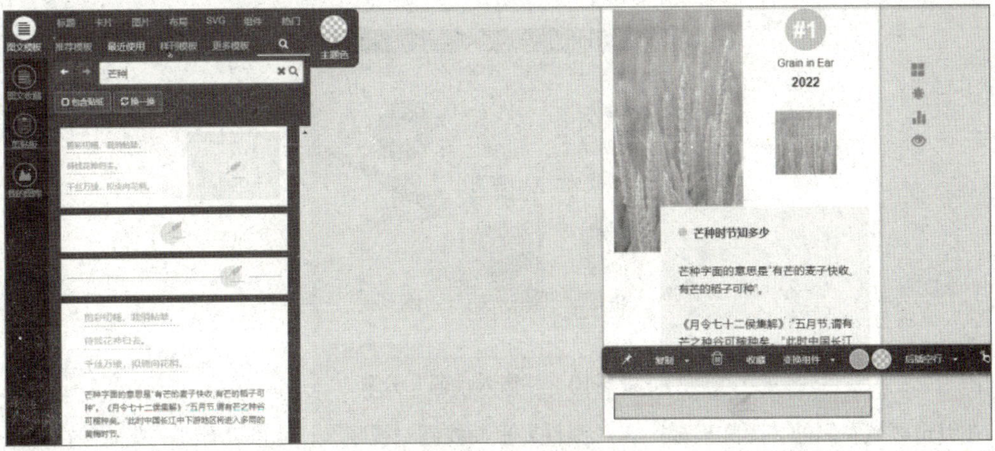

图 6-7　添加小图

秀米里可以直接添加 emoji 表情，将鼠标的文字光标定位到文字段落里，选择文字工具条上的“格式”→“插入符号”命令，再选择想要添加的 emoji 表情即可，如图 6-8 所示。

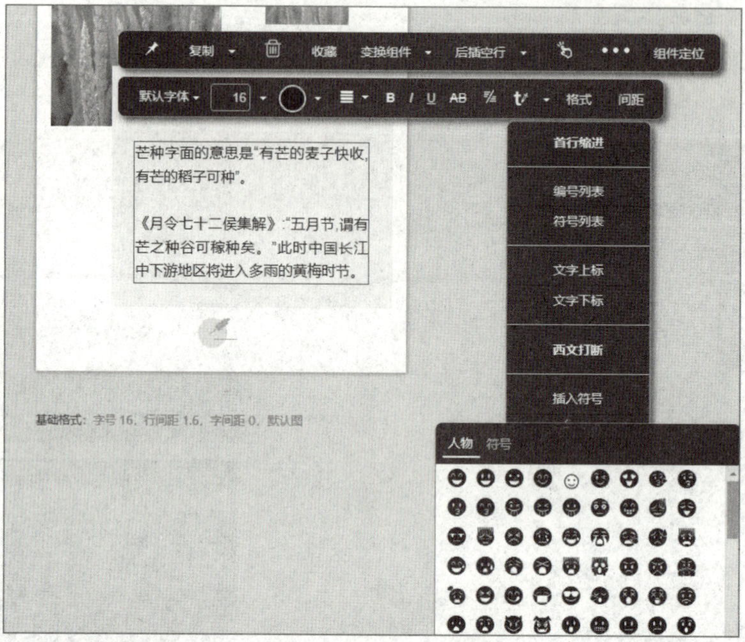

图 6-8　添加 emoji 表情

步骤 6：添加视频或音频。

打开腾讯视频网页版，找到需要添加的视频，单击左下角的“分享”按钮。如图 6-9 所示。

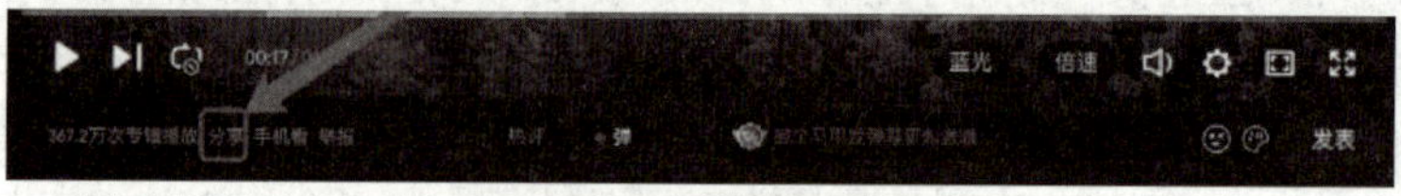

图 6-9　添加视频 / 音频

分享的下方会出现一个提示框，里面有嵌入代码功能，复制即可，如图 6-10 所示。

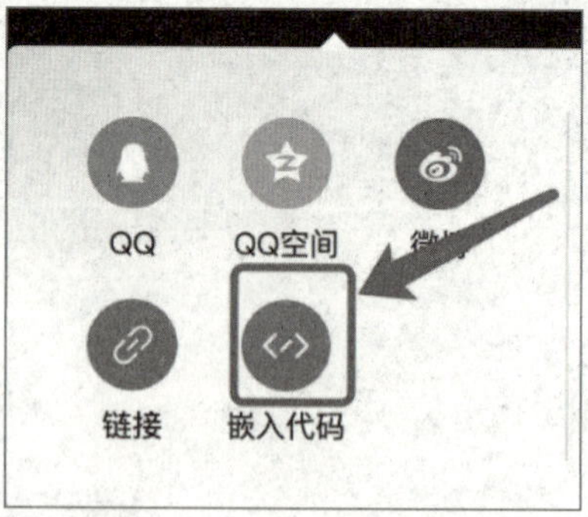

图 6-10　“嵌入代码”分享

在编辑区域左侧的“图文模板”→“组件”里面找到“视频”，就可以看到一些原始视频组件，如图 6-11 所示。

任意选择一个视频组件添加到编辑区域，单击黑色部分，会出现视频工具条，把之前复制的视频嵌入代码粘贴到输入框即可，如图 6-12 所示。

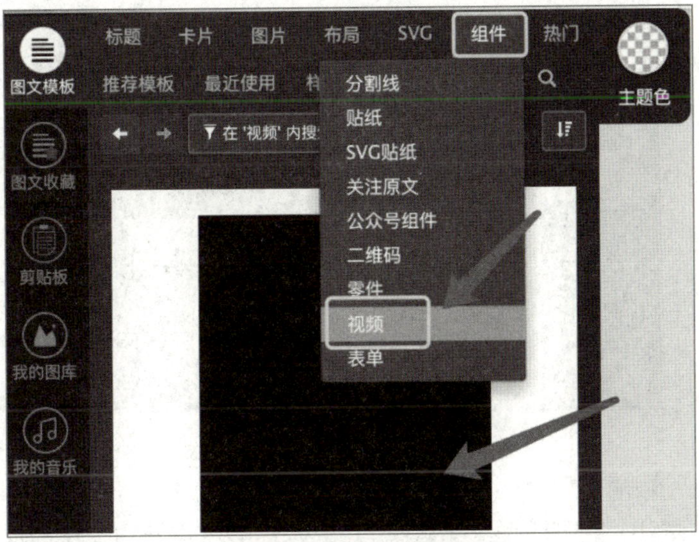

图 6-11　原始视频组件

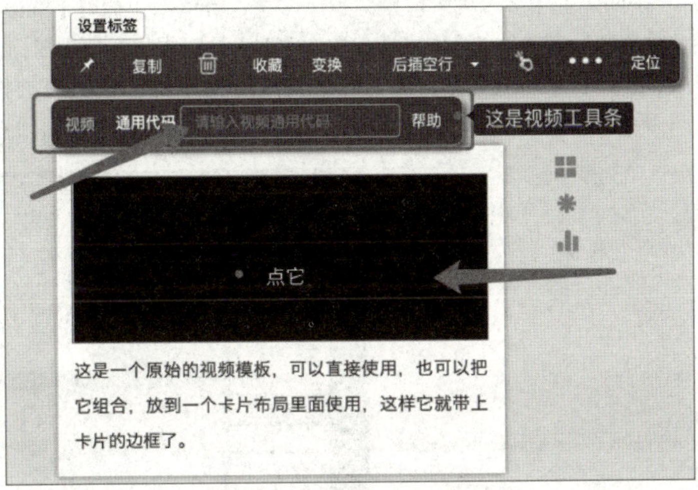

图 6-12　视频嵌入代码粘贴

秀米图文排版里面可以直接添加视频，但是需要先将视频上传到腾讯视频，然后通过复制视频的嵌入代码添加。视频也可以直接上传到公众号后台，不过那样是没有嵌入代码的。这种情况下，可以在秀米里面把其他部分都排版好，在视频的地方留好空行，复制或同步图文到公众号后台，后台编辑器再插入视频。如果排版的内容是要在公众号后台进行推送的，那么添加音频需要在微信公众号后台进行添加。如果排版的内容只是以秀米图文的形式传播，那么打开图文的增强特性功能，可以添加音乐。

步骤 7：添加小程序。

在秀米图文中，可以添加并编辑小程序组件。秀米小程序组件分图片、文字两种展示方式。这两种小程序展示方式，皆可用同步或复制的方式上传。秀米中添加小程序，需要借助小程序组件，在左边素材区“组件”→“公众号组件”中看到，如图 6-13 所示。

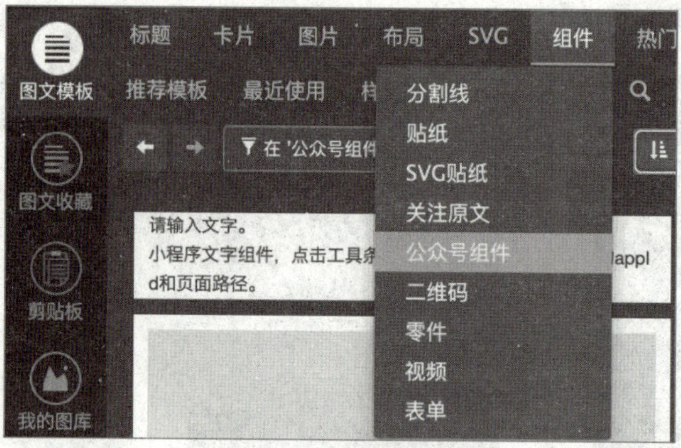

图 6-13　添加小程序

步骤 8：选取与拖动。

选取与拖动，是对内容调整的两个编辑操作，分选中内容和选中内容后拖动。鼠标放在编辑区域的空白部分，摁住鼠标，拉出一个蓝色框框，可以同时选中多个模块。键盘间隔多选，是借助快捷键【Ctrl】+鼠标单击间隔选中多个内容。键盘连续多选，是借助快捷键【Shift】+鼠标单击多选住内容。选取内容，分单选、多选。在操作多选选取内容时，可以根据习惯用鼠标或键盘进行操作。

单选图片、布局、模板时，鼠标直接单击选中即可，如果是选中文字组件，需要按住【Ctrl】键（Mac为【Command】，下同），当文字光标变成“十”字光标时，就可以选中，如图 6-14 所示。

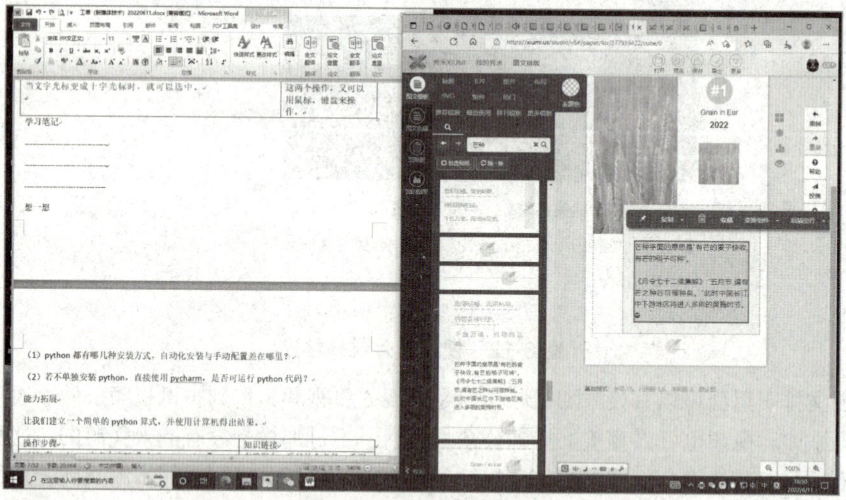

图 6-14　选取与拖动

步骤 9：模板变换。

把要排版的内容添加到编辑区域后，可以使用刷模板的方法快速给文字加上模板，如果对第一遍刷上的模板不满意，可以使用变换模板的方法快速替换成另外的模板。除了可以刷模板区的模板，也可以刷剪贴板、图文收藏里面的模板，在刷模板的时候，可以选择整个文字组件里的所有文字，也可以选择文字组件里的部分文字。选中文字，选择编辑区域左侧模板区里面的任一模板，就可以快速地给当前文字应用上模板，如图 6-15 所示。

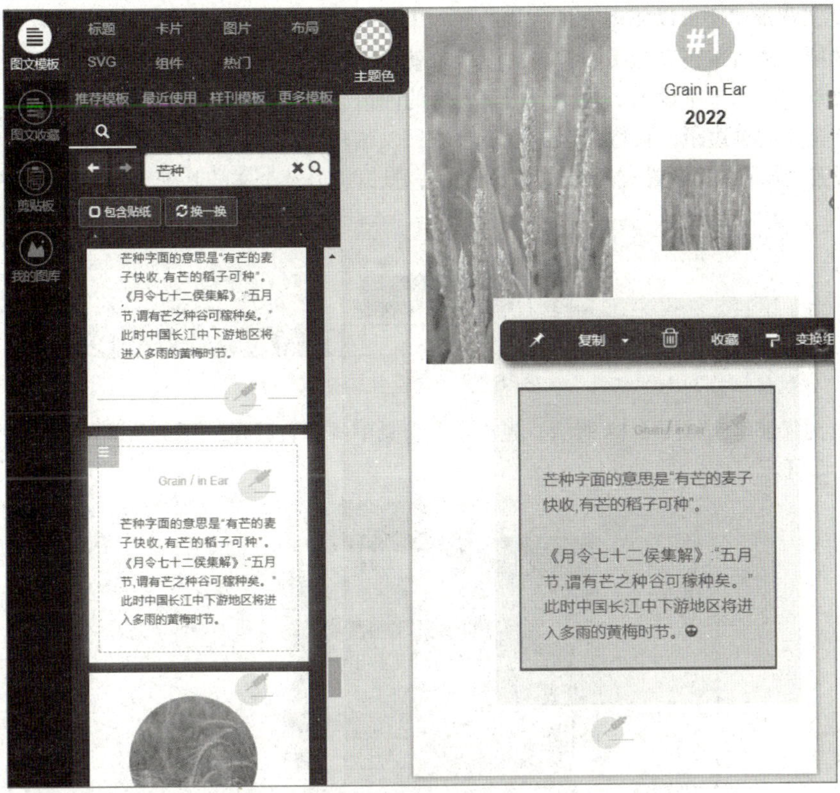

图 6-15 模板变换

步骤 10：快速换色。

给内容加模板的时候，可以先给模板设置主题色，统一模板的主色调；加完模板之后，如果觉得配色不满意，可以使用全文换色功能一键换色。

设置主题色后，想要恢复到系统模板原有色调，可以单击颜色圆圈下边的“清除”按钮，即恢复原样。在编辑区域左侧模板区右上角有一块突出的地方，有个颜色圆圈，圆圈下面写着主题色，如图 6-16 所示。设置主题色之后，模板区的模板颜色就会统一换成设置的主题色调。

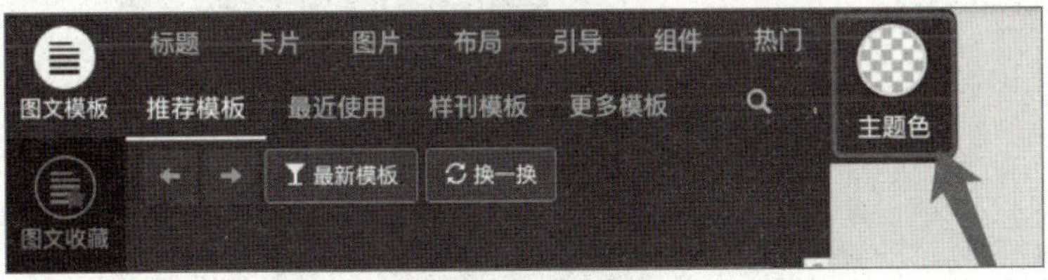

图 6-16 快速换色

步骤 11：调整全局格式。

我们日常编辑发布的文章，通常都有一套自己的规范。为了精简对这类重复样式的操作，可以采用全文调整、样刊排版、快捷键这类统一化自动化的操作，让文章排版更为精简规范。

全文背景设置可选纯色、渐变色和图片背景。设置全文背景图，全文背景中切换到背景图，单击图库的图片，或者从秀米贴纸中搜索“纹理”，然后根据需求调整图片大小。

替换全文背景，还可以将现有带背景的模板中的背景应用过来，同样是在全文背景设置中，选择背景图选项，然后单击左边带有背景的模板，就可以将对应模板中的背景应用，设为全文背景。设置全文背景后，如果不设置页边距，图文内容的两边会紧贴背景边缘。所以在设置全文背景后，建议再调整全文的页边距，页边距至少 10px。在图文编辑区域右边，布局模式按钮的正下方，就是全局格式设置。全局格式设置有两个选项，全文的背景设置以及全文的基础格式设置，如图 6-17 所示。

图 6-17　调整全局格式

设置全文背景色，如图 6-18 所示。先在全文背景中选择背景色选项，从调色板中选取一个纯色或渐变色，即可。

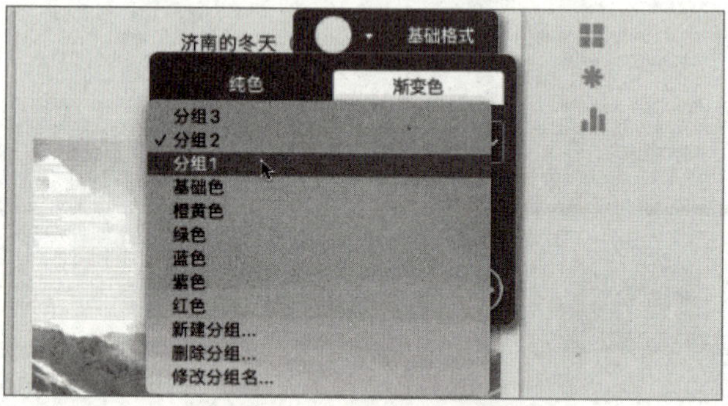

图 6-18　设置全文背景色

步骤 12：设置全文的基础格式。

基础格式，分为文字基础格式、图片基础格式，这两个并列显示。文字基础格式，可以一次性给文字设置字号、字体、行间距、字间距、段落间距、页边距以及文字颜色，设置完格式会应用到全文。图文基础格式，分为系统默认、无缝图片、自定义三种。文字基础格式，如图 6-19 所示。

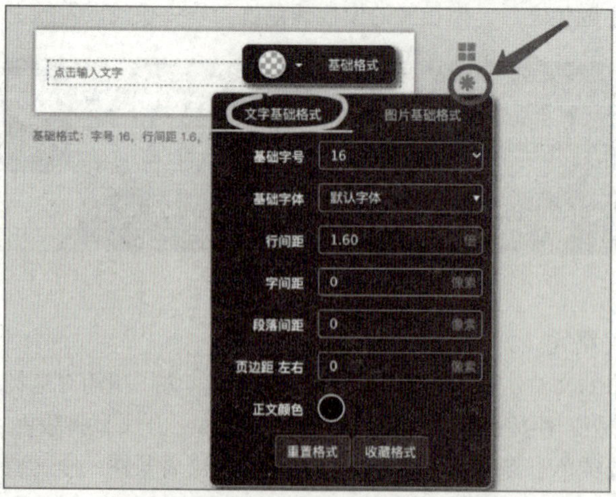

图 6-19　全文文字基础格式

图片基础格式，与文字基础格式并列，如图 6-20 所示。

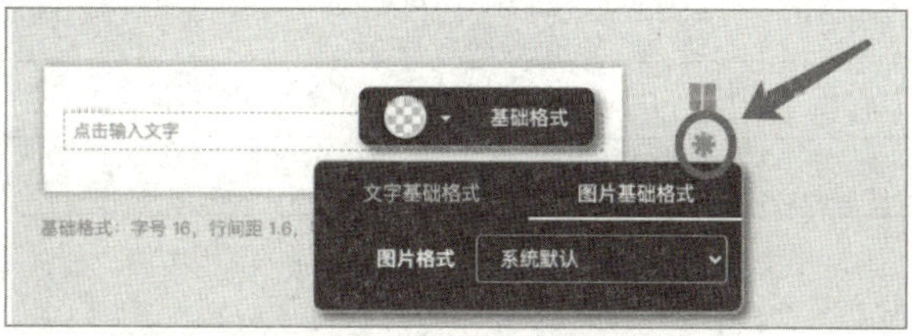

图 6-20　图片基础格式

步骤 13：一键排版与样刊。在日常排版工作中，为了能达到简便高效的结果，我们可能需要一套固定的排版格式，方便重复利用。在秀米中，可以将这样一套固定模板做成样刊图文，方便随时取用，也可以将它们设置为一键排版样刊，更大提高排版工作的效率。在编辑界面左边模板区中，单击样刊模板，从弹出的界面的“系统样刊”中选择一个一键排版样刊图文，如图 6-21 所示。

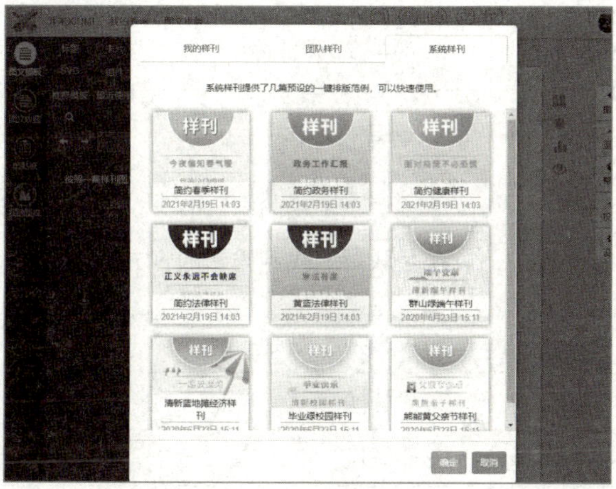

图 6-21　一键排版与样刊

如需全文换色，可选中内容，单击工具条上的颜色圆圈，在调色板左下角有一个“全文替换”，先勾选它，然后再去选择想要替换成的颜色，如图 6-22 所示。

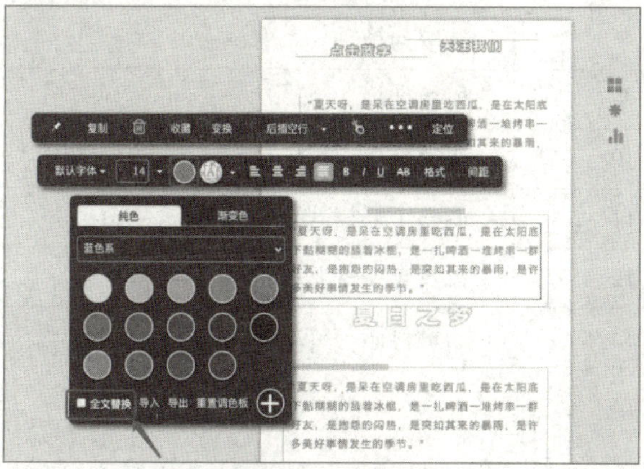

图 6-22　全文换色

学习笔记

想一想

（1）如何利用布局，对版面进行设计？

（2）如何制作自己的模板，在今后加以使用？

任务考评

【任务 1】图文编创考评记录

学生姓名		班级		任务评分	
实训地点		学号		完成日期	
任务实现步骤	序号	考核内容		标准分	评分
	1	在互联网上找到秀米的官方网站		5	
	2	加入文字、图片		10	
	3	文字替换		10	
	4	图片替换		10	
	5	插入小图或表情		10	
	6	添加视频或音频		10	
	7	添加小程序		10	
	8	选取与拖动		10	
	9	模板变换		10	
	10	快速换色		5	
	11	调整全局格式		5	
	12	设置全文的基础格式		5	
	13	一键排版与样刊		5	
教师评语					

6.1.2 【任务 2】短视频后期制作

任务描述与分析

情境描述	小余意识到家乡的“农业创客园”项目短视频是宣传和业绩的增长点，需要迎上短视频领域的风口，在短时间内把项目的短视频运营业务开展起来。她已经与运营团队确定拍摄主题为“村校联动——大学生返乡创业”，完成了脚本创作、场景搭建和素材拍摄，接下来要进行短视频的后期制作。
技术分析	本次任务需要掌握以下技能： （1）找到官网打开 bilibili 云剪辑工具。 （2）根据脚本创作要求，在 bilibili 云剪辑中完成基本的视频剪辑。 （3）发布短视频。
任务分解	分析上面的工作情境，我们需要完成以下任务： （1）选择短视频后期制作工具。 （2）上传视频素材至视频在线剪辑网站，完成编辑创作。 （3）发布短视频作品。
知识准备	随着短视频产业的蓬勃发展，很多软件公司纷纷推出短视频制作软件。这些制作软件从入门级到专家级的都可以满足不同制作者的需求。短视频制作软件可以分为面向 PC 剪辑软件和面向手机的剪辑软件。 目前市面上主流的 PC 剪辑软件有 Adobe Premiere、EDIUS、爱剪辑、会声会影等；应用于手机端的视频制作 App 可以快速编辑高质量、高水平的短视频作品，常见的手机剪辑 App 有剪映、VUE、乐秀、巧影。视频制作者可以利用它们在短时间内进行短视频后期编辑，并将作品分享到微信、朋友圈、微博、QQ 等社交媒体。 短视频从制作流程上分为四个步骤：确定主题、脚本创作、场景搭建和拍摄、后期制作。如果是对现有视频或者电影电视剧的二次创作，那么拍摄环节就可以省略了。 bilibili 云剪辑是 bilibili（哔哩哔哩，简称：B 站）出品的视频剪辑在线工具，在浏览器直接打开就能进行视频编辑。虽然是一款在线工具，但具备的音轨分离、视频变速、效果、校色等剪辑功能却非常全面，此外，其还具备许多 B 站特色素材，像主题片头、贴纸、转场、特效、三连等，可以直接添加到视频中使用。不过，该工具只支持将视频发布到 B 站，无法保存视频到本地。此外，工具只支持在微软 Edge 等浏览器中打开。剪辑后无须导出可直接在 B 站投稿，其移动端的剪辑应用为“必剪”。

学习笔记

任务实现

操作步骤

步骤 1：进入 B 站官网单击“创作中心”投稿选择“云剪辑”，如图 6-23、图 6-24 所示。微软 Edge 可以，IE 浏览器、QQ 浏览器暂不支持。

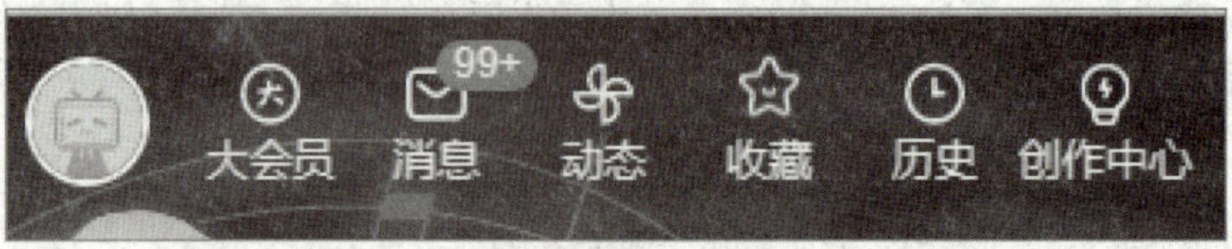

图 6-23　B 站官网单击“创作中心”

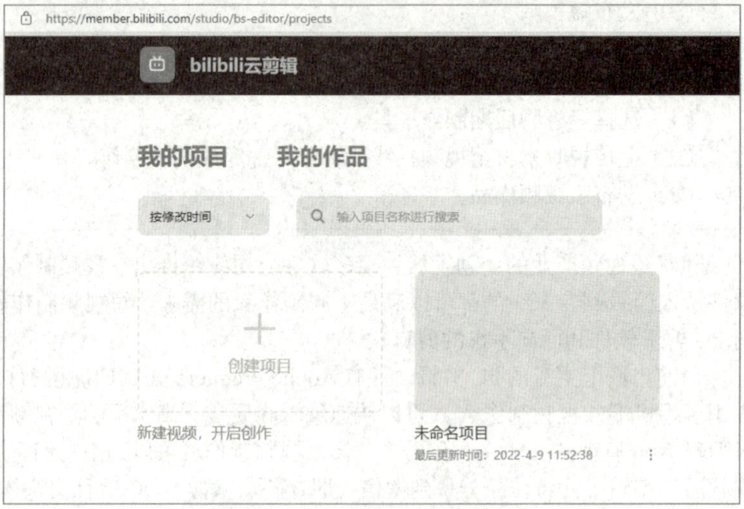

图 6-24　bilibili 云剪辑界面

步骤 2：单击“创建项目”，即可进入视频创作界面，如图 6-25 所示。短视频后期制作主要是将所准备、拍摄的大量素材，经过选择、取舍、分解与组接，最终完成一个连贯流畅、含义明确、主题鲜明并有艺术感染力的作品。

短视频后期制作相关内容：

（1）视频编辑：按要求和脚本，以突出某主题内容为目的剪辑制作、段落删减、增加删减片段。

（2）素材处理：对视频素材进行片段删减、段落顺序重组、历史素材并入、相关素材引入组合等操作。

（3）字幕处理：为视频素材添加 Logo、中外文字幕、说明字幕、修饰字幕、三维字幕、滚动字幕、挂角字幕等。

（4）音频处理：为视频素材添加背景音乐、特效音乐、专业播音员多语种配音解说、对口型配音、配乐。

（5）包装处理：为视频素材剪辑后全方位特效包装，如蒙太奇效果、制作三维片头片尾、Flash 片头片尾、形象标识特效等。

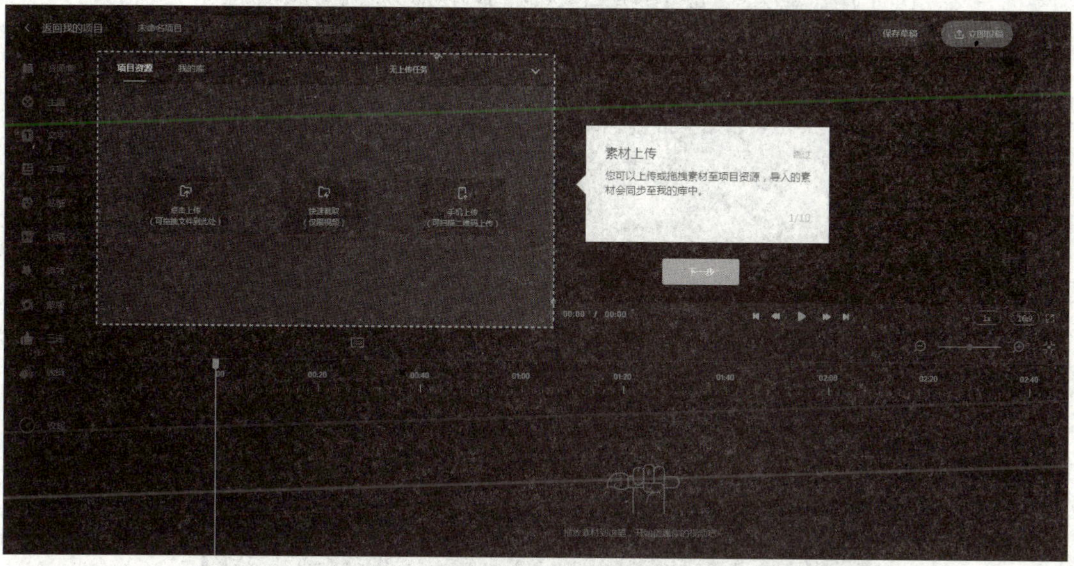

图 6-25 视频创作界面

将项目名称改为“村校联动——大学生返乡创业”，如图 6-26 所示。

图 6-26 项目名称更改

项目尺寸默认为 16:9，可根据需要调整，如图 6-27 所示。

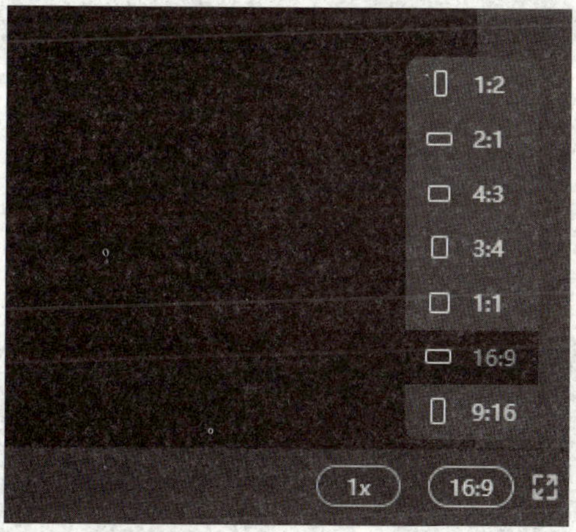

图 6-27 调整项目尺寸

步骤 3：将上传的素材拖动到时间轴。“资源库”视频素材上传到 bilibili 云剪辑，等待转码，再添加到时间轴；对于视频素材可以直接整体添加滤镜效果。最多可放 10GB 的素材，如图 6-28、图 6-29 所示。

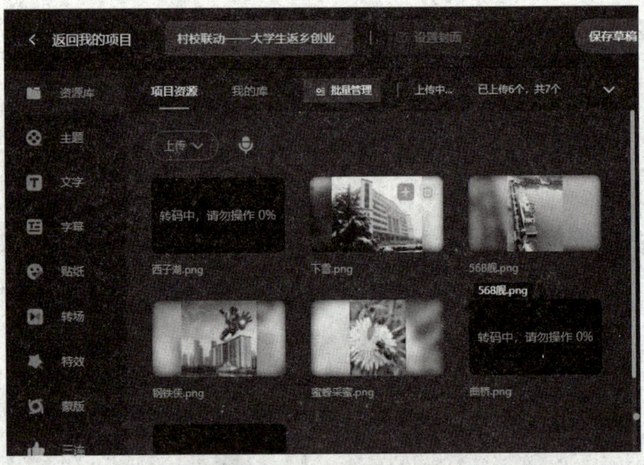

图 6-28 素材拖动到时间轴

图 6-29 素材显示在时间轴

步骤 4：选择“主题”为“回首时光”，应用主题。“主题”类似视频的开场动画效果，云剪辑提供了 18 个主题，涵盖了生活多方面的主题风格，可以根据视频的内容选择一个合适的风格，直接添加到时间轴即可。不过主题动画是应用于全部的视频内容的，务必根据视频内容进行选择，如图 6-30 所示。

图 6-30 选择和应用主题

播放应用主题效果，如图 6-31 所示。

图 6-31　播放应用主题效果

步骤 5：选择左侧的字幕选项卡可以为作品添加文字。“文字”既可做字幕，也可以做后期的对话框，各种片头或片尾的效果，如图 6-32 所示。

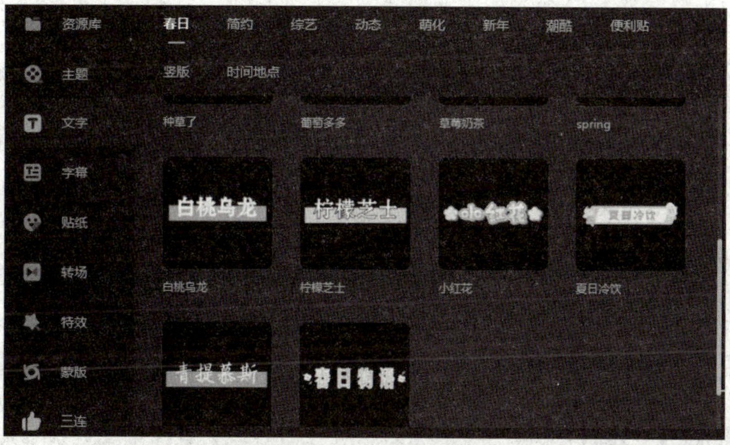

图 6-32　为作品添加文字

鼠标移动到提供的文字素材模板“白桃乌龙”上，右上角出现蓝色的“+”，单击出现“添加到编辑轨道”，如图 6-33 所示。

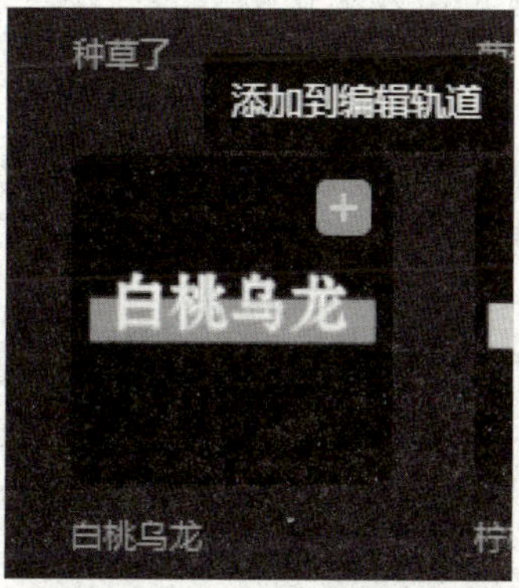

图 6-33　文字添加到编辑轨道

选中字幕可以对字幕进行编辑，可编辑字体、颜色、样式等，如图 6-34 所示。

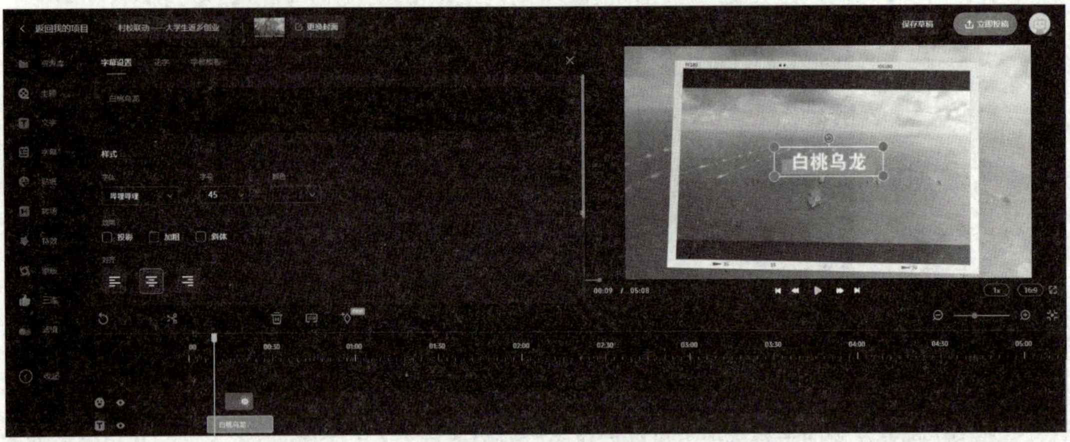

图 6-34　对字幕进行编辑

例如将文字素材模板“白桃乌龙”编辑改为“一别三载”，轨道上的文字同步显示为“一别三载”，如图 6-35 所示。

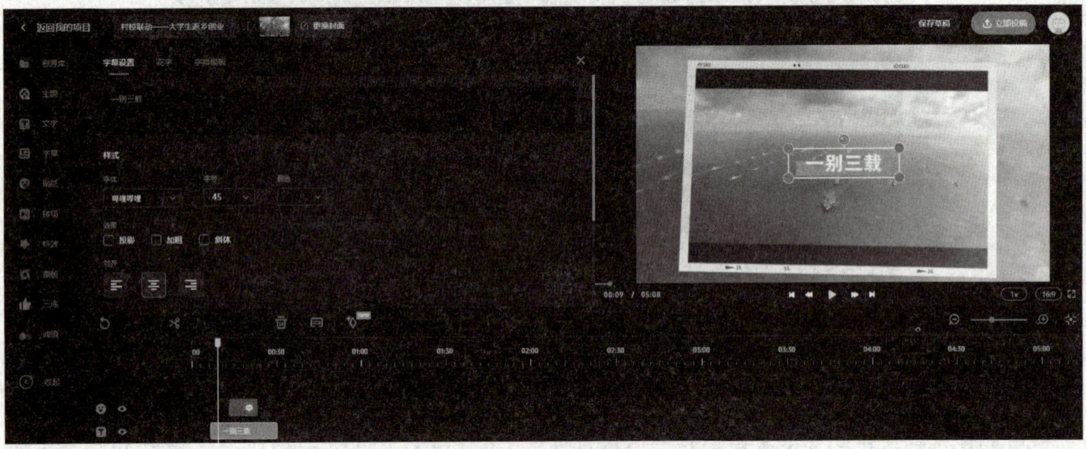

图 6-35　文字素材模板与轨道同步更改

步骤 6： 选中视频，拖动时间轴在预定位置，可选择“剪开片段”对视频进行剪辑操作，方便对素材进行拼接，如图 6-36 所示。

短视频剪辑注意事项：

（1）合理利用素材，添加音乐素材、模板素材、滤镜素材时要注意版权问题。

（2）镜头转换和流动要自然，镜头的切换要符合逻辑。

（3）少用转场特效转场，否则容易打乱短视频节奏，打断观众的思维，得不偿失。

（4）确定视频剪辑的核心和重点，使用的剪辑手法要将短视频内容表达清晰，重点突出。

（5）背景声音与音乐要与视频画面统一。

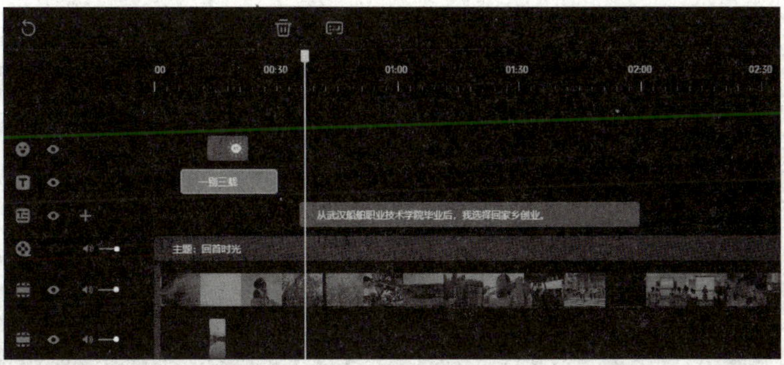

图 6-36　视频剪辑操作

步骤 7： 直接添加字幕是最简单的方式。

在 B 站，有字幕的视频播放数据要高于无字幕的视频。拥有字幕的视频，用户看起来更省力。同时，添加字幕可以让视频被更多人看见，包括失聪或有听力障碍的人士。但为每个视频编辑字幕无疑是大工程，bilibili 云视频支持直接导入字幕文件。导入的文字文件可对文字内容进行二次编辑。直接单击左侧“字幕”按钮，选择“粘贴文本”，字幕默认在视频的下方居中，如图 6-37 所示。

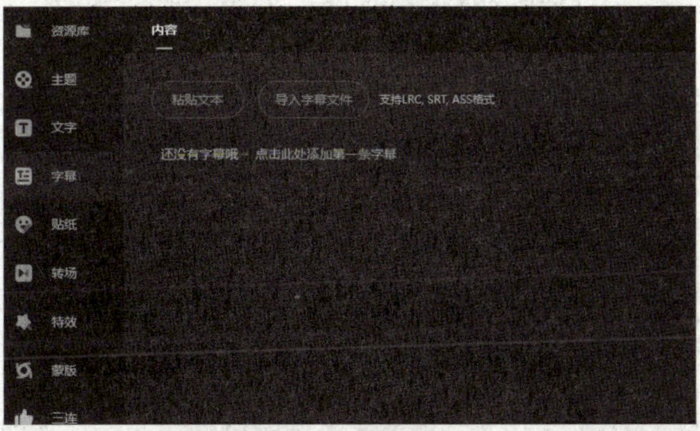

图 6-37　直接添加字幕

双击文字轨道模板，可以编辑文字内容，如图 6-38 所示。

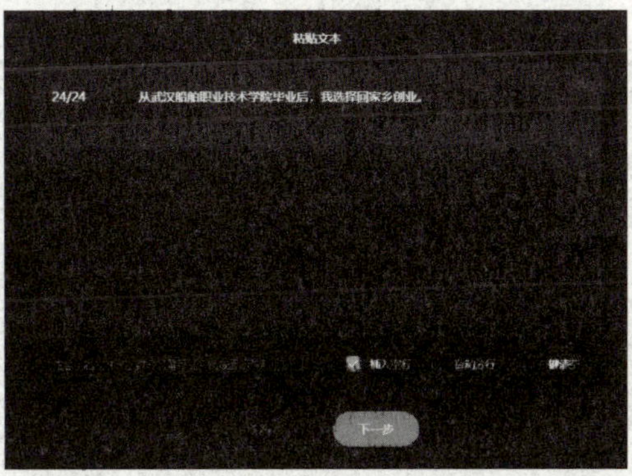

图 6-38　编辑文字内容

鼠标可将文字轨道拖动到适宜位置，单击“播放”按钮，即可预览字幕效果，如图 6-39 所示。

图 6-39　预览字幕效果

步骤 8： 根据自己的情况添加视频衔接的转场效果和蒙版。

“转场”类似于 PPT 动画的效果，转场效果根据用户的喜好添加，转场效果只能添加到具有视频衔接逻辑的间隙，不可在时间轴拖动展现。“蒙版”分为马赛克、模糊、遮罩三种。拖动至下方后选择轨道，可编辑大小、强度和位置，如图 6-40、图 6-41 所示。

图 6-40　添加转场效果和蒙版

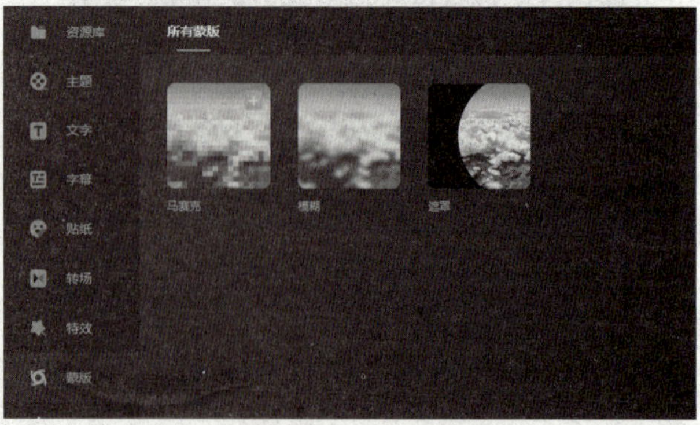

图 6-41　蒙版选项

步骤 9：根据自己的情况添加视频的播放倍速、尺寸、配乐、贴纸、滤镜等效果。“贴纸”与字幕一样，选择需要的贴纸，直接拖入下方。“滤镜”在含有人像的片段使用效果更佳。可调节强度。如图 6-42 添加了贴纸“小太阳”。

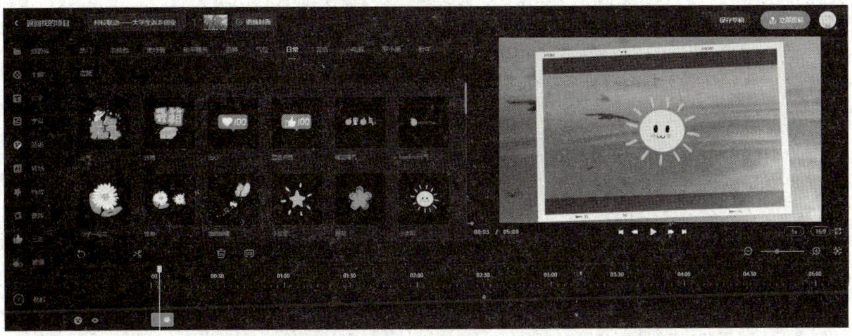

图 6-42　添加贴纸

选中轨道中的“小太阳”贴纸，可调节贴纸大小，设置位置。如图 6-43 将贴纸位置选择设置在“中间居右”。

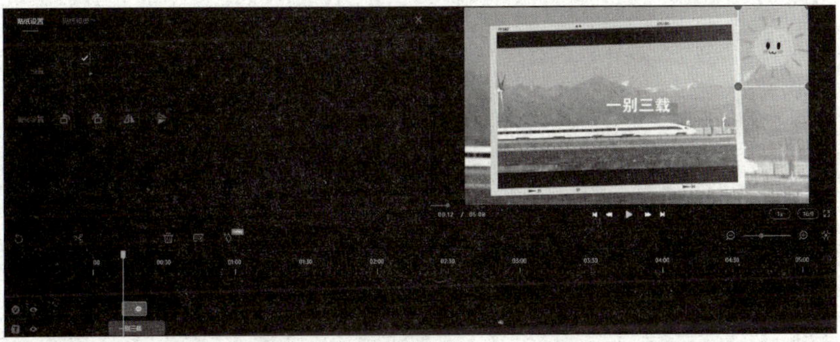

图 6-43　调节贴纸大小，设置位置

步骤 10：编辑完成后保存草稿或立即投稿即可。

如图 6-44 所示，在“我的项目”下可以看到已经完成创作的视频作品。

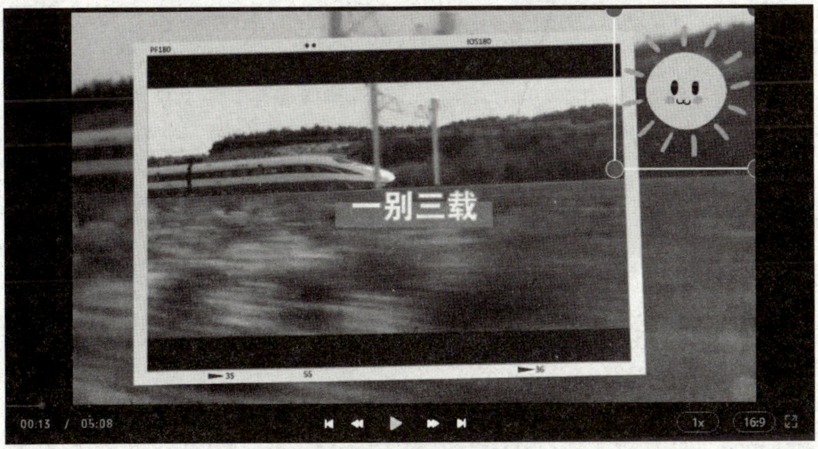

图 6-44　编辑完成效果

在视频投稿设置区域进一步将基本信息、标题、分区、标签等设置妥当，单击“立即投稿”即可，如图 6-45 所示。

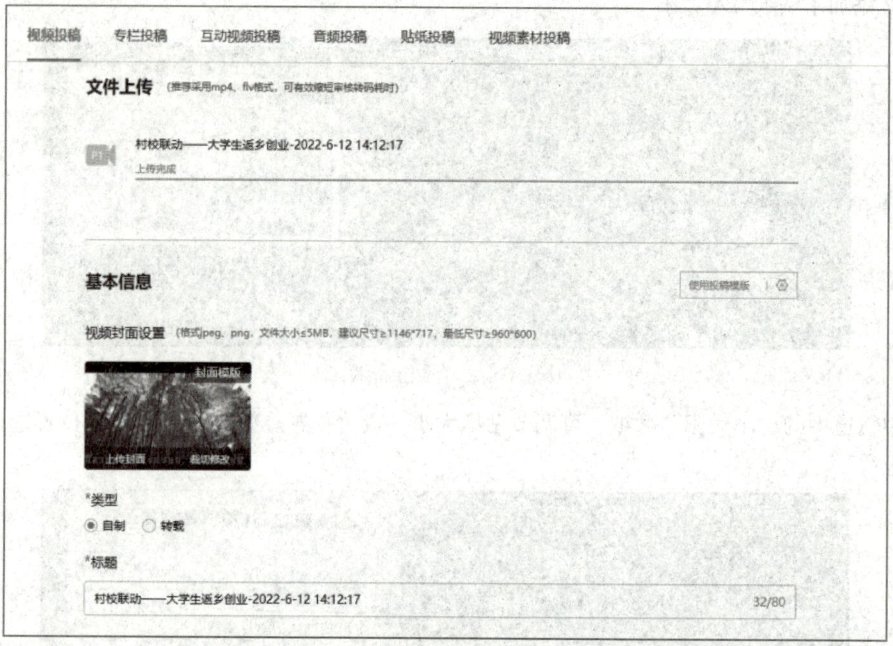

图 6-45　投稿设置

学习笔记

想一想

（1）如果您希望视频在任何平台上都能正常播放，则必须了解每种视频格式的工作原理，常见的视频文件格式有哪些？

（2）需要剪辑专业的视频，可以选择哪些专业的视频后期处理软件？

（3）其他本地或在线视频编辑处理工具有哪些优缺点？

（4）进行视频编辑处理前，还有哪些准备工作要做？

任务考评

【任务 2】短视频后期制作考评记录

学生姓名		班级		任务评分	
实训地点		学号		完成日期	
任务实现步骤	序号	考核内容		标准分	评分
	1	打开云剪辑		5	
	2	建立项目		10	
	3	上传素材		10	
	4	应用主题		10	
	5	添加文字		10	
	6	剪开片段		20	
	7	添加字幕		10	
	8	添加视频衔接的转场效果和蒙版		10	
	9	添加其他效果		10	
	10	编辑完成后保存草稿或立即投稿		5	
教师评语					

6.1.3 【任务 3】运营微信公众号

任务描述与分析

情境描述	小余自从负责家乡的“农业创客园”项目在微信公众号平台的品牌宣传和产品营销工作以来，由于对新媒体平台知之甚少，她计划先行学习微信公众号运营所需的知识和技能，并通过活动实施加以巩固知识。
技术分析	本次任务需要掌握以下技能： （1）微信公众号消息会话。 （2）微信公众号内网页。
任务分解	分析上面的工作情境，我们需要完成以下任务： （1）注册微信公众号。 （2）设置微信公众号的基本功能。 （3）发布微信公众号文案。
知识准备	随着互联网的快速发展，新媒体平台更新了一代又一代。从最初的门户网站投稿模式，到博客论坛，再到如今的微信，微博，头条等。当前新媒体平台主要归纳为 5 个大类，分别是： 半封闭平台。主要包括：微信公众号，QQ 公众号平台等。这类新媒体平台对内容要求较高，对用户认同感要求高。主要是针对关注自己公众号用户的内容传播，传播范围有一定局限性。也就是别人不关注你，你发布的信息别人就无法接收到。 短信息平台。类似于朋友圈，这类平台主要是适合快速阅读，利用人们碎片化时间提供比较短小的内容发布的平台，优质内容也会得到平台推荐。常见的有：微信朋友圈、新浪微博、今日头条的微头条等。 开放式推荐平台。这类新媒体平台主要有：今日头条、搜狐自媒体、网易自媒体、一点资讯、UC 自媒体、百家号、企鹅号等。有更强的专业性，也有更精准的用户，适合自媒体人。平台有合理的推荐机制，并且为了鼓励原创平台有各种奖励机制。 视频式平台。主要分为长视频和短视频平台。常见长视频平台主要有：bilibili 哔哩哔哩、优酷、土豆、爱奇艺、乐视、腾讯视频等。短视频平台最常见的有：抖音、微视、快手、美拍、火牛视频、火山小视频等。 问答式平台。问答平台主要有：悟空问答、百度问答、知乎问答、微博问答、搜狗问答、360 问答、手百问答等。百度、知乎、微博、搜狗、360 等问答平台主要用来做品牌宣传，软性植入品牌推广品牌，从而获得用户流量。悟空问答不仅可以获得用户流量，宣传品牌，还可以赚零花钱。有些平台有资金扶持，优质原创问答有红包奖励。 此次任务主要讲解微信公众号。 微信公众号是开发者或商家在微信公众平台上申请的应用账号，平台上实现和特定群体的文字、图片、语音、视频的全方位沟通、互动，形成了一种主流的线上线下微信互动营销方式。

学习笔记

任务实现

操作步骤

步骤1: 注册微信公众号。在建立一个微信公众号之前，需要准备: ①一个邮箱号; ②一个手机号; ③一个公众号名字；④一个身份证号；⑤一个未注册过公众号并且开通了支付功能的微信号。用计算机登录微信公众平台，单击“立即注册”，如图 6-46 所示。

图 6-46　微信公众号登录

选择注册类型，按照流程填写信息，如图 6-47 所示。

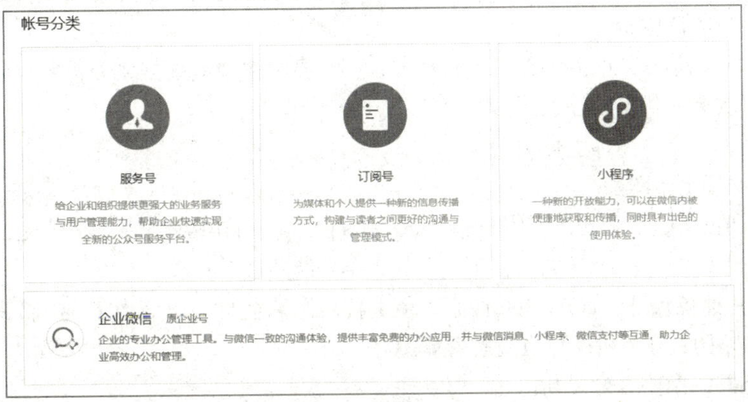

图 6-47　选择注册类型

步骤2： 注册好后，登录微信公众号进行个人公众号设置，鼠标移动到右上角公众号名字，单击账号详情（公众号左侧边栏，拉到最下方“设置”→“公众号设置”）两种方法都可进入，如图 6-48 所示。公众号常用功能：基本信息设置、首次关注自动回复、关键字回复、自定义菜单、话题标签、原创管理、读者讨论、图文发布、数据分析。

设置微信公众号的基本功能，如图 6-49 所示。

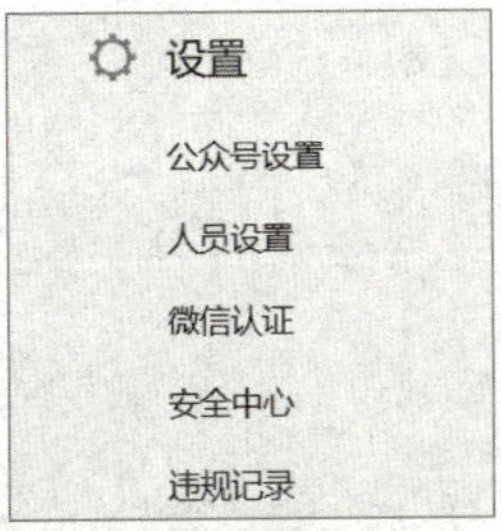

图 6-48　设置个人公众号

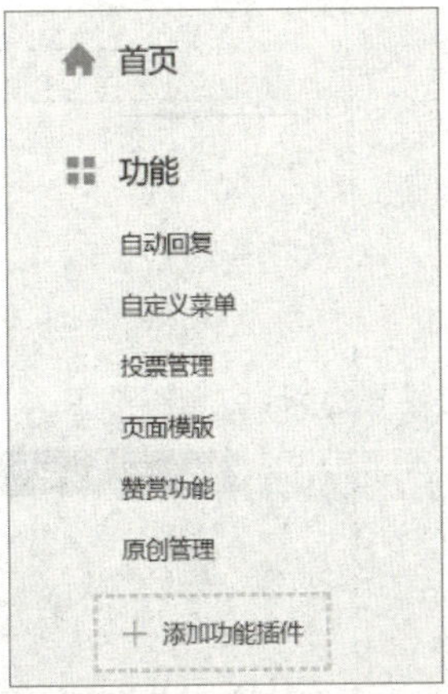

图 6-49　设置微信公众号的基本功能

步骤 3：发布微信公众号文案。

进入微信公众号平台→“创作管理”→“图文素材”→“新的创作”→“图文消息”，或进入“首页”→“新的创作”→“图文消息”，即可编辑单图文消息，如果需要编辑多图文消息，直接单击左侧图文导航“+”可增加一条图文消息，最多可编辑 8 条图文内容，如图 6-50 所示。

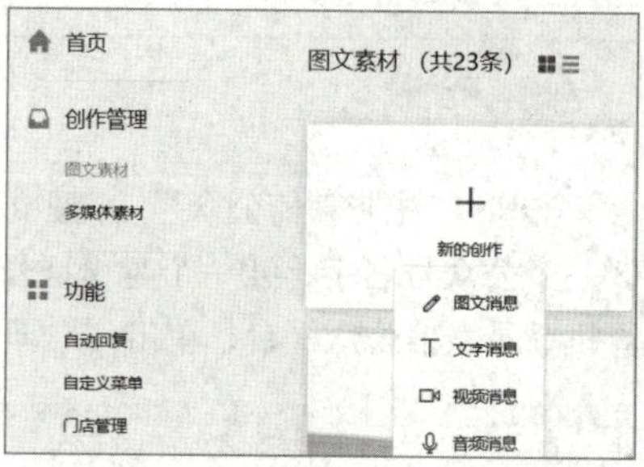

图 6-50　发布微信公众号文案

微信公众号文案的发布技巧：

（1）时间。发布时间最好选择早上 6 点到 7 点、中午 11 点半到 12 点半和晚上 8 点钟左右，这是通用目标用户的特性。

（2）检查。撰写好微信公众号推广文案后一定要注意检查错别字、语法、标点符号等，如果有问题会影响用户阅读体验。

（3）数据。一篇微信公众号推广文案发布后一定要关注阅读数据，分析文章阅读情况，找出不足的地方，下次撰写就可以改进。

图文消息封面、正文图片上传规则：

（1）封面必须上传图片。

（2）封面和正文图片，支持上传 bmp、png、jpeg、jpg、gif 格式。

（3）封面图片大小在 5MB 以内，正文图片大小不能超过 5MB。

（4）大图片建议尺寸：900 × 500 像素，但上传后图片会自动压缩为宽 640 像素（高会压缩为对应比例）的缩略图，在手机端可点击查看原图。

图文消息标题、摘要编辑规则：

（1）标题（必填项）：不能为空且长度不超过 64 字（不支持换行以及设置字体大小）。

（2）在编辑单图文消息时，可以选填摘要内容，不能超过 120 个汉字或字符；填写摘要后用户收到的图文消息封面会显示摘要内容；若未填写摘要，用户收到的图文消息封面则自动默认抓取正文前 54 个字，如图 6-51 所示。

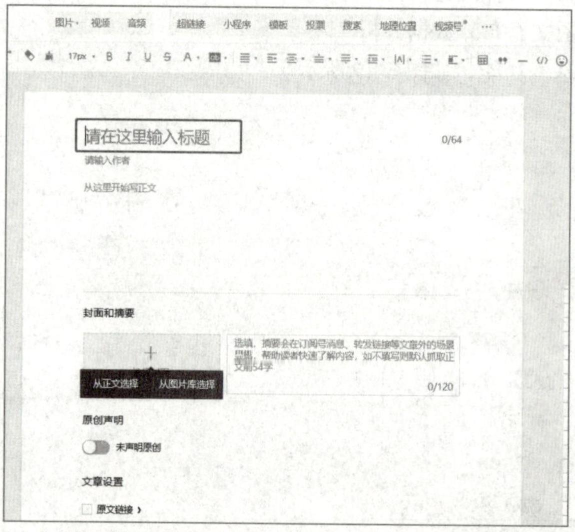

图 6-51　设置图文消息标题、摘要编辑规则

单击“保存”，文章最新修改版本至后台显示，单击“预览”既可查看，也可发送到已关注该公众号的微信号上，在手机上先进行查看，方便调整。

最后，确认无误后，单击“保存并群发”，分为“直接群发”、“定时群发”和“分组群发”。

步骤 4：群发消息和被动回复消息。

公众平台群发方法：进入微信公众平台，进入“创作管理”界面，选择“图文素材”或“多媒体素材”，或进入“首页”→“新的创作”，“图文消息”（或“文字消息”或“视频消息”或“音频消息”或“图片消息”），选择对群发对象、性别、群发地区发送即可，如图 6-52 所示。

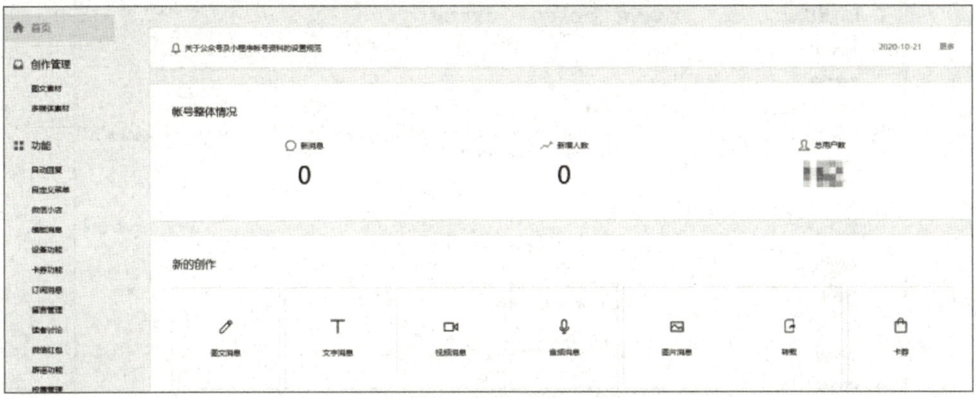

图 6-52　公众平台群发设置

当用户发送消息给公众号时（或某些特定的用户操作引发的事件推送时），会产生一个 POST 请求，开发者可以在响应包中返回特定 XML 结构，来对该消息进行响应（现支持回复文本、图片、图文、语音、视频、音乐）。

设置被关注自动回复：通过在微信公众平台→“功能”→“被关注回复”，可设置的文字、音频、图片、视频、为被添加自动回复内容。在微信公众平台设置被添加自动回复后，用户在关注公众号时，会自动发送已设置的文字、音频、图片、视频给用户，设置后可根据需要修改或删除回复，如图 6-53 所示。

图 6-53　设置被关注自动回复

设置消息自动回复：通过在微信公众平台→“功能”→“自动回复”→“收到消息自动回复”，可设置文字、音频、图片、视频为用户消息回复。在微信公众平台设置消息自动回复后，会在用户给您平台发送微信消息时，平台自动回复您设置的文字、音频、图片、视频给用户，如图 6-54 所示。

图 6-54　设置收到消息自动回复

学习笔记

想一想

（1）其他新媒体平台的注册流程如何，请举例说明？

（2）将微信公众号平台管理好的主要措施有哪些？

（3）有哪些措施能方便、合理地管理微信公众号平台？

任务考评

【任务3】运营微信公众号考评记录

学生姓名		班级		任务评分	
实训地点		学号		完成日期	
任务实现步骤	序号	考核内容		标准分	评分
	1	注册微信公众号		20	
	2	设置微信公众号的基本功能		30	
	3	发布微信公众号文案		30	
	4	群发消息和被动回复消息		20	
教师评语					

6.1.4 【任务4】利用视频平台

任务描述与分析

情境描述	小余与其他“农业创客园”项目的团队成员制作了一系列短视频，内容包括产品的科普、制作试验、学习分享、美食等，准备针对不同客户群体进行视频投放，他们选择了B站作为其中之一的视频平台。
技术分析	本次任务需要掌握以下技能： （1）B站实时评论功能——弹幕。 （2）在B站发布视频。
任务分解	分析上面的工作情境，我们需要完成以下任务： （1）注册B站账号。 （2）设置B站账号的基本功能。 （3）发布系列短视频作品。
知识准备	短视频是指在各种新媒体平台上播放的、适合在移动状态和短时休闲状态下观看的、高频推送的视频内容，时长一般在5min以内。移动互联网时代下，短视频成为众人口中的高频词汇，也衍生了诸如短视频营销、短视频创业、短视频带货、Vlog等领域。我国短视频企业类型可大体分为平台方、内容方和工具类三种。按照生产方式的不同，短视频内容生产可分为三种模式，分别为由普通用户创作的UGC（User Generated Content）模式、专业用户创作的PUGC（Professional User Generated Content）模式和由专门机构负责生产的PGC（Professional Generated Content）模式。当前我国各短视频平台正在积极探索商业变现，无论是社交，还是电商，对于更深层次的商业探索正在成为发展的主流。

学习笔记

任务实现

操作步骤

步骤1：注册B站账号。

登录B站官网，进入账号注册/登录页面，若已注册过账号，直接登录即可。普通用户若想上传视频需通过答题升级为会员账号。

步骤 2： B 站账号的基本功能。创作中心的首页分为了三个区域：活动区域、数据区域、创作教程。内容管理分为三个区域：稿件管理、申诉管理、字幕管理，如图 6-55 所示。

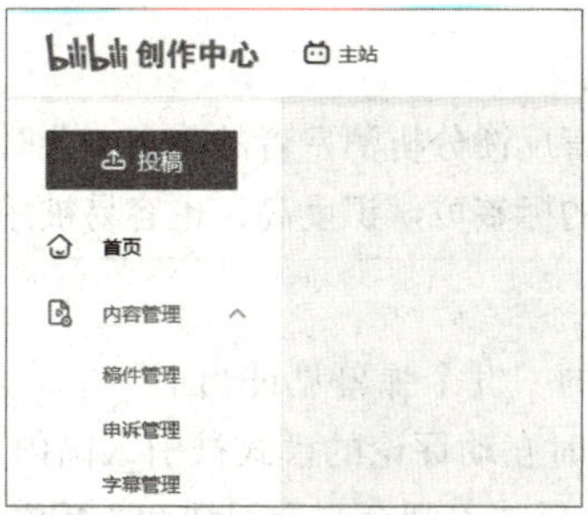

图 6-55　内容管理区域

数据中心包含重要的数据指标：播放量、累计粉丝、点赞、收藏、硬币、评论、弹幕、分享、充电，如图 6-56 所示。

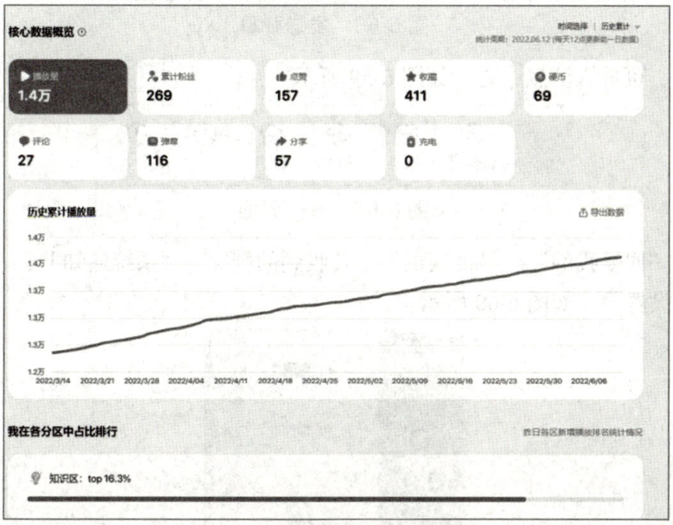

图 6-56　数据中心区域

步骤 3： 发布 B 站视频。

在主站登录界面单击“投稿”→“视频投稿”，进入上传视频页面。单击“上传视频”，选择已下载好或已经剪辑好的视频文件（上传视频建议：大小不超过 4GB，格式为 FLV、MP4），可上传一段或多段视频，如图 6-57 所示。

图 6-57　发布视频

视频发布技巧：

（1）勤发视频。短视频账号初创时期，无人问津是很常见的，关键是要坚持、勤发视频，当视频击中市场痛点，便会收获用户。

（2）商品和价格迎合消费者。

（3）注重用户互动。通过留言反馈分析消费者的需求，及时调整短视频运营的方向和策略。

（4）专属招牌式话术。特有的标签可辨识度高，也容易被用户接纳。

步骤 4：弹幕与消息回复。

首先登录 B 站账号，在视频的“发个弹幕见证当下”中输入弹幕内容，单击“发送”按钮，如图 6-58 所示。自从弹幕这种即时互动评论的模式被引入国内，十几年间，它从小众走向大众，衍生出一套自成一体的弹幕文化，反映着观众观看习惯和心理情绪的变化，也引领着互联网流行文化的趋势。

图 6-58 发送弹幕

单击“消息”，可进入消息中心，如图 6-59 所示。

图 6-59 账号界面

消息中心包含“回复我的”、“@ 我的”、“收到的赞”、“系统通知”、“我的消息”、“私信存档”和“消息设置”，如图 6-60 所示。

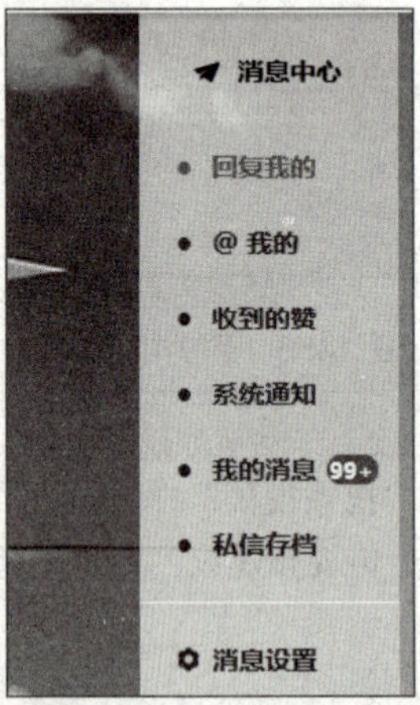

图 6-60 “消息中心”界面

学习笔记

想一想

（1）常见的短视频平台有哪些？如果你要投稿又该如何选择？

（2）你怎么理解弹幕文化？

（3）你了解哪些对视频平台进行数据分析的工具？

【任务 4】利用视频平台考评记录

学生姓名		班级		任务评分	
实训地点		学号		完成日期	
任务实现步骤	序号	考核内容		标准分	评分
	1	注册 B 站账号		20	
	2	B 站账号的基本功能		30	
	3	发布 B 站视频		30	
	4	弹幕与消息回复		20	
教师评语					

6.2 新媒体运营

6.2.1 什么是新媒体运营

新媒体运营是通过现代化移动互联网的手段，利用微信、微博、贴吧等新兴媒体平台工具进行产品宣传、推广、产品营销的一系列运营手段。如今的互联网时代，新媒体凭借着零成本、高速度等优势，迅速超越了传统媒体。狭义上来说，新媒体主要指信息定向传播的平台环境和区域，而运营则指的是对信息定向传播过程的计划、组织、实施和控制，是与产品生产和服务创造密切相关的各项管理工作的总称，其工作内容板块主要包括内容运营、用户运营、产品运营和活动运营。

（1）内容运营主要指的是通过原创、编辑、组织等手段，围绕自己的产品，在新媒体平台输入用户需要的或是感兴趣的高质量内容。

（2）用户运营则是新媒体运营的核心，不仅仅是在各大平台上解答用户的问题，还包括深入接触用户、了解用户需求和产品使用意愿，然后根据这些用户资源来优化内容和活动。

（3）产品运营则是面向产品。

（4）活动运营主要是通过举办活动达到曝光产品、推销产品、拉新用户等目的。

6.2.2 【任务 5】新媒体运营团队搭建

任务描述与分析

情境描述	小余意识到家乡的“农业创客园”项目靠单打独斗很难完成大量的运营工作，需要针对不同的运营环节，建立一支新媒体运营团队，并确定团队成员的分工。
技术分析	本次任务需要掌握以下技能： （1）确定即将组建的新媒体运营团队属于新媒体运营的哪一种分类。 （2）确定本新媒体运营团队的定位。
任务分解	分析上面的工作情境，我们需要完成以下任务： （1）了解新媒体运营的概念、分类等。 （2）团队开展新媒体运营平台的调研活动。
知识准备	新媒体运营，是通过现代化移动互联网手段，通过利用抖音、快手、微信、微博、贴吧等新兴媒体平台工具进行产品宣传、推广、产品营销的一系列运营手段。通过策划品牌相关的优质、高度传播性的内容和线上活动，向客户广泛或者精准推送消息，提高参与度和知名度，从而充分利用用户经济，达到相应营销目的。亦可作为企事业单位对外宣传、服务的窗口。 新媒体运营需要掌握的能力： （1）文案写作能力。文案几乎是所有运营人员的标配，对新媒体尤其如此。几乎所有平台都需要一篇好文章来吸引一大波用户，清晰的文案逻辑和思路是客观的基础。

知识准备

（2）产品营销能力。用文章吸引用户过来以后需要变现能力。除了实打实的商品，很多时候新媒体运营人员还有打响公司招牌、推广公司产品的任务。在这个过程中，内容其实也是一种营销手段，针对不同的用户属性制定不同的营销策略，为所有的用户打造专属的内容。

（3）活动策划能力。活动策划指的是线上和线下举办的用户拉新、留存的活动。

（4）社群经营能力。新媒体运营的重要一环在于社群，社群也可以说是流量池，拥有优秀的社群经营能力可以为公司创造更多有黏性的用户。

（5）数据分析能力。新媒体运营的工作数据最能反映成绩，所以对于新媒体运营来说，数据分析能力非常重要。

学习笔记

任务实现

操作步骤

步骤1： 运用搜索引擎，搜集知名企业的企业文化。企业文化，或称组织文化（Corporate Culture 或 Organizational Culture），是一个组织由其价值观、信念、仪式、符号、处事方式等组成的其特有的文化形象，简单而言，就是企业在日常运行中所表现出的各个方各面。

步骤2： 参考企业文化，确定本新媒体运营团队的队名、Logo、口号。如图 6-61、图 6-62 所示。开展新媒体运营岗位招聘的调研分析活动，每个团队成员需要从专业技术方面和个人素质方面进行归类分析。

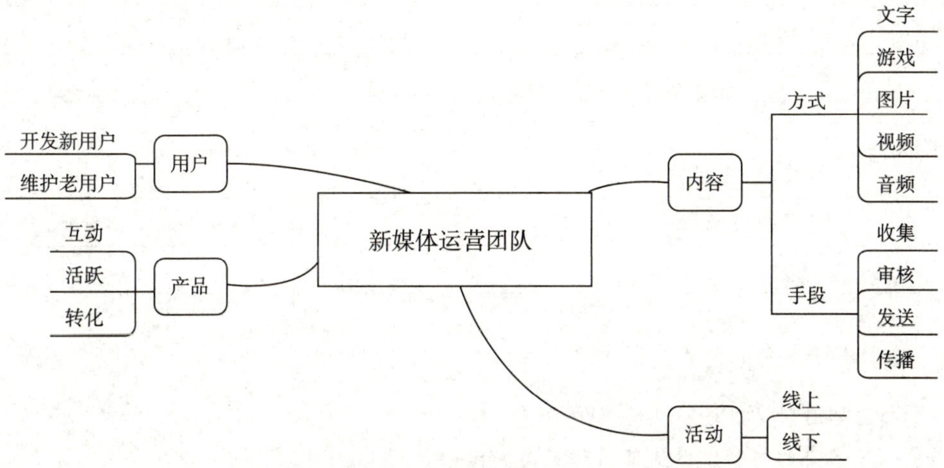

图 6-61　新媒体运营团队分析

岗位	岗位工作内容
内容运营	账号运营、内容策划、内容选题、内容推广、内容数据等
活动运营	活动方案制订、活动细节策划、活动执行、活动效果分析等
产品运营	需求、产品内测、用户反馈、产品调优等
用户运营	用户分级、用户拉新、用户留存、用户促销活动等

图 6-62　新媒体运营团队岗位工作内容

学习笔记

想一想

（1）新媒体运营岗位还有哪些其他分类？

（2）你了解哪些与新媒体运营工作有关的术语？

任务考评

【任务5】新媒体运营团队搭建考评记录

<table>
<tr><td>学生姓名</td><td></td><td>班级</td><td></td><td>任务评分</td><td></td></tr>
<tr><td>实训地点</td><td></td><td>学号</td><td></td><td>完成日期</td><td></td></tr>
<tr><td rowspan="3">任务实现步骤</td><td>序号</td><td colspan="2">考核内容</td><td>标准分</td><td>评分</td></tr>
<tr><td>1</td><td colspan="2">运用百度、搜狗等各类搜索引擎，搜集知名企业的企业文化</td><td>50</td><td></td></tr>
<tr><td>2</td><td colspan="2">参考企业文化，确定新媒体运营团队的队名、Logo、口号</td><td>50</td><td></td></tr>
<tr><td>教师评语</td><td colspan="5"></td></tr>
</table>

学习笔记

第七章 新一代信息技术

人工智能、大数据、物联网、网络安全等新兴领域逐渐走进大众的视野。“AlphaGo 击败李世石、柯洁”“Neuralink 尝试连接机器与人脑意识”“数字货币火出金融圈”，这些引领科技前沿的应用皆是基于新一代信息技术的基础。接下来本节将抽丝剥茧，依次盘点这些信息技术背后的原理。

学习目标

- 了解新一代信息技术有哪些，并能列举其应用一二。
- 熟悉新一代信息技术背后技术原理。
- 掌握深度学习 API，使用 API 搭建简单的人工智能应用。
- 掌握区块链 API，使用 API 搭建简单的区块链应用。
- 了解物联网技术使用的硬件与软件。
- 熟悉大数据应用使用的软件。
- 熟悉网络安全常见漏洞的类型与原理。

7.1 人工智能

人工智能技术利用计算机模仿人类大脑的思考过程来解决问题与做出决策。

近些年人工智能技术出现在大众的视野，其实早在 2004 年“What is Artificial Intelligence?”一文中对人工智能做出了详尽的解释：“人工智能是科学和工程学制造的‘聪明的机器’，也就是特殊的计算机程序”。它涉及使计算机理解人类的智慧，但人工智能不仅限于感知。若究其根源，1950 年图灵发表的文章“Computing Machinery and Intelligence”已经为人工智能做了初步的解释。图灵在此文中提出了著名的“图灵测试”为人工智能的出现奠定了基础。

为何 60 多年前出现的人工智能时至今日才发挥其威力？这一切都要归结于“深度学习”的出现。早期的人工智能其实没那么“智能”，使用统计学方法在样本与标签之间建立函数映射，回归分析、支持向量机、决策树分析都是典型的例子。由于判断错误率太高（例如将一棵树识别成一把伞），早期的人工智能应用使用起来并不是很顺手。但深度学习改变了这一切。

深度学习是机器学习的子领域，深度学习使用计算机模拟人类神经系统，建立三层以上的神经网络。与人类神经系统不一样，这些神经网络之间传导的不是电信号，而是数字，通过数字的大小表示电信号的强弱来预测样本的分类。基于深度学习的人工智能技术当下主要分为两个领域：计算机视觉与自然语言处理。

接下来，本节将以任务的方式带同学们走入人工智能的世界。

7.1.1 【任务1】安装 sklearn 机器学习库

任务描述与分析

情境描述	小卢准备使用 sklearn 继承库做数据分析，需要使用 pip 安装 sklearn。
技术分析	本次任务需要掌握以下技能： （1）使用 pip 安装 Python 库。 （2）会引用 Python 库。
任务分解	分析上面的工作情境，我们需要完成以下任务： （1）找到 Python 常用库国内镜像。 （2）安装 NumPy。 （3）安装 SciPy。 （4）安装 sklearn。
知识准备	NumPy（Numerical Python）是 Python 语言的一个扩展程序库，支持大量的维度数组与矩阵运算，此外也针对数组运算提供大量的数学函数库。其主要用于数组计算，包含：一个强大的 N 维数组对象 Ndarray、广播功能函数、整合 C/C++/Fortran 代码的工具、线性代数、傅里叶变换、随机数生成等功能。 SciPy 是一个开源的 Python 算法库和数学工具包。SciPy 是基于 NumPy 的科学计算库，用于数学、科学、工程学等领域，很多有一些高阶抽象和物理模型需要使用 SciPy。SciPy 包含的模块有最优化、线性代数、积分、插值、特殊函数、快速傅里叶变换、信号处理和图像处理、常微分方程求解以及其他科学与工程中常用的计算。 scikit-learn，又写作 sklearn，是一个开源的基于 Python 语言的机器学习工具包。它通过 NumPy、SciPy 和 Matplotlib 等 Python 数值计算的库实现高效的算法应用，并且涵盖了大部分主流入门机器学习算法。

学习笔记

想一想

（1）NumPy 与 sklearn 是什么关系？

（2）都有哪些编程语言，他们又对应哪些编译器？

任务实现

视 频

安装sklearn机器学习库

操作步骤

步骤 1：图 7-1 ～图 7-3 所示为在互联网上找到的 Python 库的国内镜像。

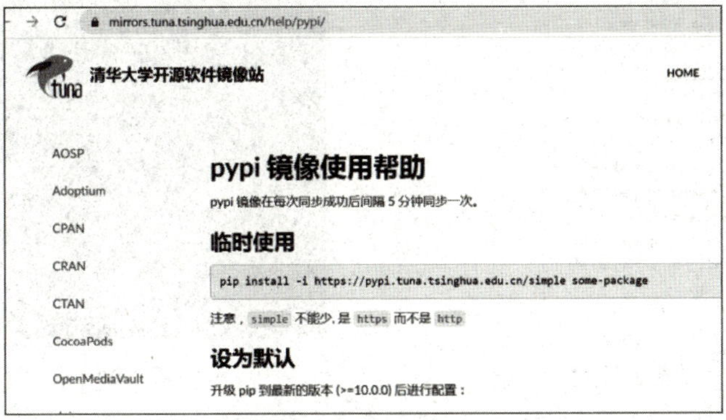

图 7-1　清华大学镜像

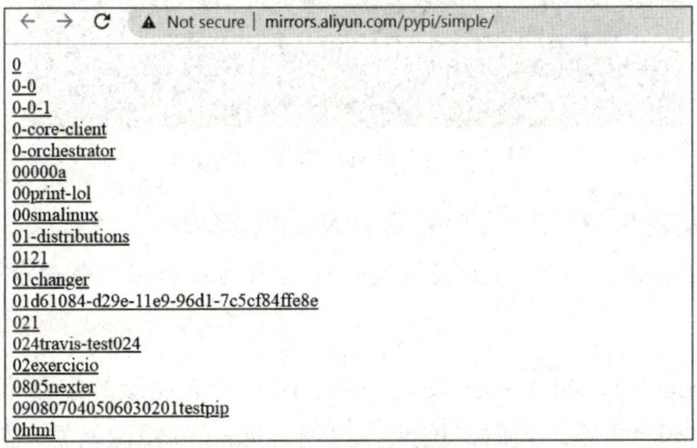

图 7-2　阿里云镜像

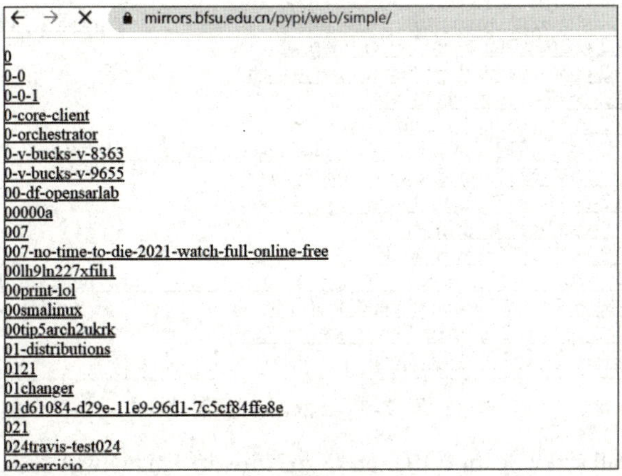

图 7-3　中科大镜像

步骤 2： 如图 7-4 所示，使用 pip 安装 NumPy。进入 Python 3 的安装路径，在 Scripts 文件夹中找到 pip，如图 7-5 所示，在路径栏内输入 cmd，打开命令符提示工具。

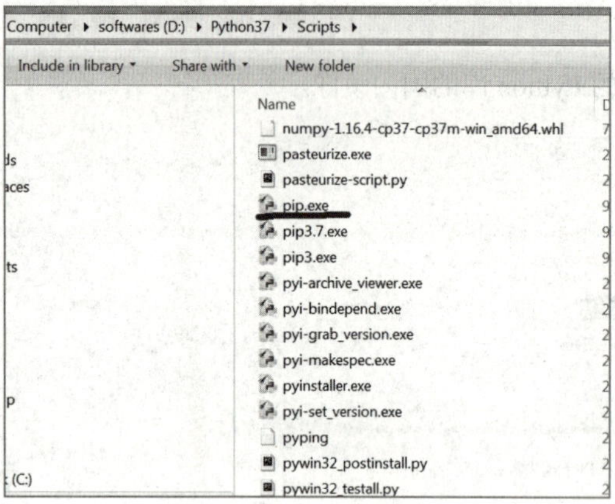

图 7-4　pip 安装位置

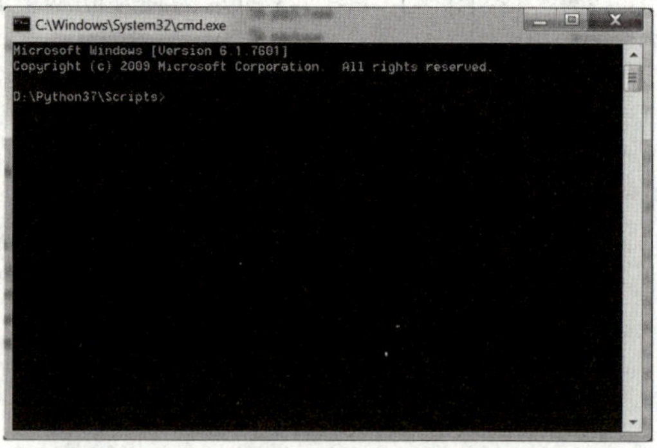

图 7-5　命令符提示工具界面

如图 7-6 所示，输入：pip install numpy。

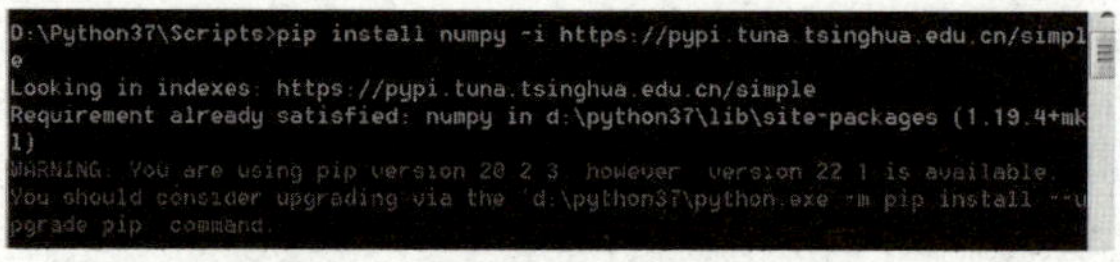

图 7-6　使用 pip 安装 NumPy

步骤 3： 使用 pip 安装 SciPy。一定要先安装 NumPy 完成后，再安装 SciPy，否则会报错。安装 SciPy 的过程与步骤 2 类似。在 Scripts 文件夹路径栏内输入 cmd，在命令符提示工具中输入“pip install scipy”。

步骤 4： 使用 pip install -U scikit-learn 安装。sklearn 属于较高级的定制化库，更新比较快，各大镜像上使用的 sklearn 版本会更新不及时。因此，找到 sklearn 的镜像网站，如图 7-7 所示，下载 whl 文件安装。

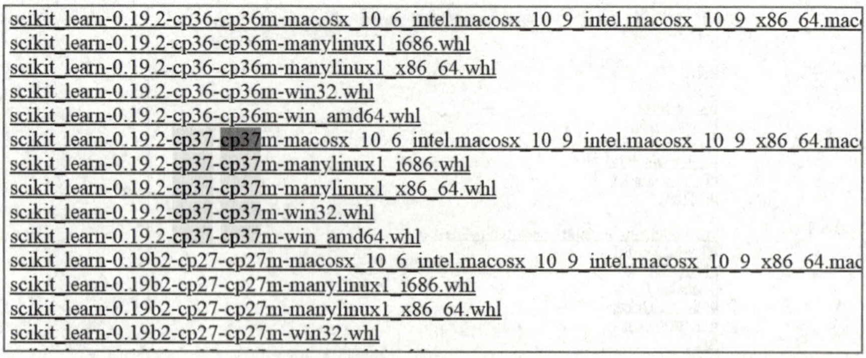

图 7-7　sklearn 镜像

下载后使用 pip install scikit_learn-0.19.2-cp37-cp37m-win_amd64.whl 安装。sklearn 依赖库比较多，以下是 sklearn 依赖库列表，如图 7-8 所示。

Dependency	Minimum Version	Purpose
numpy	1.17.3	build, install
scipy	1.3.2	build, install
joblib	1.0.0	install
threadpoolctl	2.0.0	install
cython	0.29.24	build
matplotlib	3.1.2	benchmark, docs, examples, tests
scikit-image	0.14.5	docs, examples, tests
pandas	1.0.5	benchmark, docs, examples, tests
seaborn	0.9.0	docs, examples
memory_profiler	0.57.0	benchmark, docs
pytest	5.0.1	tests
pytest-cov	2.9.0	tests
flake8	3.8.2	tests
black	22.3.0	tests
mypy	0.770	tests
pyamg	4.0.0	tests
sphinx	4.0.1	docs
sphinx-gallery	0.7.0	docs
numpydoc	1.2.0	docs, tests
Pillow	7.1.2	docs
sphinx-prompt	1.3.0	docs
sphinxext-opengraph	0.4.2	docs

图 7-8　sklearn 依赖包

在安装前可以使用 pip list 查看当前 Python 安装了哪些库，如图 7-9 所示。

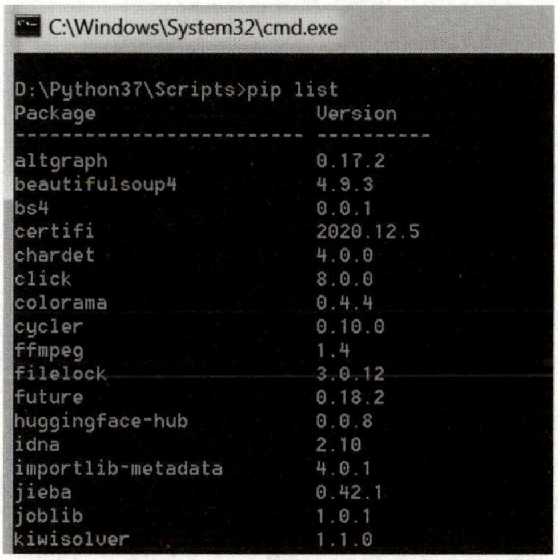

```
C:\Windows\System32\cmd.exe

D:\Python37\Scripts>pip list
Package                    Version
-------------------------- ----------
altgraph                   0.17.2
beautifulsoup4             4.9.3
bs4                        0.0.1
certifi                    2020.12.5
chardet                    4.0.0
click                      8.0.0
colorama                   0.4.4
cycler                     0.10.0
ffmpeg                     1.4
filelock                   3.0.12
future                     0.18.2
huggingface-hub            0.0.8
idna                       2.10
importlib-metadata         4.0.1
jieba                      0.42.1
joblib                     1.0.1
kiwisolver                 1.1.0
```

图 7-9　当前已安装的 py 包

学习笔记

想一想

（1）NumPy 库主要功能是什么，它和 SciPy 库的关系是怎样的？

（2）sklearn 若安装报错了，显示依赖包不适用于当前版本的 Python，应该如何处理？

任务考评

【任务 1】安装 sklearn 机器学习库考评记录

<table>
<tr><td>学生姓名</td><td></td><td>班级</td><td></td><td>任务评分</td><td></td></tr>
<tr><td>实训地点</td><td></td><td>学号</td><td></td><td>完成日期</td><td></td></tr>
<tr><td rowspan="5">任务实现步骤</td><td>序号</td><td colspan="2">考核内容</td><td>标准分</td><td>评分</td></tr>
<tr><td>1</td><td colspan="2">找到 Python 常用库国内镜像</td><td>25</td><td></td></tr>
<tr><td>2</td><td colspan="2">安装 NumPy</td><td>25</td><td></td></tr>
<tr><td>3</td><td colspan="2">安装 SciPy</td><td>25</td><td></td></tr>
<tr><td>4</td><td colspan="2">安装 sklearn</td><td>25</td><td></td></tr>
<tr><td>教师评语</td><td colspan="5"></td></tr>
</table>

7.1.2 【任务 2】理解机器学习的基本概念

此任务将学习如何使用机器学习算法识别照片中的名人，所使用的样本库来自于LFW数据库。为了简化运行过程，我们将使用 sklearn 官网上的案例以及内置的算法 API，带同学们深入浅出地进入机器学习的领域。

任务描述与分析

情境描述	小余从同事那里获得了许多电子版登记照，领导要求将所有照片文件名标注为人名，但由于照片数量太多，任务量太大，很难在短时间内完成，小余决定使用计算机辅助人名标注的工作。为了完成此项工作，首先需要了解计算机如何能对照片进行人名标注，原理是怎样的。
技术分析	本次任务需要掌握以下技能： （1）使用搜索引擎搜集信息。 （2）总结分析。
任务分解	分析上面的工作情境，我们需要完成以下任务： （1）了解机器学习的基本概念及理解关键名词。 （2）了解机器学习的常用思路。
知识准备	机器学习是人工智能的一个分支，旨在构建能够根据所使用的数据进行学习或改进性能的系统。人工智能是一个宽泛的术语，指的是模仿人类智能的系统或机器。机器学习和人工智能这两个术语经常被相提并论，有时甚至互换使用，但它们的含义并不相同。其中一个重大区别是，所有的机器学习都是人工智能，但不是所有的人工智能都是机器学习。 如今，机器学习无处不在。当我们与银行交互、在线购物或使用社交媒体时，机器学习算法会发挥作用，让我们获得高效、顺畅和安全的体验。目前，机器学习及其相关技术正迅速发展，对于它的强大功能，我们只是略知一二而已。

学习笔记

想一想

（1）机器学习中关键概念有哪些？

（2）机器学习解决的问题是什么？

任务实现

操作步骤

步骤 1：使用搜索引擎搜集信息。

在必应中搜索关键字“机器学习”得出机器学习关键字：样本、训练集、测试集、特征、标签、训练学习、收敛。

步骤 2：分析总结。

机器学习解决的问题如图 7-10 所示，通过训练集样本中的数据训练模型获取特征值，通过测试集样本中的数据测试模型是否能给出正确的标签。

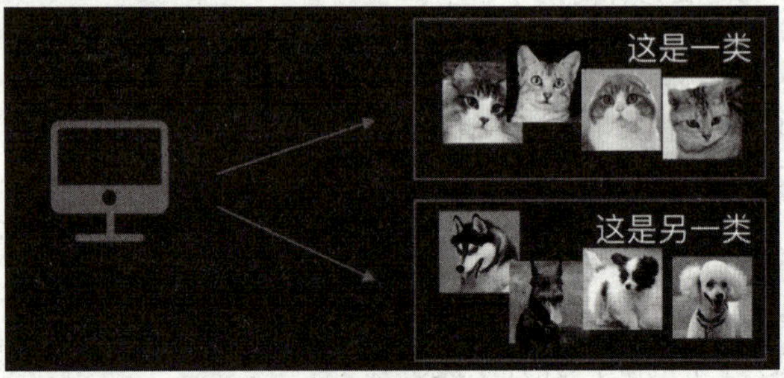

图 7-10 机器学习解决的问题

整个机器学习的步骤如图 7-11 所示。

图 7-11 机器学习的步骤

学习笔记

想一想

（1）机器学习与人工智能的关系？

（2）你还能使用搜索引擎学习其他学术概念吗？

任务考评

【任务 2】理解机器学习的基本概念考评记录

<table>
<tr><td>学生姓名</td><td></td><td>班级</td><td></td><td>任务评分</td><td></td></tr>
<tr><td>实训地点</td><td></td><td>学号</td><td></td><td>完成日期</td><td></td></tr>
<tr><td rowspan="3">任务实现步骤</td><td>序号</td><td>考核内容</td><td></td><td>标准分</td><td>评分</td></tr>
<tr><td>1</td><td colspan="2">使用搜索引擎搜集信息</td><td>50</td><td></td></tr>
<tr><td>2</td><td colspan="2">分析总结</td><td>50</td><td></td></tr>
<tr><td>教师评语</td><td colspan="5"></td></tr>
</table>

7.1.3 【任务 3】使用 sklearn 机器学习库对人脸图片库打姓名标签

任务描述与分析

<table>
<tr><td>情境描述</td><td>小余了解了机器学习的基本概念和原理，那么就尝试使用计算机辅助人名标注的工作。</td></tr>
<tr><td>技术分析</td><td>本次任务需要掌握以下技能：
（1）下载 LFW 人脸图片库。
（2）PyCharm 中建立项目，建立 test.py。
（3）将“图片库导入功能”的代码复制到 test.py。
（4）将“数据集分化功能”的代码复制到 test.py。
（5）将“PCA 特征提取的数据预处理”代码复制到 test.py。
（6）将“训练模型”代码复制到 test.py。
（7）将“测试模型”代码复制到 test.py。</td></tr>
<tr><td>任务分解</td><td>分析上面的工作情境，我们需要完成以下任务：
（1）下载并查看人脸图片数据库。
（2）使用 sklearn 合适的算法将人脸图片数据库中的图片分类并打上标签。</td></tr>
<tr><td>知识准备</td><td>

人脸检测测试数据库（LFW）是目前人脸识别的常用测试集，其中提供的人脸图片均来源于生活中的自然场景，因此识别难度会增大，尤其由于多姿态、光照、表情、年龄、遮挡等因素影响导致即使同一人的照片差别也很大。并且有些照片中可能不止一个人脸出现，对这些多人脸图像仅选择中心坐标的人脸作为目标，其他区域的视为背景干扰。LFW 数据集共有 13 233 张人脸图像，每张图像均给出对应的人名，共有 5 749 人，且绝大部分人仅有一张图片。每张图片的尺寸为 250 × 250 像素，绝大部分为彩色图像，但也存在少许黑白图片。

sklearn 中将机器学习的算法选择如图 7-12 所示，这张图告诉初学者，如何根据样本的特性选取合适的模型。

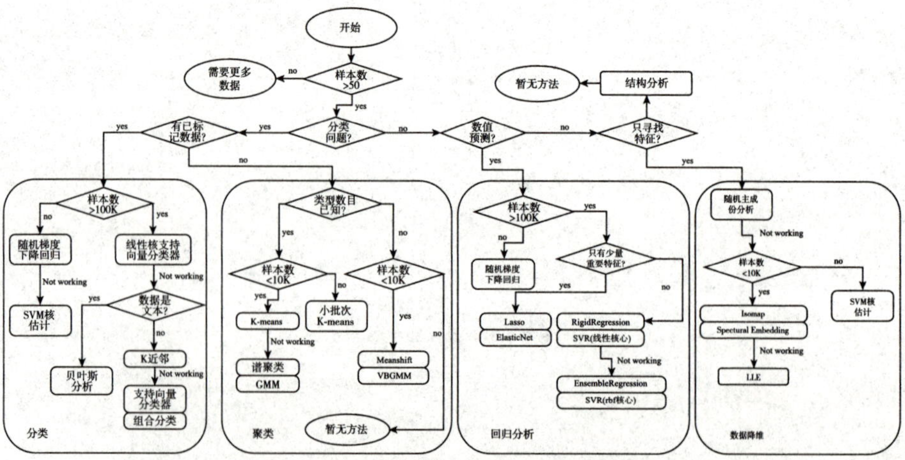

图 7-12　机器学习的算法选择流程图

</td></tr>
</table>

知识准备

本例使用的代码来自于sklearn官网中的例子。打开下载完成的数据集，图片多是单人的脸部照片，如图7-13所示。

图 7-13 人脸示意图

使用sklearn官网提供的算法训练模型、测试模型，可将测试集照片打上标签，准确率如图7-14所示。

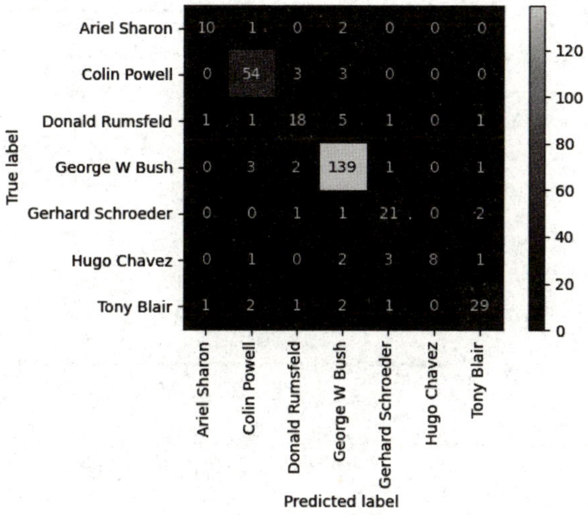

图 7-14 预测准确率

学习笔记

想一想

（1）图片在计算机中是如何存储的？

（2）算法太多，数学基础薄弱，应该如何快速入门机器学习？

任务实现

操作步骤

步骤 1： 下载 LFW 人脸图片库。

步骤 2： PyCharm 中建立项目，建立 test.py。

步骤 3： 将“图片库导入功能”的代码复制到 test.py 中。

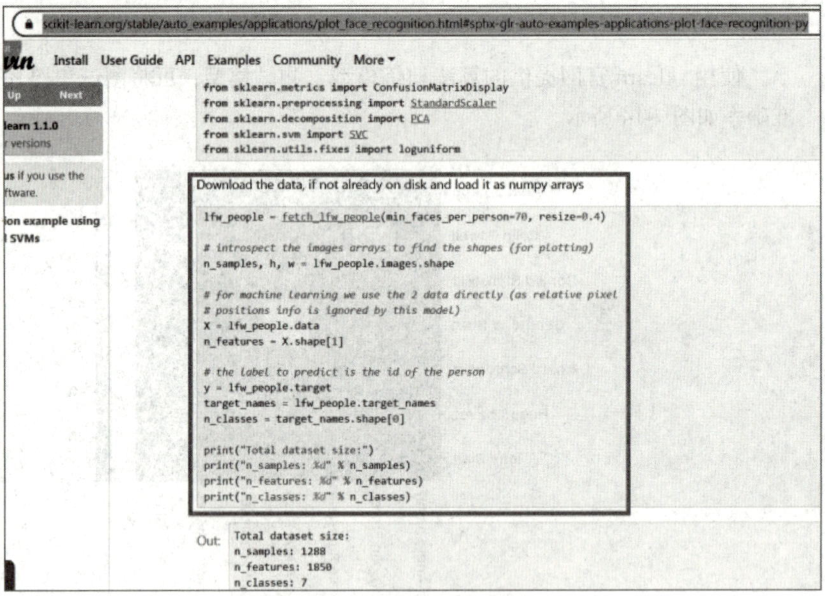

图 7-15　图片库导入功能

复制到 test.py 中，如图 7-16 所示。

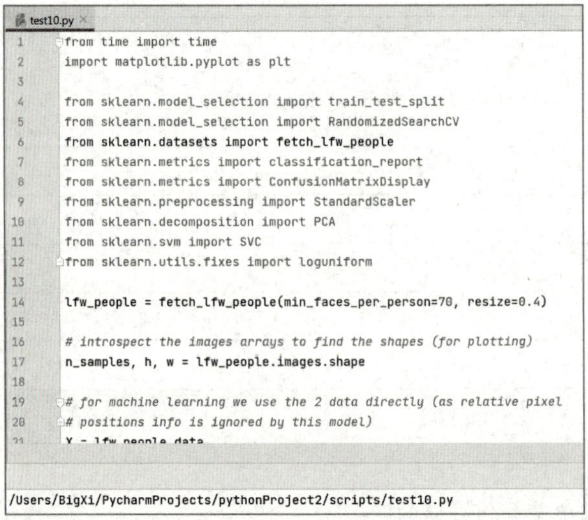

图 7-16　代码复制

运行代码，结果如图 7-17 所示。

```
D:\Python37\python.exe
Total dataset size:
n_samples: 1288
n_features: 1850
n_classes: 7
```

图 7-17　预测结果

步骤 4： 将“数据集分化功能”的代码复制到 test.py 中，如图 7-18 所示。

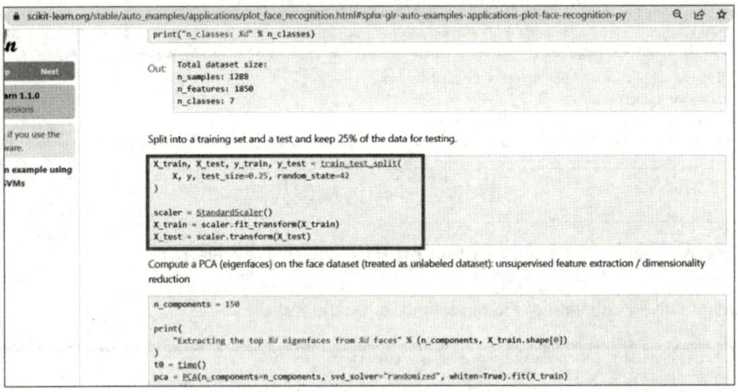

图 7-18　数据集分化功能

步骤 5： 将“PCA 特征提取的数据预处理”代码复制到 test.py 中，如图 7-19 所示。

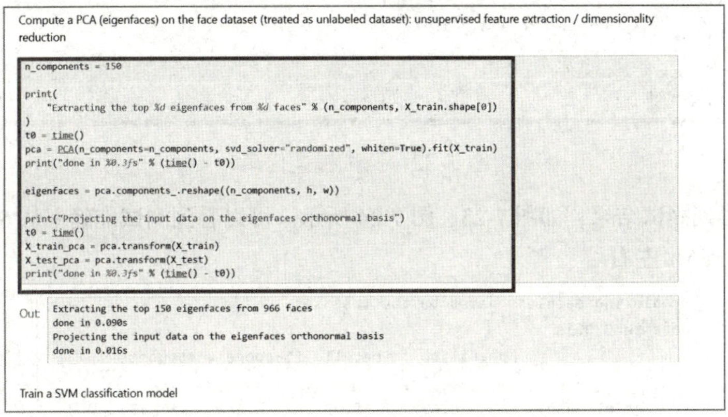

图 7-19　PCA 特征提取的数据预处理

运行程序，结果如图 7-20 所示。

```
Extracting the top 150 eigenfaces from 966 faces
done in 0.809s
Projecting the input data on the eigenfaces orthonormal basis
done in 0.018s
```

图 7-20　PCA 运行结果

PCA 全称是 Principal Component Analysis（主成分分析），目的是去掉数据中重复或者影响不大的特征值，放大对标签结果影响大的特征值。其主要运用了特征值正则化的思想。

步骤 6：将"训练模型"代码复制到 test.py 中，如图 7-21 所示。

Train a SVM classification model

```
print("Fitting the classifier to the training set")
t0 = time()
param_grid = {
    "C": loguniform(1e3, 1e5),
    "gamma": loguniform(1e-4, 1e-1),
}
clf = RandomizedSearchCV(
    SVC(kernel="rbf", class_weight="balanced"), param_grid, n_iter=10
)
clf = clf.fit(X_train_pca, y_train)
print("done in %0.3fs" % (time() - t0))
print("Best estimator found by grid search:")
print(clf.best_estimator_)
```

Out:

```
Fitting the classifier to the training set
done in 5.641s
Best estimator found by grid search:
SVC(C=76823.03433306453, class_weight='balanced', gamma=0.003418945823095797)
```

图 7-21　训练模型代码

步骤 7：将"测试模型"代码复制到 test.py 中，如图 7-22 所示。

Quantitative evaluation of the model quality on the test set

```
print("Predicting people's names on the test set")
t0 = time()
y_pred = clf.predict(X_test_pca)
print("done in %0.3fs" % (time() - t0))

print(classification_report(y_test, y_pred, target_names=target_names))
ConfusionMatrixDisplay.from_estimator(
    clf, X_test_pca, y_test, display_labels=target_names, xticks_rotation="vertical"
)
plt.tight_layout()
plt.show()
```

图 7-22　测试模型代码

运行代码，得到测试结果，如图 7-23、图 7-24 所示。可以看到测试准确率从 67% ~ 93% 不等，综合准确率大约在 86% 左右。

```
Predicting people's names on the test set
done in 0.051s
                   precision    recall  f1-score   support

     Ariel Sharon       0.67      0.62      0.64        13
     Colin Powell       0.71      0.90      0.79        60
  Donald Rumsfeld       0.89      0.59      0.71        27
    George W Bush       0.90      0.94      0.92       146
Gerhard Schroeder       0.83      0.80      0.82        25
      Hugo Chavez       0.80      0.53      0.64        15
       Tony Blair       0.93      0.75      0.83        36

         accuracy                           0.84       322
        macro avg       0.82      0.73      0.76       322
     weighted avg       0.85      0.84      0.84       322
```

图 7-23　测试结果（1）

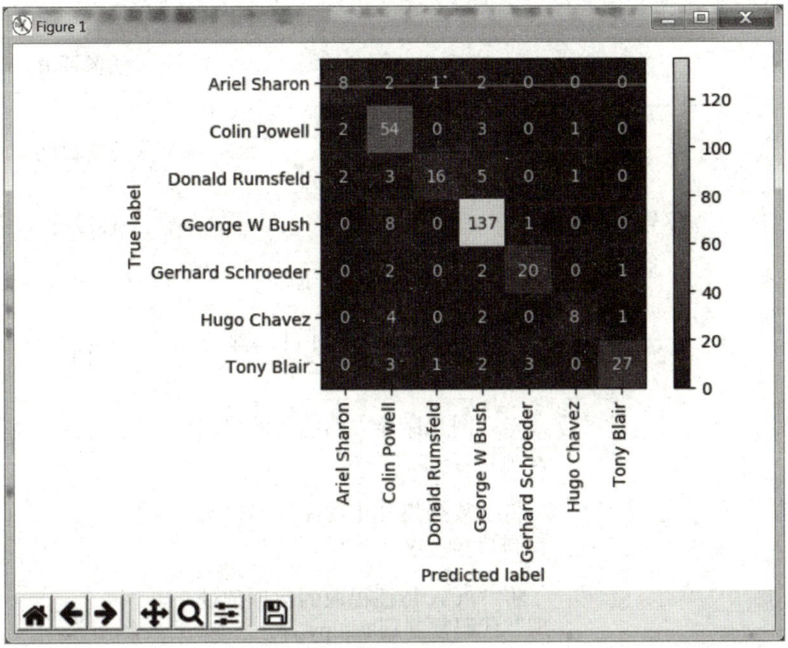

图 7-24　测试结果（2）

学习笔记

想一想

（1）如果省略主成分分析步骤，准确率会有何变化？

（2）测试结果中 precision 与 recall 分别代表什么？

（3）训练集与测试集若按数量对半划分，结果又会如何？

（4）为什么模型训练好后要测试，如果测试结果不尽如人意，如何处理？

【任务 3】使用 sklearn 机器学习库对人脸图片库打姓名标签考评记录

学生姓名		班级		任务评分	
实训地点		学号		完成日期	
任务实现步骤	序号	考核内容		标准分	评分
	1	下载 LFW 人脸图片库		10	
	2	PyCharm 中建立项目，建立 test.py		10	
	3	将“图片库导入功能”的代码复制到 test.py		15	
	4	将“数据集分化功能”的代码复制到 test.py		15	
	5	将“PCA 特征提取的数据预处理”代码复制到 test.py		20	
	6	将“训练模型”代码复制到 test.py		15	
	7	将“测试模型”代码复制到 test.py		15	
教师评语					

拓展学习

人工智能未来展望

人工智能影响着当代工业与人们的日常生活，在大数据、机器人、物联网领域大放异彩。在接下来很长一段时间，人工智能仍然是科技创新的前沿领域。

在自动驾驶领域，使用机器学习技术实现识别和分类已经成为主流解决方案。计算机可以像司机一样识别马路上的车辆与行人，判断车辆的目的地、路径、车速、交通拥堵状况，自动驾驶软件已经可以在相对简单的路况环境中取代人类驾驶汽车。

在未来，人工智能或将改变传统的教育方式。一个国家的发展取决于青年接受的教育质量。现在，我们可以看到有很多关于人工智能的课程。制造业大多被机器人和自动化所取代，制造业不再需要熟练工人。加入人工智能决策的教育系统可以非常有效，可以根据个人的个性和能力，让学生有机会发光，并让他们更有效的接受教育。正确的教育可以增强国家的力量；另一方面，滥用同样可能导致毁灭性的后果。

任何国家的增长量化与其经济和金融状况直接相关。由于人工智能几乎在每个领域都有巨大的应用范围，它具有促进个人经济健康和国家发展的巨大潜力。如人工智能算法被用于管理股票基金。人工智能系统会采用大量参数，同时找出管理资金的最佳方式。它会比人类经理表现得更好。金融领域的人工智能驱动策略将改变传统的交易和投资方式。

人工智能在各个领域影响着我们的生活。无论接受与否，人工智能在接下来的一段时间内，将是各国研究与应用的重点。

7.2 物联网

物联网（Internet of Things，IoT）是指连接设备的集体网络，以及设备与云之间通信的技术。由于廉价计算机芯片和高带宽通信网络的出现，我们现在有数十亿台设备连接到互联网。这意味着牙刷、吸尘器、汽车和机器等日常设备可以使用传感器收集数据并智能地服务用户。

物联网将日常“物品”与互联网相结合。自 90 年代以来，计算机工程师一直在为日常物品添加传感器和处理器。然而，最初进展缓慢，因为芯片又大又笨重。被称为 RFID 标签的低功率计算机芯片被首先用于跟踪昂贵的设备。随着计算设备尺寸的缩小，这些芯片也随着时间的推移变得更小、更快、更智能。

将计算能力集成到小物体中的成本现在已经大大下降。例如，您可以将语音服务功能添加到嵌入式芯片中，用于电灯开关。整个行业如雨后春笋般涌现，重点是让我们的家庭、企业和办公室充满物联网设备。这些智能对象可以自动将数据传输到因特网或从因特网获取数据。所有这些“隐形计算设备”以及与之相关的技术统称为物联网。

7.2.1 【任务 4】了解物联网如何工作

任务描述与分析

情境描述	小李搭建智能化实验室，需要使用到物联网技术，需要了解物联网如何工作。
技术分析	本次任务需要掌握以下技能： （1）在互联网中查找信息。 （2）将查找的信息总结并归纳。
任务分解	分析上面的工作情境，我们需要完成以下任务： （1）物联网由哪些部分组成 （2）它们之间如何相互配合工作
知识准备	传感器：我们生活在一个传感器的世界中。可以在我们的家、办公室、汽车等中找到不同类型的传感器。通过检测我们的存在、调节室温、检测烟雾或火灾、为我们制作美味的咖啡、打开车库门、打开灯，使我们的生活更轻松。 RFID：射频识别（Radio Frequency Identification）。其原理为阅读器与标签之间进行非接触式的数据通信，达到识别目标的目的。RFID 的应用非常广泛，典型应用有动物晶片、汽车晶片防盗器、门禁管制、停车场管制、生产线自动化、物料管理等。

学习笔记

想一想

（1）传感器和 RFID 的关系是什么？

（2）LAN 与 Internet 的关系是什么？

任务实现

操作步骤

步骤 1： 使用搜索引擎输入物联网关键字，可知物联网通过网络将设备相连，同时借助软件界面与用户交互，其结构如图 7-25 所示。

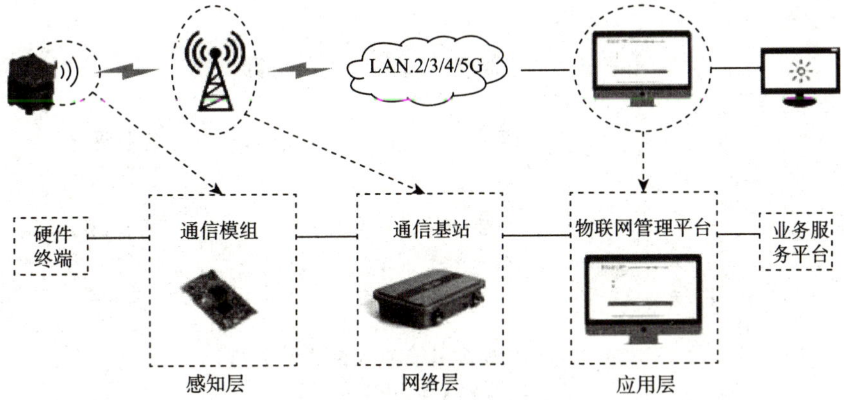

图 7-25 物联网结构

步骤 2：总结归纳本任务中物联网的组成。

物联网由“智能设备”、“物联网应用”和“用户界面”组成。

步骤 3：智能设备有哪些？

通过搜索互联网，可总结出智能设备包括：智能电视、电子摄像机、智能健身器材、手机、智能扫地机器人等。

步骤 4：物联网应用是什么？

通过查阅资料，物联网应用包括云计算平台、互联网、移动通信以及信息处理中心等。

物联网应用是服务和软件的集合，它集成了从各种物联网设备接收到的数据。它使用机器学习或人工智能技术来分析这些数据并做出明智的决定。这些决定被传回物联网设备，然后物联网设备智能地响应输入。

步骤 5：用户界面是什么？

物联网设备或设备群可以通过图形用户界面进行管理。常见示例包括可用于注册和控制智能设备的移动应用程序或网站。

步骤 6：“智能设备”、“物联网应用”和“用户界面”是如何工作的？

“智能设备”负责收集数据，“物联网应用”负责分析数据与传输数据，“用户界面”负责用户反馈与设备操作，它们是统一的整体，互相配合工作。

学习笔记

想一想

（1）物联网与因特网的关系是什么？

（2）缺少了智能设备，物联网能正常工作吗？

任务考评

【任务 4】了解物联网如何工作考评记录

<table>
<tr><td>学生姓名</td><td></td><td>班级</td><td></td><td>任务评分</td><td></td></tr>
<tr><td>实训地点</td><td></td><td>学号</td><td></td><td>完成日期</td><td></td></tr>
<tr><td rowspan="7">任务实现步骤</td><td>序号</td><td colspan="2">考核内容</td><td>标准分</td><td>评分</td></tr>
<tr><td>1</td><td colspan="2">使用搜索引擎输入物联网关键字，在网页中获得相关信息</td><td>15</td><td></td></tr>
<tr><td>2</td><td colspan="2">总结归纳物联网的组成</td><td>20</td><td></td></tr>
<tr><td>3</td><td colspan="2">智能设备有哪些</td><td>15</td><td></td></tr>
<tr><td>4</td><td colspan="2">物联网应用是什么</td><td>15</td><td></td></tr>
<tr><td>5</td><td colspan="2">用户界面是什么</td><td>15</td><td></td></tr>
<tr><td>6</td><td colspan="2">“智能设备”、“物联网应用”和“用户界面”是如何工作的</td><td>20</td><td></td></tr>
<tr><td>教师评语</td><td colspan="5"></td></tr>
</table>

7.2.2 【任务 5】物联网应用举例

任务描述与分析

情境描述	张三将要参加一场面试，面试的公司主营业务是物联网解决方案与实施。为了获得面试公司的青睐，张三需要提前做功课，了解物联网应用一二。
技术分析	本次任务需要掌握以下技能： （1）在互联网中查找信息。 （2）将查找的信息总结并归纳。
任务分解	分析上面的工作情境，我们需要完成以下任务： （1）物联网可应用在哪些领域。 （2）在某领域中物联网是如何应用的。 （3）搭建此物联网需要哪些设备。 （4）搭建此物联网需要哪些软件。 （5）对甲方来说，物联网的应用带来的哪些便利。
知识准备	在物联网应用中，常常将智能设备、传感器通过网络相连进行数据交换，这里的连接可以是有线，也可以是无线。有线连接生不适合复杂的大规模物联网，无线连接的低成本、高速率、多模态等特性，使得物联网应用场景中更多使用无线网络技术。 物联网因无线网络技术发展而产生，因人工智能技术发展而蓬勃。Wi-Fi、3G、4G、5G、蓝牙等技术保证物联网拥有更稳定的基础，人工智能技术将物联网的能力发扬光大。新一代的物联网应用都是通过人工智能技术使其“物有所用”，如无人超市的出现、自动驾驶的发展、智能家居的便捷。这些改变着人们生活的物联网应用如雨后春笋般不断涌现。

学习笔记

想一想

（1）电动汽车属于物联网的产物吗，为什么？

（2）物联网中的网络一定是无线网络吗？

任务实现

操作步骤

步骤 1： 互联网中搜索物联网案例，如图 7-26 所示。

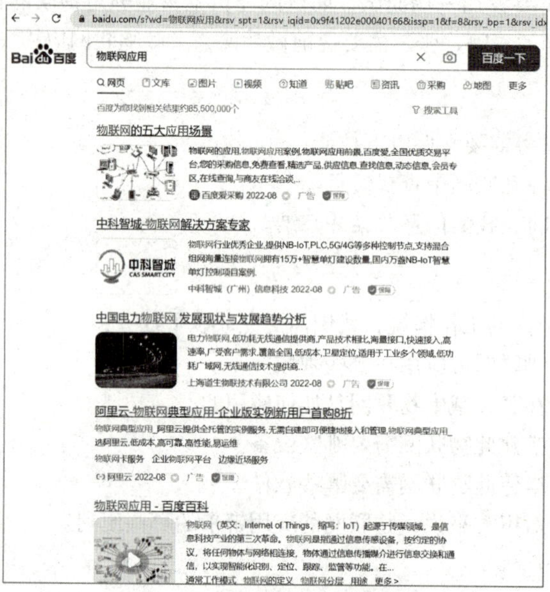

图 7-26 搜索物联网案例

步骤 2： 分析案例。

分析案例在零售业中物联网的使用细节，例如超市，商品可打上 RFID 标签，购买结账时，需要在收银台扫描 RFID 标签来识别商品的信息（品名、批次、价格），结账信息被记录进数据库，库存分析程序应根据销量、存量、利润等给出超市的进货建议。

步骤 3： 技术分析。

（1）RFID 技术。

RFID 系统由读写器（Reader）、电子标签（Tag）和数据管理系统三部分组成。其中电子标签有无源式标签与有源式标签两种，区别是无源式不需要供电。因此在超市应用中，无源式标签更适合。

（2）云计算技术。

超市收集的商品、进货、销售信息其实不一定要上传到因特网，但是本地的计算能力不能满足决策支持技术需要的算力，因此物联网往往通过因特网上传数据到云端，利用云计算技术进行复杂的运算。

（3）局域网技术。

一个物联网设备密度往往很大，需要设计高带宽的局域网络解决网络拥塞的问题。

（4）决策支持技术。

人工智能技术的加入使得物联网应用更加智能。

（5）网络安全技术。

物联网中数据安全也是不容忽视的一部分。

学习笔记

想一想

（1）无源式标签与有源式标签除了供电系统外还有什么区别？

（2）云计算技术又称并行计算，它的原理是什么？

任务考评

【任务5】物联网应用举例考评记录

<table>
<tr><td>学生姓名</td><td></td><td>班级</td><td></td><td>任务评分</td><td></td></tr>
<tr><td>实训地点</td><td></td><td>学号</td><td></td><td>完成日期</td><td></td></tr>
<tr><td rowspan="4">任务实现步骤</td><td>序号</td><td colspan="2">考核内容</td><td>标准分</td><td>评分</td></tr>
<tr><td>1</td><td colspan="2">互联网中搜索物联网案例</td><td>30</td><td></td></tr>
<tr><td>2</td><td colspan="2">分析案例</td><td>35</td><td></td></tr>
<tr><td>3</td><td colspan="2">技术分析</td><td>35</td><td></td></tr>
<tr><td>教师评语</td><td colspan="5"></td></tr>
</table>

拓展学习

物联网的未来

人工智能和物联网结合在一起，有望实现更加互联的未来。物联网融合正日益成为主流，因为它继续改变我们生活和处理数据的基本方式。

物联网正在产生影响有多个领域，如可穿戴设备、智能家居、智慧城市和智能工业等。智能手表等可穿戴设备持续监控和跟踪用户偏好和习惯。这不仅在健康技术领域产生了深远影响，而且在运动和健身方面依然如此。智能家居能够利用电器、照明、电子设备等，了解房主的习惯并开发自动化“支持”。这种无缝访问还带来了提高能源效率的额外好处。随着越来越多的人从农村涌向城市，城市正在演变成更安全、更方便的居住地。智慧城市创新与时俱进，投资用于改善公共安全、交通和能源效率。人工智能在交通控制中的实际应用已经变得清晰起来。在世界上一些交通最拥堵的道路，智能交通管理系统正在用于“对交通流量做出实时动态决策”。

7.3 区块链

7.3.1 区块链简介

区块链是近年来引起了广泛关注的一项新技术，它是一种将数据存储在公共共享数据库中的技术。区块链技术已经渗透进各行各业，从游戏到银行业，都有区块链的身影。如今，无论在哪里，在每一个科技领域都可以看到区块链技术。区块链是将对市场和行业产生重大影响的新的革命性技术之一。

区块链本质上是去中心化的分布式账本数据库。这种分布式账本的好处就是，买家和卖家可直接交易，不需要任何中介，人人都有备份，哪怕你这份丢失了，也不受影响。比如区块链有可能将银行业务流程转变为安全高效的流程，这将是一个完全透明的流程。通俗地说，区块链是一种数据结构，可以存储交易记录，同时还要确保安全性，透明度和分散性。区块链上的每笔交易都有一个数字签名，这证明了区块链的真实性。在区块链技术中，由于使用加密和数字签名，存储的数据是防篡改的，要更改区块链上的记录，需要更改多个记录，并且需要更改分布式账本，这种技术保证了我们可以简单、有效、安全地进行交易。

7.3.2 【任务 6】了解区块链工作原理

任务描述与分析

情境描述	某天老师问了小赵一个问题：在区块链金融系统中没有银行，你的钱存在了哪里？

技术分析	本次任务需要掌握以下技能： （1）了解区块链的基本知识。 （2）区块链的工作原理。 （3）理解区块链及相关应用的关系。
任务分解	分析上面的工作情境，我们需要完成以下任务： （1）了解区块链工作原理。 （2）认识区块链买卖交易与银行买卖交易区别。
知识准备	分布式账本技术：所有参与者都可以访问分布式账本及其不变的交易记录。有了这个共享账本，交易只记录一次，消除了传统业务网络典型的重复工作。 不可篡改记录：交易记录到共享账本后，任何参与者都不能更改或篡改交易。如果交易记录包含错误，则必须添加新交易以撤销错误。 智能合约：为了加快交易速度，一组称为智能合约的规则存储在区块链上并自动执行。

学习笔记

想一想

（1）想一想区块链的工作原理以及它如何在安全银行业中发挥作用？

（2）讨论区块链技术在安全银行业务中的应用。

任务实现

操作步骤

步骤 1：信息获取。通过互联网查询区块链定义、原理、工作方式。

区块链，就是一个又一个区块组成的链条。每一个区块中保存了一定的信息，它们按照各自产生的时间顺序连接成链条。

步骤 2：总结区块链使用的知识框架。

总结归纳区块链基础知识框架思维导图，如图 7-27 所示。

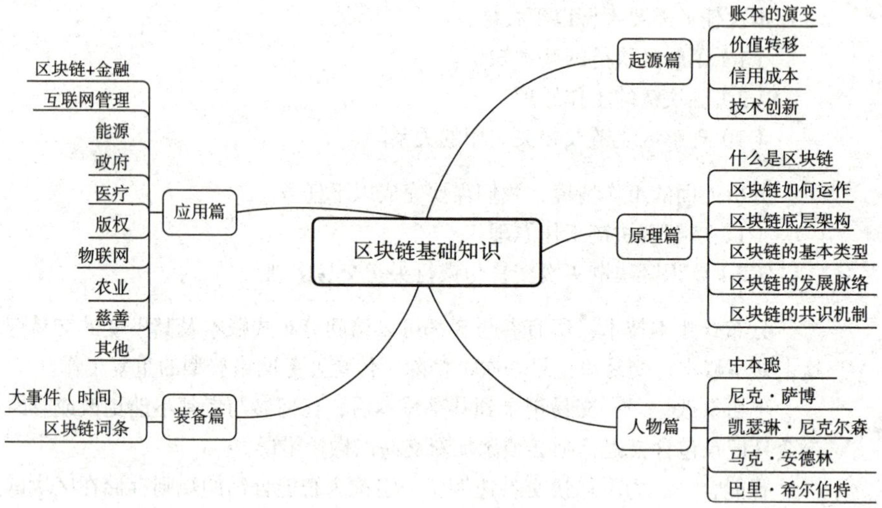

图 7-27　区块链思维导图

总结归纳区块链的工作原理，如图 7-28 所示。

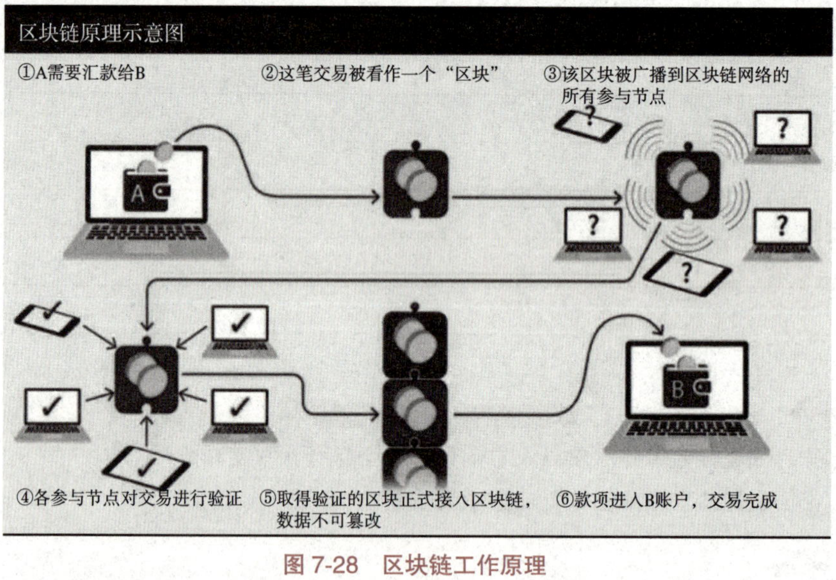

图 7-28　区块链工作原理

步骤 3：了解区块链的特点。

（1）“不变性”无疑是区块链技术的关键特性之一。它是如何保持这种状态的呢？区块链技术的工作方式与典型的银行系统略有不同。它不依赖中央权威，而是通过一组节点来确保区块链功能。系统上的每个节点都有一份数字账本的副本。要添加交易，每个节点都需要检查其有效性。如果大多数人认为它是有效的，那么它就会被添加到分类账本中。因此，未经大多数节点的同意，任何人都不能将任何交易块添加到账本中。

（2）去中心化。这意味着它没有任何管理机构或单独的人来管理框架。分散维护区块是完美运行的区块链技术的关键特性之一。区块可以存储任何东西，从加密货币、重要文件、合同或其他有价值的数字资产开始。

（3）增强的安全性。由于它消除了对中央权威的需求，因此没有人可以简单地改变网络的任何数据以谋取利益。密码学为用户提供了另一层保护。区块链上的每条信息都经过加密哈希处理。简单来说，网络上的信息隐藏了数据的真实性质。可以将其视为每个数据的唯一标识。账本中的所有区块都带有自己的唯一哈希，并包含前一个区块的哈希。因此，更改或试图篡改数据将意味着更改所有哈希 ID，这是不可能的。

（4）分布式账本。公共分类账本将提供有关交易和参与者的所有信息。这是因为网络上的账本由系统上的所有其他用户维护。

（5）共识算法。每个区块链都有一个共识来帮助网络做出决策。简单来说，共识是网络上活跃的节点组的决策过程。在这里，节点可以快速且相对更快地达成协议。当数以百万计的节点正在验证交易时，共识对于系统顺利运行是绝对必要的。你可以把它想象成一种投票系统，多数人获胜，少数人必须支持它。

（6）更快的结算。传统的银行系统相当缓慢。有时在完成所有结算后处理交易可能需要几天时间。它也很容易被破坏。与传统银行系统相比，区块链提供了更快的结算速度。这样用户可以相对更快地转账，从长远来看可以节省大量时间。

步骤 4：了解区块链应用。

区块链可应用在医疗数据的安全共享、音乐版税追踪、跨境支付、实时物联网操作系统、个人身份安全、反洗钱追踪系统、供应链和物流监控、投票机制、原创内容创作保护、加密货币交易所等。

学习笔记

【任务 6】了解区块链工作原理考评记录

学生姓名		班级		任务评分	
实训地点		学号		完成日期	
任务实现步骤	序号	考核内容		标准分	评分
	1	信息获取		25	
	2	总结区块链使用的关键技术		25	
	3	了解区块链的特点		25	
	4	了解区块链应用		25	
教师评语					

7.4 大数据技术

7.4.1 大数据技术简介

大数据的一种流行解释是指非常大的数据集。美国国家标准与技术研究院的一份报告将大数据定义为“广泛的数据集”，主要体现在容量、速度和可变性，需要可扩展的架构来实现高效的存储、操作和分析。一些人将大数据定义为超过 PB 的数据量。

大数据的另一个定义是我们世界中数据的指数级增长和可用性。这些数据有无数来源，如智能手机和社交媒体帖子、传感器、销售点终端、消费者可穿戴设备。对于拥有人才和技术的组织而言，这些数据的深处蕴藏着巨大的机会，庞大的数据可转化为商业决策和竞争优势。通过利用大数据的力量，医疗保健系统可以识别高危患者并更快地进行干预。警察可以预测犯罪并在犯罪开始之前将其制止。零售商可以更好地预测库存以优化供应链效率。我们需要具备从海量数据中提取语义的技能。

7.4.2 【任务 7】了解大数据技术

任务描述与分析

情境描述	集团公司业务系统数据成本越来越高，为了降低存储成本，领导安排刘辉玲调研大数据技术（分布式存储与计算）。
技术分析	本次任务需要掌握以下技能： （1）了解分布式存储原理。 （2）了解分布式计算原理。 （3）举例说明分布式存储和分布式计算应用。
任务分解	分析上面的工作情境，我们需要完成以下任务： （1）了解分布式存储。 （2）了解分布式计算。 （3）分布式存储与分布式计算的案例有哪些。
知识准备	分布式存储概念以不同的形式和形式出现。虽然没有普遍接受的分布式存储系统定义，但我们可以将其总结为：“将数据存储在多个标准服务器上，这些服务器就像一个存储系统，尽管数据分布在这些服务器之间”。 分布式计算是与分布式系统密切相关的计算模型，是指位于不同位置的多个计算机系统通过网络连接在一起，用于解决更高级别的计算，而无须使用昂贵的超级计算机。当各种计算机的集合对其客户来说似乎是一个单一的连贯系统时，称为分布式系统。 Apache Hadoop 软件库是一个分布式计算开发开源软件框架，它允许使用简单的编程模型跨计算机集群分布式处理大型数据集。它旨在从单个服务器扩展到数千台机器，每台机器都提供本地计算和存储。

知识准备	Apache HBase 是 Hadoop 数据库，一种分布式、可扩展的大数据存储。该项目的目标是在商用硬件集群上托管非常大的表。Apache HBase 是一个开源、分布式、版本化、非关系型数据库。 MapReduce 是一种编程范式，可在 Hadoop 集群中的成百上千台服务器上实现。作为分布式计算处理组件，MapReduce 是 Apache Hadoop 的核心。术语“MapReduce”是指 Hadoop 程序执行的两个独立且不同的任务。Map 是分解并复制计算任务，Reduce 将计算结果合并后获得最终结果。

学习笔记

想一想

（1）云计算、分布式计算、高性能计算、网格计算它们之间是什么关系？

（2）想一想当前大数据时代是否有数据安全问题？

任务实现

操作步骤

步骤 1： 信息获取。

通过互联网获取“分布式计算”“分布式存储”等相关信息。

步骤 2： 总结以上信息。

分布式计算：把一个计算问题交给多个计算机同时计算，并统计结果的计算方式。

分布式存储：把一份数据分成多份放在不同的计算机中的技术。

步骤 3： 分布式计算与分布式存储的代表框架。

通过查询书籍以及互联网得知，当今最流行的框架是 Apache Hadoop，与其配套的分布式计算框架有 Apache Spark，存储框架有 HDFS、Hbase、Hive。

步骤 4： 分布式计算的应用。

通过查询互联网与书籍应用总结如下：

（1）内容分发网络（Content Delivery Network，简称 CDN）。

（2）PCDN（P2P CDN）。

（3）分布式网络爬虫。

（4）分布式数据存储。

学习笔记

学习笔记

想一想

（1）不使用 phpStudy，我们能否自己独立配 Apache+PHP+MySQL+phpMyAdmin+ZendOptimiz 环境？

（2）sqli-labs-master 是用什么语言写的？

任务实现

操作步骤

步骤 1：使用搜索引擎输入 phpStudy 关键字。

步骤 2：找到 phpStudy 官网下载最新版，并找到适用于本操作系统的版本。

步骤 3：下载完成之后安装，打开 phpStudy 目录下的 COM 目录如图 7-29 所示。

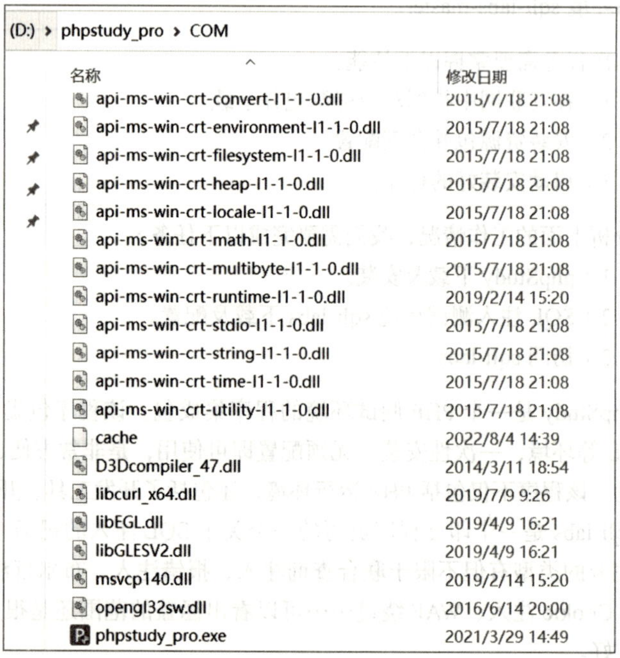

图 7-29 phpStudy 目录

步骤 4：启动 phpStudy，如图 7-30 所示。单击“启动”按钮，全绿代表启动成功，否则代表失败。此处 Apache 与 MySQL 为两个服务，Apache 负责 Web 服务，MySQL 负责提供数据库服务。

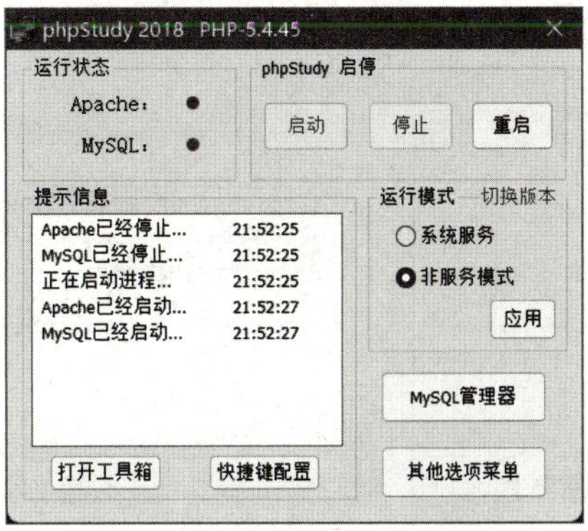

图 7-30　phpStudy 界面

步骤 5：浏览器搜索 sqli-labs，Github 网页中下载，如图 7-31 所示。

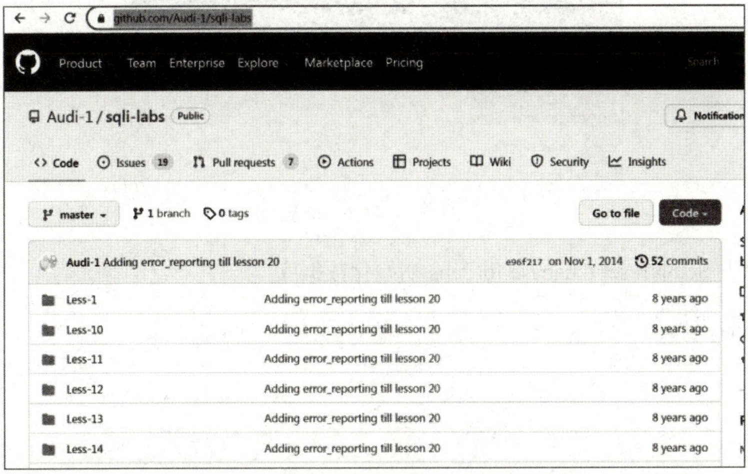

图 7-31　sqli-labs 在 github 界面中下载

步骤 6：下载之后，导入到 phpStudy 目录的 WWW 里面，如图 7-32 所示。

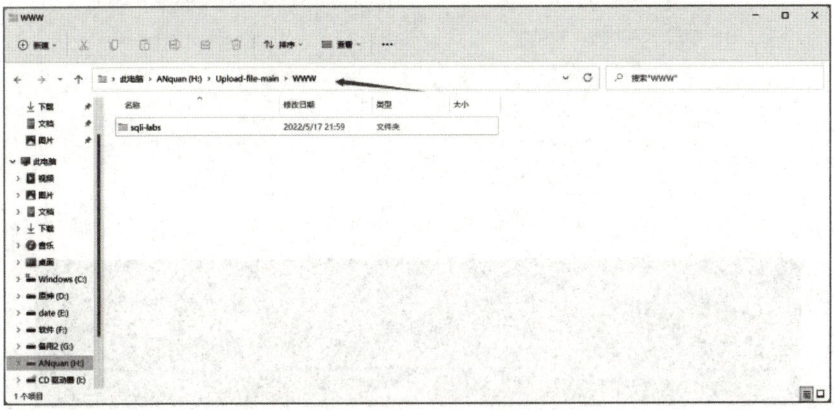

图 7-32　phpStudy 中 WWW 站点

若 MySQL 设置了密码，需要在 phpstudy\WWW\sqli-labs-master\sql-connections 路径下找到“db-creds.inc”文件，如图 7-33 所示。

修改 $dbpass 的值为 MySQL 的 root 密码，如图 7-34 所示。

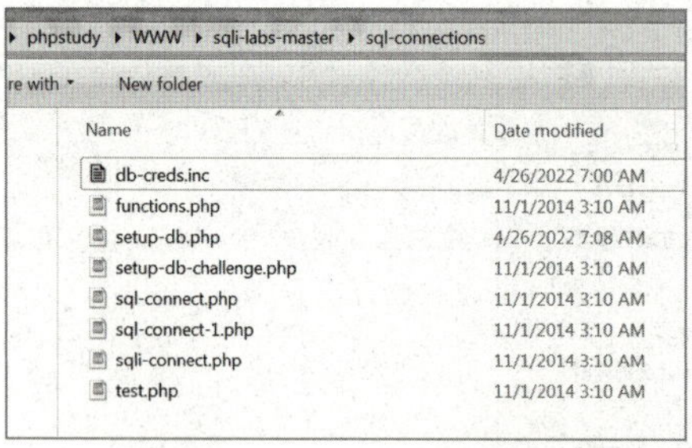

图 7-33　sqli-labs 修改数据库连接

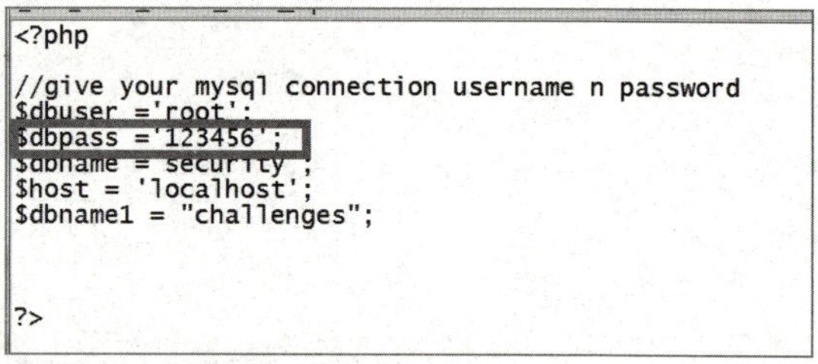

图 7-34　数据库修改

步骤 7：导入之后在浏览器中输入部署的网址，如图 7-35 所示。

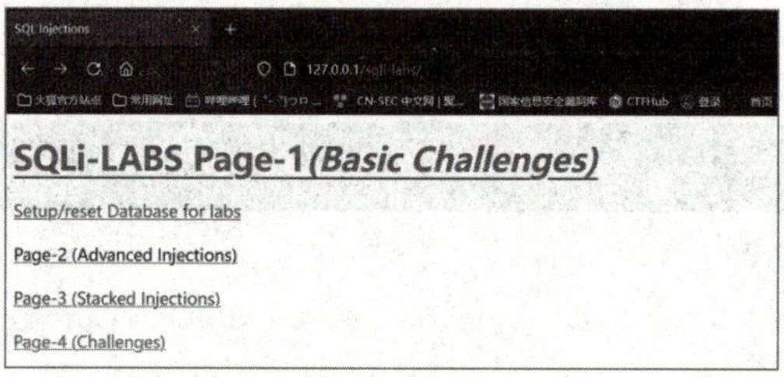

图 7-35　访问 sqli-labs

步骤 8：单击 Setup/reset database for labs 初始化数据库

步骤 9：然后我们直接进入第一关，如图 7-36、图 7-37 所示。

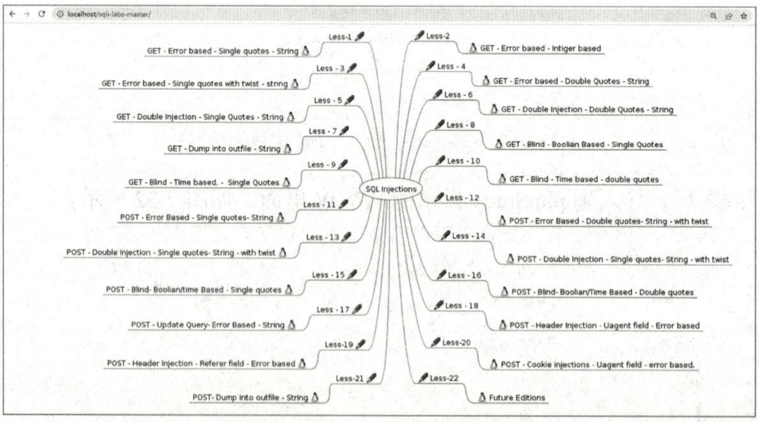

图 7-36　sqli-labs 导航

图 7-37　sqli-labs less-1

学习笔记

想一想

（1）phpStudy 都有哪几种安装方式，自动化安装与手动配置差在哪里？

（2）若不把 sqli-labs 导入到 WWW 目录中，能否直接运行？

任务考评

【任务 8】安装 phpStudy 考评记录

学生姓名		班级		任务评分	
实训地点		学号		完成日期	
任务实现步骤	序号	考核内容		标准分	评分
	1	使用搜索引擎输入 phpStudy 关键字		10	
	2	找到 phpStudy 官网下载 phpStudy 的页面，并找到适用于本机操作系统的版本		20	
	3	下载完成后，找到下载的文件并安装		20	
	4	下载完成后能否打开 phpStudy		10	
	5	进入 sqli-labs 官方网站，下载 PyCharm		10	
	6	安装 sqli-labs 到 phpStudy 的 WWW 目录中		20	
	7	打开 sqli-labs		10	
教师评语					

7.5.2 【任务 9】SQL 注入测试

任务描述与分析

情境描述	小余为了测试某财务公司网站是否安全，使用 phpStudy+sqli-labs 搭建了模拟靶场实验。为了突破网络安全防护，使用各种手段。
技术分析	本次任务需要掌控以下技能： （1）理解 Web、数据库运行原理。 （2）访问 sqli-labs 的页面，了解用户的客户端实际做了哪些事情。 （3）理解 SQL 漏洞在哪里。
任务分解	分析上面的工作情况，我们需要完成以下任务： （1）浏览器访问页面。 （2）将参数添加入 URL 中发送给服务器，并观察回显。 （3）寻找注入点。 （4）进行注入常规流程，“猜解列”、“联合注入找库找表找列”和“取出数据”。
知识准备	SQL 注入是一种网络安全漏洞，允许攻击者干扰应用程序对其数据库的查询。它通常允许攻击者查看他们通常无法检索的数据。这可能包括属于其他用户的数据，或应用程序本身能够访问的任何其他数据。在许多情况下，攻击者可以修改或删除这些数据，从而导致应用程序的内容或行为发生持续变化。在某些情况下，攻击者可以升级 SQL 注入攻击以破坏底层服务器或其他后端基础架构，或执行拒绝服务攻击。

学习笔记

想一想

Web Server 与 Apache 关系是什么？

任务实现

操作步骤

步骤 1：进入 sqli-labs 第一关，本地 URL 为 http://localhost/sqli-labs-master/Less-1/，如图 7-38 所示。

图 7-38 sqli-labs 第一关

步骤 2： 在 URL 参数中输入“?id=1”看到回显，如图 7-39 所示。

图 7-39　输入参数“?id=1”后回显

那么“?id=1”发送到哪里了？我们看下后台 PHP 代码，如图 7-40 所示。

```
<?php
//including the Mysql connect parameters.
include("../sql-connections/sql-connect.php");
error_reporting(0);
// take the variables
if(isset($_GET['id']))
{
$id=$_GET['id'];
//logging the connection parameters to a file for analysis.
$fp=fopen('result.txt','a');
fwrite($fp,'ID:'.$id."\n");
fclose($fp);

// connectivity


$sql="SELECT * FROM users WHERE id='$id' LIMIT 0,1";
$result=mysql_query($sql);
$row = mysql_fetch_array($result);

      if($row)
      {
      echo "<font size='5' color= '#99FF00'>";
```

图 7-40　后台 php 代码

发现 id=1 中的数字 1 代替了 $id，修改了查询数据库的语句 Select * from users where id=“$id”输入“?id=0”发现结果不一样，是因为查询数据库表的结果不一样。

步骤 3： 在 URL 参数中输入“?id=0”，如图 7-41 所示。

图 7-41　输入参数“?id=0”后回显

步骤 4： 回显不一样，尝试注入参数 id，输入“?id=1' and 1=2%23”，完整 URL 为 http://localhost/sqli-labs-master/Less-1/?id=1%27%20and%201=2%23，如图 7-42 所示。

图 7-42　输入“?id=1'/'and 1=2%23”后回显

尝试闭合注入点 id，使用单引号闭合，为了验证是否闭合生效，使用 or 1=1 或 and 1=2 查看结果，注意在语句最后面加入 #（%23）注释掉后面多余的 SQL 语句。

比如输入“?id=1'and 1=2%23”得到结果与“?id=1”不一样，因此判断注入成功。

步骤 5： 接下来使用 order by 猜解列。注入“?id=1' and 1=2 order by 2%23”、“?id=1” and 1=2 order by 3%23”、“?id=1” and 1=2 order by 4%23”。

步骤 6：使用联合注入 select 1,2,3 查看哪列可以回显。注入“?id=1' and 1=2 union select 1,2,3%23”完整 URL 为 http://localhost/sqli-labs-master/Less-1/?id=1%27%20union%20select%201,2,3%23。

步骤 7：使用 database ( ) 与 version ( ) 函数查看数据库相关信息。注入“?id=1” and 1=2 union select 1,database ( ) ,version ( ) %23”，如图 7-43 所示。

图 7-43　联合注入获取数据库名

学习笔记

想一想

（1）在第 4 步注入后，后台 php 查询数据库的 SQL 语句应是？

（2）除了可以获得数据库名和版本外，还能获得数据库哪些数据？

任务考评

【任务 9】SQL 注入测试考评记录

学生姓名		班级		任务评分	
实训地点		学号		完成日期	
任务实现步骤	序号	考核内容		标准分	评分
	1	进入页面		10	
	2	找到参数		15	
	3	尝试不同参数		15	
	4	注入闭合		15	
	5	猜解列		15	
	6	找回显列		20	
	7	联合查询获得数据		10	
教师评语					

拓展学习

网络安全未来展望

这几年是我们真正意识到数字基础设施非凡价值的时期。它使我们在充满挑战的时期保持联系、协作和生产，并将在未来几年继续这样做。但这种高度依赖增加了风险。随着我们的生产方式越来越虚拟化，黑客的攻击面也越来越大。因此，这几年于网络安全来说将是重要且充满挑战的几年。然而，通过适应和创新，我们将迎接这些挑战。

大部分网络安全工作都迁移到云端。随着应用程序、计算和数据存储转移到云端，安全问题自然也转移到了那里。所有网络防御都将包括网络检测和响应。2021 年发生的引人注目的事件，例如对 Colonial pipeline、JBS Foods、ACER、CNA Financial Corp.、Twitch、微软和 Kaseya 的被攻击，让每个人都重视起来。天价赎金、大量数据泄露和极其复杂的对手是共有特性。黑客组织能够精心策划、缓慢移动且极难检测的攻击。正如 Log4j 漏洞几乎是瞬时的、大规模的。

未来网络安全领域的整体发展趋势是服务需求的增速将反超硬件与软件需求，随着市场对安全服务需求占比的逐渐升高，安全能力的平台化、安全产品的融合化将是最大趋势。未来，网络安全技术的划分会更加精细，安全能力将会越来越多，尤其是在私有云等环境下尤为明显，虚拟化安全新架构将会有更广阔的应用前景。

学习笔记